普通高等教育"十二五"
卓越工程能力培养规划教材

机床数控技术

主　编　杜国臣
副主编　刘秉亮　毕世英　苗满香

机械工业出版社

本书为普通高等教育"十二五"卓越工程能力培养规划教材,展现了教育部"专业综合改革试点"项目的教学成果,所属课程也获评了山东省精品课程。

本书符合党的二十大报告中关于"深入实施科教兴国战略、人才强国战略、创新驱动发展战略"的要求,在详细讲授基础理论知识的同时融入探索性实践内容,以增强学生的自信心和创造力,即用学科理论知识促进学生活跃思维、敢于创新,尽可能地将新思路在实践中进行创造性的转化,推动科学技术实现创新性发展。全书共6章,内容包括:绪论、数控加工工艺基础、数控加工程序的编制、计算机数控装置、数控机床伺服系统、数控机床机械结构等,每章均有知识拓展和一定数量的思考题与习题,书后还附有常用刀具的切削参数等。书中配有二维码,读者可使用手机微信扫码后,免费观看学习。

本书可作为应用型本科院校的机械设计制造及其自动化、机械工程及其自动化、机电一体化等专业机床数控技术教材,也可作为成人高等教育的同类专业教材,还可作为广大自学者及工程技术人员的机床数控技术参考书。

图书在版编目(CIP)数据

机床数控技术/杜国臣主编.—北京:机械工业出版社,2015.1
(2024.2重印)

普通高等教育"十二五"卓越工程能力培养规划教材

ISBN 978-7-111-48848-4

Ⅰ.①机… Ⅱ.①杜… Ⅲ.①数控机床—高等学校—教材

Ⅳ.①TG659

中国版本图书馆CIP数据核字(2014)第293286号

机械工业出版社 (北京市百万庄大街22号 邮政编码100037)
策划编辑:余 晔   责任编辑:余 晔 章承林
版式设计:赵颖喆   责任校对:张 薇
封面设计:张 静   责任印制:单爱军
北京虎彩文化传播有限公司印刷
2024年2月第1版·第10次印刷
184mm×260mm·16.25印张·395千字
标准书号:ISBN 978-7-111-48848-4
定价:39.80元

电话服务　　　　　　　　　　网络服务
客服电话:010-88361066　　机 工 官 网:www.cmpbook.com
　　　　　010-88379833　　机 工 官 博:weibo.com/cmp1952
　　　　　010-68326294　　金 书 网:www.golden-book.com
封底无防伪标均为盗版　机工教育服务网:www.cmpedu.com

前言 PREFACE

本书是根据教育部"卓越工程师教育培养计划"的要求，按通用标准和行业标准培养工程人才要求，行业企业深度参与，结合编者在数控机床方面的教学与实践经验，并充分反映近年来数控机床的发展与应用而编写的。

数控机床的高精度、高效率决定了发展数控机床是当前机械制造技术改造的必由之路，它是制造业自动化的基础。随着现代数控机床的大量使用，对机械类专业应用型本科学生在数控机床方面的教学也提出了新的要求，要求学生具备一定机床数控技术的理论知识及应用方面的基本知识和技能。同时，通过对机床数控技术的系统学习，可提高学生对知识的综合运用能力。为满足教学要求，联合多所高校与企业共同制订了教材编写大纲和编写内容，并经过多次研讨与完善。在内容上，突出了数控加工工艺分析与程序编制等应用知识，且内容先进、系统、普及面广，实例介绍与企业需要更加接近，更加精练实用，以主动适应工业界的需求，强化培养学生的工程能力和创新能力。同时对教材的出版形式也进行了创新，充分体现了人性化的考虑：①插入丰富的实物图片，做到图文并茂、叙述生动、通俗易懂；②在每章后面增加了拓展知识，拓展了学生的知识面，增强了学生的学习效果，吸引了学生的学习兴趣；③每个知识点增加典型实例、每章重点与难点插入典型例题，例题解题步骤详细、插图分步骤给出，使学生可以较顺利地对教学内容进行预习理解，有利于学生自学习惯的养成和自学能力的培养。整本教材体系结构及内容有别于同类教材，富有鲜明特色与创新性。

全书从数控机床的基本概念入手，重点突出数控加工工艺分析与程序编制、计算机数控装置、数控机床伺服系统、数控机床机械结构等内容，使读者通过系统地学习，熟悉数控机床的基本理论和知识，熟悉数控机床的机械结构和控制知识，熟悉数控机床的加工工艺和编程方法，并能把学到的知识应用到生产实际中。本书共分6章，内容包括：绪论、数控加工工艺基础、数控加工程序的编制、计算机数控装置、数控机床伺服系统、数控机床机械结构等。

本书第1章绪论、第3章数控加工程序的编制中的3.1节~3.3节、知识拓展和附录由杜国臣编写；第2章数控加工工艺基础由潍坊学院毕世英编写；第3章数控加工程序的编制中的3.4节和第6章数控机床机械结构由潍坊学院刘秉亮编写；第4章计算机数控装置由山东理工大学王士军编写；第5章数控机床伺服系统由郑州航空工业管理学院苗满香编写；全书由杜国臣教授主编。在教材大纲制订和内容编写过程中，潍柴动力、北汽福田等多家企业的工程师积极配合，并付出了艰辛劳动，在此表示衷心感谢。

限于编者的水平和经验，书中难免有欠妥或疏漏之处，恳请广大读者批评指正。

编　者

目录 CONTENTS

V

第 **1** 章

绪　论

　　数控机床是采用数字控制技术对机床各移动部件相对运动进行控制的机床，它是典型的机电一体化产品，是现代制造业的关键设备。计算机、微电子、信息、自动控制、精密检测及机械制造技术的高速发展，加速了数控机床的发展。目前数控机床正朝着高速度、高精度、高复合化、高智能化和高可靠性等方向发展，同时其应用范围也越来越广泛。

　　本章主要讲述数控机床的基本概念和特点、主要技术参数、分类以及发展趋势等。本章内容是数控机床的基本知识和内容，要求学生理解并掌握数控机床的基本概念、组成、特点以及分类，了解其发展及发展趋势。

1.1　概述

1.1.1　数控机床的定义

　　国家标准（GB/T 8129—1997）把数字控制定义为"用数字化信号对机床运动及其加工过程进行控制的一种方法。"，简称数控（Numerical Control，NC）。

　　数控机床，简单地说，就是采用了数控技术的机床。即将机床的各种动作、工件的形状、尺寸以及机床的其他功能用一些数字代码表示，把这些数字代码通过信息载体输入给数控系统，数控系统经过译码、运算以及处理，发出相应的动作指令，自动地控制机床的刀具与工件的相对运动，从而加工出所需要的工件。所以，数控机床是一种灵活性很强、技术密集度及自动化程度很高的机电一体化加工设备。

1.1.2 数控机床的组成及加工零件的工作过程

1. 数控机床的组成

数控机床主要由程序介质、数控装置、伺服系统、机床主体四部分组成，如图 1.1 所示。

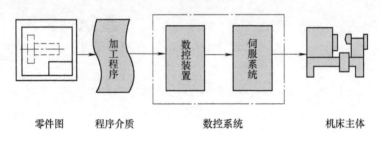

零件图　　　程序介质　　　　数控系统　　　　机床主体

图 1.1　数控机床的组成

（1）程序介质　程序介质用于记载机床加工零件的全部信息。如零件加工的工艺过程、工艺参数、位移数据、切削速度等。常用的程序介质有穿孔带（图 1.2）、磁带、磁盘和 U 盘等。在计算机辅助设计与计算机辅助制造（CAD/CAM）集成系统中，加工程序可不需要任何载体而直接由个人计算机通过机床传输线输入到数控系统。

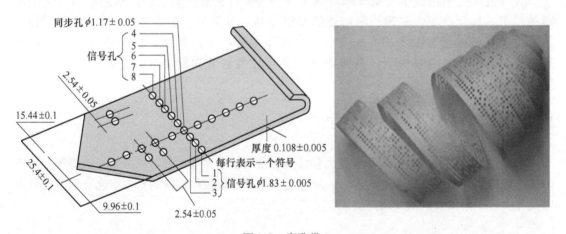

图 1.2　穿孔带

（2）数控装置　数控装置是控制机床运动的中枢系统，它的基本任务是接收程序介质带来的信息，按照规定的控制算法进行插补运算，把它们转换为伺服系统能够接受的指令信号，然后将结果由输出装置送到各坐标控制的伺服系统。

（3）伺服系统　由伺服驱动电动机和伺服驱动装置组成，是数控系统的执行部件。它的基本作用是接收数控装置发来的指令脉冲信号，控制机床执行部件的进给速度、方向和位移量，以完成零件的自动加工。

一般来说，数控系统大都是数控装置和伺服系统两部分的统称，各公司的数控产品也是将两者作为一体的。图 1.3 所示为西门子 802D 数控系统。

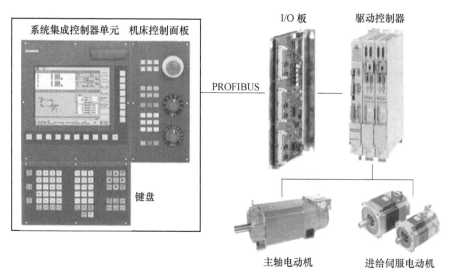

图 1.3　西门子 802D 数控系统

（4）机床主体　机床主体也称主机，包括机床的主运动部件、进给运动部件、执行部件和基础部件，如底座、立柱、滑鞍、工作台（刀架）、导轨等。图 1.4 所示为数控车床的主体结构。数控机床与普通机床不同，它的主运动和进给运动都是由单独的伺服电动机驱动的，所以它的传动链短、结构比较简单。为了保证数控机床的快速响应特性，在数控机床上还普遍采用精密滚珠丝杠副和直线滚动导轨副，在加工中心上还配备刀库和自动换刀装置。同时还有一些良好的配套设施，如冷却装置、自动排屑装置、自动润滑装置、防护装置和对刀仪等。此外为了保证数控机床的高精度、高效率和高自动化加工，数控机床的其他机械结构也产生了很大的变化。

图 1.4　数控车床的主体结构

2. 数控机床加工零件的工作过程

在数控机床上加工零件时，要事先根据零件加工图样的要求确定零件加工路线、工艺参数和刀具数据，再按数控机床编程手册的有关规定编写零件数控加工程序，然后通过输入装置将数控加工程序输入到数控装置，数控装置经过处理与计算后，发出相应的控制指令，通过伺服系统使机床按预定的轨迹运动，从而进行零件的切削加工。数控机床加工零件的工作过程如图 1.5 所示。

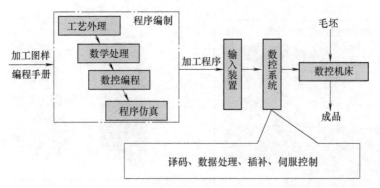

图 1.5 数控机床加工零件的工作过程

（1）程序编制　首先根据图样，对工件的形状、尺寸、位置关系、技术要求等进行工艺分析，然后确定合理的加工方案、加工路线、装夹方式、刀具及切削参数和图形轮廓的坐标值计算（数学处理）等。最后根据加工路线、工艺参数、图形轮廓的坐标值及数控系统规定的功能指令代码及程序段格式，编写数控加工程序。程序编完后，最好要进行程序仿真检验。

（2）程序输入　数控加工程序通过输入装置输入到数控装置。目前采用的输入方法主要有软驱、USB 接口、RS232C 接口、分布式数字控制（Direct Numerical Control，DNC）接口、网络接口等。数控装置一般有两种不同的输入方式：一种是边输入边加工，DNC 即属于此类工作方式；另一种是一次将零件加工程序输入到数控装置内部的存储器，加工时再由存储器一段一段地往外读出，软驱、USB 接口即属于此类工作方式。

（3）数据处理　数控装置首先对输入的程序进行译码，同时还完成对程序段的语法检查，然后进行数据处理。数据处理一般包括刀具补偿、速度计算以及辅助功能的处理。刀具补偿有刀具半径补偿和刀具长度补偿。刀具半径补偿的任务是根据刀具半径补偿值和零件轮廓轨迹计算出刀具中心轨迹。刀具长度补偿的任务是根据刀具长度补偿值和程序值计算出刀具轴向实际移动值。速度计算是根据程序中所给的合成进给速度计算出各坐标轴运动方向的分速度。辅助功能的处理主要完成指令的识别、存储、设标志，这些指令大都是开关量信号，现代数控机床可由 PLC 控制。

（4）插补运算　数控加工程序提供了刀具运动的起点、终点和运动轨迹，而刀具从起点沿直线或圆弧运动轨迹走向终点的过程则要通过数控系统的插补软件来控制。插补的任务就是通过插补计算程序，根据程序规定的进给速度要求，完成在轮廓起点和终点之间的中间点的坐标值计算，也即数据点的密化工作。

（5）伺服控制与零件加工　伺服系统接收插补运算后的脉冲指令信号或插补周期内的位置增量信号，经放大后驱动伺服电动机，带动机床的执行部件运动，从而将毛坯加工成零件。

1.1.3　数控机床的特点

数控机床是一种高效的自动化机床，具有广泛的应用前景。它与普通机床相比具有以下特点：

1. 加工精度高、质量稳定

数控机床按照预定的程序自动加工，不需要人工干预，这就消除了操作者人为产生的失误或误差；数控机床本身的刚度高、精度好，并且精度保持性较好，这更有利于零件加工质量的稳定；还可以利用软件进行误差补偿和校正，也使数控加工具有较高的精度。

2. 适应性强

数控机床由于采用数控加工程序控制，当加工零件改变时，只要改变数控加工程序，便可实现对新零件的自动化加工，因此能适应对产品不断更新换代的要求，解决了多品种、单件或小批量生产的自动化问题。数控机床还可以完成普通机床难以完成或根本不能加工的复杂曲面的零件加工。因此数控机床在宇航、造船、模具等加工业中得到广泛应用。

3. 生产率高

数控机床的进给运动和多数主运动都采用无级调速，且调速范围大，可选择合理的切削速度和进给速度；可以进行在线检测，避免加工中的停机时间；可采用自动换刀、自动交换工作台，并且一次装夹可实现多面和多工序加工，减少工件装夹、对刀等辅助时间。因此，数控加工生产率高，一般零件可以高出 3 ~ 4 倍，复杂零件可提高十几倍甚至几十倍。

4. 劳动条件好

数控机床的操作者一般只需装卸零件、更换刀具、利用操作面板控制机床的自动加工，不需要进行繁杂的重复性手工操作，因此劳动强度低。此外，数控机床一般都具有较好的安全防护、自动排屑、自动冷却和自动润滑装置，操作者的劳动条件可得到很大改善。

5. 便于现代化生产与管理

采用数控机床加工可方便、精确计算加工时间和加工费用，有利于生产过程的科学管理和信息化管理。数控机床又是先进制造系统的基础，便于制造系统的集成，为实现生产过程自动化创造了条件。

6. 使用与维护要求高

数控机床是综合多学科、新技术的产物，机床价格高，设备一次性投资大，相应地，机床的操作和维护要求较高。因此，为保证数控加工的综合经济效益，要求机床的使用者和维修人员应具有较高的专业素质。

1.1.4　数控机床的主要技术参数

1. 主要规格尺寸

数控车床的主要规格尺寸有床身上最大工件回转直径、刀架上最大工件回转直径、加工最大工件长度、最大车削直径等。数控铣床、加工中心的主要规格尺寸有工作台面尺寸、工作台 T 形槽、工作行程等。

2. 主轴系统

数控机床主轴采用直流或交流电动机驱动，具有较宽的调速范围和较高的回转精度，主轴本身的刚度与抗振性比较好。现在数控机床的主轴转速普遍能达到 5000 ~ 10000r/min，甚至更高，对提高加工质量和各种小孔加工极为有利。

3. 进给系统

进给系统有进给速度、脉冲当量、定位精度和重复定位精度、可控轴数与联动轴数等主要技术参数。

（1）进给速度　进给速度是影响加工质量、生产效率和刀具寿命的主要因素，直接受数控装置运算速度、机床动特性和工艺系统刚度的限制。其中，最大进给速度为切削加工时的最大进给速度，最大快进速度为不加工时移动的最快速度。目前，数控机床最大进给速度普遍达到15m/min，最大快进速度达到40m/min以上。进给速度可通过操作面板上的进给倍率开关调整。

（2）脉冲当量　脉冲当量表示数控装置每发出一个脉冲信号时机床坐标轴移动的距离，是机床坐标轴可以控制的最小位移增量。其数值的大小决定数控机床的加工精度和表面质量。目前数控机床的脉冲当量一般为0.001mm，精密或超精密数控机床的脉冲当量为0.1μm或更小。脉冲当量越小，数控机床的加工精度和加工表面质量越高。

（3）定位精度和重复定位精度　定位精度是指数控机床刀架或工作台等移动部件在确定的终点所达到的实际位置的精度。因此移动部件实际位置与理想位置之间的误差称为定位误差。定位误差包括伺服系统误差、检测系统误差、进给系统误差和移动部件导轨的几何误差等。定位误差将直接影响零件加工的位置精度。

重复定位精度是指在同一台数控机床上，应用相同程序相同代码加工一批零件，所得到的连续结果的一致程度。重复定位精度受伺服系统特性、进给系统的间隙与刚性以及摩擦特性等因素的影响。一般情况下，重复定位精度是成正态分布的偶然性误差，它影响一批零件加工的一致性，是一项非常重要的性能指标。目前数控机床的定位精度普遍可达±0.004mm，重复定位精度为±0.0015mm。

（4）可控轴数与联动轴数　数控机床的可控轴数是指数控装置能够控制的坐标数目。可控轴数和数控装置的运算处理能力、运算速度及内存量等有关。世界上最高端的数控装置的可控轴数已达到三十多轴。

数控机床的联动轴数是指机床数控装置控制的坐标轴同时达到空间某一点的坐标数目。目前有2轴、2.5轴、3轴、4轴、5轴和6轴联动等。

4. 刀具系统

数控车床刀具系统的主要技术参数有刀架工位数、换刀时间、重复定位精度等。加工中心刀具系统的主要技术参数有刀库容量、换刀时间与刀柄形式等，通常中小型加工中心的刀库容量为16～60把，大型加工中心可达100把及以上。换刀时间是指自动换刀系统将主轴上的刀具与刀库中刀具进行交换所需要的时间，一般可达到2s左右。

1.2　数控机床的分类

数控机床种类很多，规格不一，人们从不同的角度对其进行了分类。

1.2.1　按机械运动轨迹分类

1. 点位控制数控机床

这类数控机床的特点是要求保证点与点之间的准确定位。它只能控制行程的终点坐标值，对于两点之间的运动轨迹不作严格要求。对于点位控制的孔加工机床只要求获得精确的孔系坐标，在刀具运动过程中，不进行切削加工。图 1.6 所示为点位控制钻孔加工示意图。

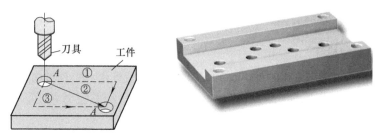

图 1.6　点位控制钻孔加工示意图

此类数控机床有数控钻床、数控镗床、数控冲床、数控点焊机等。

2. 直线控制数控机床

这类数控机床的特点是不仅要控制行程的终点坐标值，还要保证在两点之间机床的刀具走的是沿平行于坐标轴方向或与坐标轴成 45° 角方向的一条直线，而且在走直线的过程中往往要进行切削。图 1.7 所示为直线控制切削加工示意图。

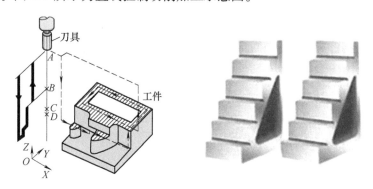

图 1.7　直线控制切削加工示意图

目前具有这种运动控制的数控机床很少，一般有数控磨床、数控镗床等。

3. 轮廓控制数控机床

这类数控机床的特点是不仅要控制行程的终点坐标值，还要保证两点之间的轨迹要按一定的曲线进行。这种系统必须控制两个或两个以上坐标轴能够同时运动。图 1.8 所示为轮廓控制铣削加工示意图。

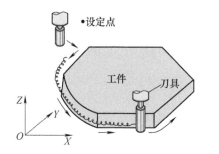

图 1.8　轮廓控制铣削加工示意图

现代数控机床大都具有两坐标或两坐标以上联动的功能，除此之外还具有刀具半径补偿、刀具长度补偿、机床轴向运动误差补偿、丝杠螺距误差补偿等一系列功能。

1.2.2　按伺服系统类型分类

1. 开环控制数控机床

没有位移检测反馈装置的数控机床称为开环控制数控机床。数控装置发出的控制指令直接通过驱动装置控制步进电动机的运转，然后通过机械传动系统转化成刀架或工作台的位移。开环控制系统如图 1.9 所示。

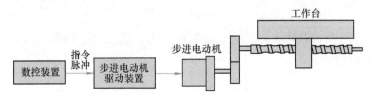

图 1.9　开环控制系统

这类机床的优点是结构简单、制造成本低、维护维修方便，但是，由于这种控制系统没有检测反馈，无法通过反馈自动进行误差检测和校正，因此位移精度一般不高。开环控制系统适于精度要求不高的中小型机床，也可用于对旧机床的数控化改造。

2. 闭环控制数控机床

闭环控制数控机床带有位置检测装置，而且检测装置安装在机床刀架或工作台等执行件上，用以随时检测这些执行部件的实际位置。指令位置值与反馈的实际位置值相比较，根据差值控制电动机的转速，进行误差修正，直到位置误差消除为止。闭环控制系统如图 1.10 所示。

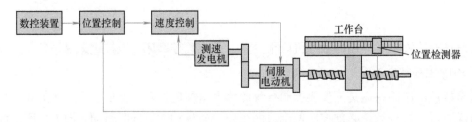

图 1.10　闭环控制系统

这种闭环控制方式可以消除由于机械传动部件误差给加工精度带来的影响，因此可得到很高的加工精度，但由于它将丝杠螺母副及工作台导轨副这些大惯量环节放在闭环之内，系统稳定性受到影响，调试困难，且结构复杂、成本高，主要用于一些精度要求很高的镗铣加工中心、超精密数控车床、超精密数控铣床等。

3. 半闭环控制数控机床

半闭环控制数控机床也带有位置检测装置，它的检测装置安装在伺服电动机上或丝杠的端部，通过检测伺服电动机或丝杠的角位移间接计算出机床工作台等执行部件的实际位置值，然后与指令位置值进行比较，进行差值控制。半闭环控制系统如图 1.11 所示。

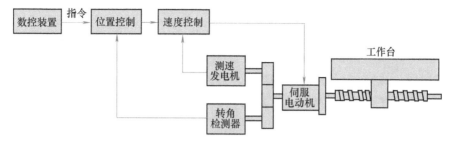

图 1.11　半闭环控制系统

这种机床的控制环内不包括丝杠螺母副及机床工作台导轨副等大惯量环节，因此可以获得稳定的控制特性。由于采用了高分辨率的测量元件，也可以获得比较满意的精度及速度，而且调试比较方便，价格也较全闭环系统便宜。目前，大多数数控机床采用半闭环控制系统，如数控车床、数控铣床、加工中心等。

1.2.3　按系统功能水平分类

按照数控系统的功能水平分，数控机床可以分为经济型数控机床、中档型数控机床和高档型数控机床三种。这种分类方法目前并无明确的定义和确切的分类界限，不同国家分类的含义也不同，不同时期的含义也在不断发展变化。

1. 经济型数控机床

这类机床的伺服进给驱动一般由步进电动机实现开环驱动，功能比较简单、价格比较低廉、精度中等，能满足加工形状比较简单的直线、圆弧及螺纹加工。一般控制轴数在 3 轴以下，脉冲当量（分辨率）多为 $10\mu m$，快速进给速度在 $10m/min$ 以下。

2. 中档型数控机床

中档型数控机床也称标准型数控机床，采用交流或直流伺服电动机实现半闭环驱动，能实现 4 轴或 4 轴以下联动控制，脉冲当量为 $1\mu m$，进给速度为 $15\sim24m/min$，一般采用 16 位或 32 位处理器，具有 RS232C 通信接口、DNC 接口和内装 PLC，具有图形显示功能及面向用户的宏程序功能。

3. 高档型数控机床

高档型数控机床指加工复杂形状的多轴联动的数控机床，其功能强、工序集中、自动化程度高。一般采用 32 位以上微处理器，形成多为 CPU 结构。采用数字化交流伺服电动机或直线电动机形成闭环驱动，具有主轴伺服功能，能实现 5 轴以上联动，脉冲当量为 $0.1\sim1\mu m$，进给速度可达 $100m/min$ 及以上。具有宜人的图形用户界面和三维动画功能，能进行加工仿真。同时还具有智能监控、智能诊断和智能工艺数据库等，且具有制造自动化协议（Manufacturing Automation Protocol，MAP）等通信接口，能实现计算机联网和通信。

1.2.4　按加工工艺方法分类

按加工工艺方法不同分，数控机床可分为金属切削类数控机床、金属成形类数控机床和特种加工类数控机床。

1. 金属切削类数控机床

金属切削类数控机床和普通机床品种一样，有数控车床、数控铣床、数控钻床、数控磨床（图 1.12）、带有刀库和能实现多工序加工的镗铣加工中心和车削中心等。镗铣加工中心主要完成铣、镗、钻、攻螺纹等工序的加工，如图 1.13 和图 1.14 所示；车削中心以完成各种车削加工为主，也能完成铣平面、铣键槽及钻横孔等工序，如图 1.15 所示。

图 1.12　数控磨床

图 1.13　立式镗铣加工中心

图 1.14　卧式镗铣加工中心

图 1.15　车削中心

2. 金属成形类数控机床

金属成形类数控机床是指使用挤、冲、压、拉等成形工艺的数控机床，如数控压力机、数控折弯机（图 1.16）、数控旋压机（图 1.17）、数控弯管机等。

图 1.16　数控折弯机

图 1.17　数控旋压机

3. 特种加工类数控机床

特种加工类数控机床主要指数控线切割机床（图 1.18）、数控电火花成形机（图 1.19）、数控激光切割机（图 1.20）、数控水刀切割机（图 1.21）等。

图 1.18　数控线切割机床

图 1.19　数控电火花成形机

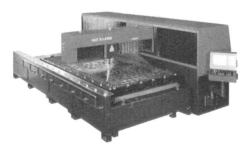

图 1.20　数控激光切割机

图 1.21　数控水刀切割机

1.3　数控机床的发展历程与趋势

1.3.1　数控机床的产生与发展历程

1948 年美国帕森斯公司（Parsons Co.）在研制加工直升机叶片轮廓检查用样板的机床时，提出了数控机床的设想，后来得到美国空军的支持，并与美国麻省理工学院（MIT）合作，于 1952 年研制出第一台三坐标数控铣床，如图 1.22 所示。1954 年底，美国本迪克斯公司（Bendix Co.）在帕森斯专利的基础上生产出了第一台工业用的数控机床。这时数控机床的控制系统采用的是电子管，其体积庞大、功耗高，仅在一些军事部门中承担普通机床难以加工的形状复杂的零件。这是第一代数控系统。

1959 年晶体管出现，电子计算机应用晶体管元件和印制电路板，从而使机床数控系统跨入了第二代。而且 1959 年克耐·杜列克公司（Keaney & Trecker Co.，简称 K&T 公司）在数控机床上设置刀库，根据穿孔带的指令自动选择刀具，并通过机械手将刀具装在主轴上。人们把这种带自动交换刀具的数控机床称为加工中心（Machining Center，MC）。

20 世纪 60 年代，出现了集成电路，数控系统发展到第三代。

以上三代，都属于硬件逻辑数控系统（称为 NC）。1967 年英国 Mollin Co. 将 7 台机床用计算机集中控制，组成柔性制造系统（Flexible Manufacturing System，FMS）。

随着计算机技术的发展，小型计算机应用于数控机床中，由此组成的数控系统称为计算机数控（CNC），数控系统进入第四代。

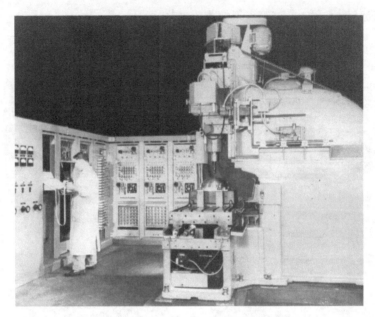

图 1.22 世界上第一台数控铣床

20 世纪 70 年代初，微处理机出现，以微处理机为核心的数控系统称为第五代数控系统（MNC，通称为 CNC）。自此，开始了数控机床大发展的时代。1974 年美国约瑟夫·哈林顿（Joseph Harrington）博士提出了计算机集成制造的概念，由此组成的系统称为计算机集成制造系统（Computer Integrated Manufacturing System，CIMS）。其核心内容是："企业生产的各环节，即从市场分析、产品设计、加工制造、经营管理到售后服务的全部生产活动是一个不可分割的整体，要紧密连接，统一考虑。整个生产过程实质上是一个数据的采集、传送和加工处理的过程。"

进入 20 世纪 80 年代，微处理机升档更加迅速，极大地促进了数控机床向柔性制造单元（Flexible Manufacturing Cell，FMC）、柔性制造系统（FMS）方向发展。并奠定了向规模更大、层次更高的生产自动化系统，如计算机集成制造系统（CIMS）、自动化工厂（Factory Automation，FA）方向发展的坚实基础。

20 世纪 80 年代末期，又出现了以提高综合效益为目的，以人为主体，以计算机技术为支柱，综合应用信息、材料、能源、环境等高新技术以及现代系统管理技术，研究并改造传统制造过程作用于产品整个生命周期的所有适用技术——通称为先进制造技术（Advanced Manufactuing Technology，AMT）。

我国从 1958 年开始研制数控机床，从采用电子管着手，到 20 世纪 60 年代曾研究出部分样机，1965 年开始研制晶体管数控系统，并在 1968 年由北京第一机床厂研制出第一台数控铣床，如图 1.23 所示。到 20 世纪 70 年代初又研究出数控线切割机床、数控车床、数控镗床、数控磨床和加工中心等。这一时期国产数控系统的稳定性、可靠性尚未得到很好的解决，因而也限制了国产数控机床的发展。而数控线切割机床由于其结构简单、价格低廉、使用方便，得到了较快的发展，据资料统计，1973～1979 年期间，数控线切割机床占我国生产数控机床的 86% 左右。

图 1.23 我国第一台数控铣床

20 世纪 80 年代初随着改革开放政策的实施，我国从国外引进技术，开始了批量生产微处理机数控系统，推动了我国数控机床新的发展高潮，我国开发了加工中心、数控车床，数控铣床、数控钻镗床、数控磨床等。20 世纪 80 年代末期，我国还在一定范围内探索实施 CIMS，且取得了一些有益的经验和教益。20 世纪 90 年代，我国还加强了自主知识产权数控系统的研制工作，而且取得一定的成效，如中国珠峰公司的中华 I 型、北京航天机床数控系统集团公司的航天 I 型、华中数控公司的华中 I 型、沈阳高档数控国家工程研究中心的蓝天 I 型、北京凯恩帝的 KND 系统和广州数控设备厂的 GSK 系列等数控系统。

1.3.2 数控机床的发展趋势

随着计算机、微电子、信息、自动控制、精密检测及机械制造技术的高速发展，数控加工技术也得到了长足进步。目前数控机床的发展趋势主要体现在以下几个方面：

1. 高速化

由于数控装置及伺服系统功能的改进，其主轴转速和进给速度大大提高，减少了切削时间和非切削时间。加工中心的主轴转速现已达到 8000 ~ 12000r/min，最高的可达 100000r/min 以上，磨床的砂轮线速度提高到 100 ~ 200m/s。采用 64 位 CPU 的新型数控系统可实现快速进给、高速加工、多轴控制功能，控制轴数最多可达到 31 个，同时联动轴数可达 3 ~ 6 轴，进给速度为 20 ~ 24m/min，最快可达 60m/min。自动换刀和自动交换工作台时间也大大缩短，现在数控车床刀架的转位时间可达 0.4 ~ 0.6s，加工中心自动交换刀具时间可达 3s，最快能达到 1s 以内，自动交换工作台时间也可达到 6 ~ 10s，个别可达到 2.5s。

2. 高精度化

用户对产品精度要求的日益提高，促使数控机床的精度不断提高。数控机床的精度主要体现在定位精度和重复定位精度。数控机床配置了新型、高速、多功能的数控系统，其分辨率可达到 0.1μm，有的可达到 0.01μm，实现了高精度加工，并且超精密加工精度已开始进入纳米级（0.001μm）。伺服系统采用前馈控制技术、高分辨率的位置检测元件、计算机数控的补偿功能等，保证了数控机床的高加工精度。

3. 多功能化

CNC 装置功能的不断扩大，促进了数控机床的高度自动化及多功能化。数控机床的数控系统大多采用 CRT（Cathode Ray Tube）显示，可实现二维图形的轨迹显示，有的还可以实现三维彩色动态图形显示；有的数控系统装有小型数据库，可以自动选择最佳刀具和切削用量；有的数控系统具有各种监控、检测等功能，如刀具寿命管理、刀具尺寸自动测量和补偿、工件尺寸自动测量及补偿、切削参数自动调整、刀具磨损或破损检测等功能。

4. 加工功能复合化

在一台机床上实现多工序、多方法加工是数控机床发展的又一趋势。加工功能复合化的目的是进一步扩大机床的使用范围，提高机床的生产效率，实现一机多用、一机多能。例如可完成钻、镗、铣、扩孔、铰孔、攻螺丝等工序的镗铣加工中心；增加铣削功能的车削加工中心，以及钻削加工中心、磨削加工中心等；由一台或几台加工中心配有工件自动更换装置（机器人或交换工作台），并能连续地自动加工工件的柔性制造单元（FMC），如图 1.24 所示；以多台数控机床或柔性制造单元为核心，通过自动化物流系统将其连接，统一由主控计算机和相关软件进行控制和管理，组成多品种变批量生产的柔性制造系统（FMS），如图 1.25 所示，图 1.26 所示为生产摩托车曲轴箱体的柔性制造系统；介于传统自动线与FMS 之间的柔性加工线（Flexible Manufacturing Line，FML）；由多条 FMS 配备自动化立体仓库连接起来的柔性制造工厂（Flexible Manufacturing Factory，FMF）等。

图 1.24　柔性制造单元（FMC）

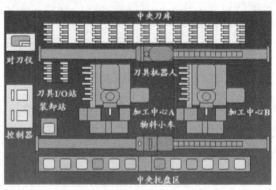

图 1.25　多品种变批量生产的柔性制造系统（FMS）

5. 结构新型化

一种不同于原来数控机床结构的新型数控机床，在 1994 年被开发成功。这种基于并联机构原理并结合现代机器人技术和机床技术而产生的新型数控机床称为并联机床或虚拟轴机床，这种机床没有任何导轨和滑台，采用能够伸缩的"6 条腿"（伺服轴）支撑并联，并与安装主轴头的上平台和安装工件的下平台相连。它可实现多坐标联动加工，其控制系统结构复杂，加工精度、加工效率较普通加工中心高 2～10 倍。并联机床如图 1.27 所示。

图 1.26　摩托车曲轴箱体的柔性制造系统

图 1.27　并联机床

6. 编程技术自动化

随着数控加工技术的迅速发展，设备类型的增多，零件品种的增加以及形状的日益复杂，迫切需要速度快、精度高的编程技术，以便于直观检查。为弥补手工编程的不足，20 世纪 70 年代以后开发出多种自动编程系统，如图形交互式编程系统、会话式自动编程系统、语音数控编程系统等，其中图形交互式编程系统的应用越来越广泛。图形交互式编程系统是以计算机辅助设计（CAD）软件为基础，首先形成零件的图形文件，然后再调用数控编程模块，自动编制加工程序，同时可动态显示刀具的加工轨迹。其特点是速度快、精度高、直观性好、使用简便。目前常用的图形交互式软件有 CAXA、Master CAM、Cimatron、Pro/E、UG、Catia 等。

7. 数控系统的智能化

数控系统的智能化包括多个方面：①为追求加工效率和加工质量方面的智能化；②为提高驱动性能及使用连接的智能化；③简化编程和操作方面的智能化；④数控系统的智能诊断、智能监控等。

随着人工智能在计算机领域的渗透和发展，数控系统引入了自适应控制（Adaptive Control，AC）、模糊系统和神经网络的控制机理，不但具有自动编程、模糊控制、学习控制、自适应控制、工艺参数自动生成、三维刀具补偿、运动参数动态补偿等功能，而且人机界面极为友好。同时数控系统还具有故障诊断专家系统，其自诊断和故障监控功能更趋完善。此外，伺服系统智能化的主轴交流驱动和智能化进给伺服装置，能自动识别负载和优化调整参数。

8. 数控系统的开放性

数控系统的开放性可以大量采用通用微机的先进技术，如多媒体技术、声控自动编程、图形扫描自动编程等。数控系统还可向高集成度方向发展，每个芯片上可以集成更多个晶体管，使系统更加小型化、微型化，可靠性大大提高。利用多 CPU 的优势，实现故障自动排除，增强通信功能，提高进线和联网能力。

开放式新一代数控系统，其硬件、软件和总线规范都是对外开放的。充足的软、硬件资源，不仅使数控系统制造商和用户进行的系统集成得到有力的支持，而且也为用户的二次开发带来极大的方便，促进了数控系统多档次、多品种的开发和广泛应用，既可通过升级或精减构成各种档次的数控系统，又可通过扩展构成不同类型数控机床的数控系统，开发生产周期大大缩短。这种数控系统可随 CPU 升级而升级，结构上不必变动。

9. 数控系统的高可靠性

数控系统的可靠性是一个非常重要的指标，一般都以平均无故障时间（Mean Time Between Failure，MTBF）来衡量，它是指一台数控机床在使用中两次故障的平均时间，即数控机床在寿命范围内总工作时间和总故障次数之比，即

$$MTBF = \frac{总工作时间}{总故障次数}$$

数控机床的可靠性一直是用户最关心的主要指标，它取决于数控系统各伺服驱动单元的可靠性。它与机床寿命不同，机床寿命取决于机床机械结构的可靠性和耐磨性。为提高机床可靠性，目前主要采取以下措施：

1）数控系统将采用更高集成度的电路芯片，采用大规模或超大规模的专用及混合式集

成电路，以减少元器件的数量，提高可靠性。

2）通过硬件功能软件化，以适应各种控制功能的要求。同时通过硬件结构的模块化、标准化、通用化及系列化，提高硬件的生产批量和质量。

3）增强故障自诊断、自恢复和保护功能，实现对系统内硬件、软件和各种外部设备进行故障诊断、报警。当发生加工超程、刀具磨损、干扰、断电等各种意外时，自动进行相应的保护。

10. 数控系统的网络化

数控机床的网络化将极大地满足制造企业对信息集成的需求，也是实现新的制造模式，如敏捷制造（Agile Manufacturing，AM）、虚拟企业（Virtual Enterprise，VE）、全球制造（Global Manufacturing，GM）的基础单元。目前先进的数控系统为用户提供了强大的联网能力，除有RS232C 串行接口、RS422 等接口外，还带有远程缓冲功能的 DNC 接口，可以实现几台数控机床之间的数据通信和直接对几台数控机床进行控制。有的已配备与工业局域网（LAN）通信的功能以及 MAP（Manufacture Automation Protocol，制造自动化协议）高性能通信接口，促进系统集成化和信息综合化，使远程操作和监控、遥控及远程故障诊断成为可能。

小 结

数控机床涉及的内容和知识比较多，本章仅对数控机床的基本概念、分类及其发展与趋势做了概述。

（1）数控机床的基本概念 介绍了数控机床的概念、组成及加工零件的过程、特点和主要技术参数等。

（2）数控机床的分类 按机械运动轨迹、伺服系统的类型、功能水平及加工方式四方面对数控机床进行了分类。

（3）数控机床的发展与发展趋势 介绍了数控机床的产生与发展和发展趋势。

思考题与习题

1. 什么是数控机床？
2. 数控机床由哪几部分组成？各组成部分的主要作用是什么？
3. 简述数控机床加工零件的工作过程。
4. 数控机床按运动轨迹的特点可分为几类？它们的特点是什么？
5. 开环、闭环、半闭环控制系统各有何特点？它们一般适用在哪类数控机床上？
6. 数控机床的主要技术参数有哪些？
7. 解释下列名词术语：

脉冲当量、定位精度、重复定位精度、FMC、FMS、CIMS、MTBF。

8. 试比较下面概念的区别：

1）CNC 与 DNC。

2）定位精度与重复定位精度。

3）数控机床的可控轴数与联动轴数。

4）数控机床的寿命与可靠性。

　　5）数控机床的多功能化与加工功能复合化。

9.　数控机床的主要发展方向有哪些？

10.　查阅资料了解数控机床最近有哪些新发展。

知识拓展

东 芝 事 件

　　1987 年 5 月 27 日，日本警视厅逮捕了日本东芝机械公司铸造部部长林隆二和机床事业部部长谷村弘明。东芝机械公司曾与挪威康士堡公司合谋，向前苏联出口大型数控铣床等高技术产品，林隆二和谷村弘明被指控在这起高科技走私案中负有直接责任。此案引起国际舆论一片哗然，这就是冷战期间对西方国家安全危害最大的军用敏感高科技走私案件之一———东芝事件。

　　20 世纪 60 年代末，苏联情报机关在美国海军机要部门建立的间谍网不断获得美国核潜艇跟踪苏联潜艇的情报。苏联潜艇的噪声很大，美国海军在 200n mile（1n mile = 1852m）以外就能侦测到，苏军如果不能及早消除潜艇噪声，不管建造多少潜艇，打起仗来，它们都逃脱不了"折戟沉沙"的命运。要消除潜艇噪声，必须制造出先进的螺旋桨，而这必须要有计算机控制的高精度机床才行。高性能的数控机床是"巴黎统筹委员会"（由北约国家和日本等 15 国组成）严格限制的产品，该委员会明文规定，具有三轴以上的数控机床属战略物资，禁止向苏联、东欧等共产主义国家出口。为了改变本国潜艇面临的危险局面，苏共中央政治局指示，要不惜一切代价从西方国家获取精密数控加工方面的高新技术。图 1.28 所示为潜艇。

图 1.28　潜艇

　　1979 年底，苏联克格勃经过精心策划与日本伊藤忠商社、东芝公司和挪威康士堡公司接上了头。在巨大的商业利益的诱惑下，东芝公司和康士堡公司同意向苏联提供四台 MBP-11OS 型九轴数控大型船用螺旋桨铣床，此项合同成交额达 37 亿日元。东芝公司的报价是每部母机 10 亿日元（按当时汇率，约为 500 万美元）。苏方要一次购买四台母机，并超量购买配件。这种高约 10m、宽 22m、重 250t 的数控铣床，可以精确地加工出巨大的螺旋桨，使潜艇推进器发出的噪声大大降低，这场交易中真正得利的还是苏联，他们得到的产品是不能以价格来衡量的。因为这些技术的应用，在海军舰艇方面使北约和美国一下子失去了原有的优势，用这些设备和技术生产出来的军舰和潜艇，后来大部分都加入了直接面对日本的苏联红旗太平洋舰队。

　　根据合同，东芝公司必须负责四部母机的安装、调试，直到正常运转。同时，还要训练苏方的技术人员，直到他们能完全操作为止。苏方扣下 10% 的价款，直到东芝公司完成合同所规定的条款后才能付这笔尾款。但苏联军方后来临时改变主意，只要求东芝公司安装两台机床，剩下的两台坚持由他们自己的技术人员来处理。在安装第一台机床的时候，日本的技术人员很快发现，参加安装工作的苏联技术人员，常常一大早就疲态百出，这令他们觉得非常蹊跷。几天后，体格强壮的苏联工人眼眶发黑，整个人几乎都要累垮了。后来，日本的技术人员才知道，这些苏联技术人员，白天帮日本人装机器，晚上还要挑灯夜战，凭白天学到的方法去装配另一部机床。

这四台精密数控机床顺利到达苏联并很快发挥作用。到 1985 年，苏联制造出的新型潜艇噪声仅相当于原来潜艇的 10%，使美国海军只能在 20 海里以内才能侦测出来。

从 20 世纪 80 年代中期开始，北约各国的海军纷纷报告，苏联潜艇和军舰螺旋桨的噪声明显下降，跟踪难度加大，这使得美国开始怀疑，苏联是否获得了什么先进的技术，但是却苦于没有什么证据。直到 1985 年，东芝公司负责该项目的熊古独因被公司解雇，他向"巴黎统筹委员会"总部报告了这一事件，西方国家才展开对此事的调查。1986 年，西方国家正式确认东芝公司违反了"巴黎统筹委员会"限制，秘密向苏联出口限制设备的事实经过。经过进一步调查，1987 年初，美国掌握了苏联从日本获取精密数控机床的真凭实据。在美国的压力下，日本警务厅对东芝公司进行突击检查，查获了全部有关秘密资料，并逮捕了涉案人员。在以后的几个月里，美国朝野群情激愤，再三谴责日本，并对东芝公司进行了制裁。当时的日本首相中曾根康弘不得不向美国表示道歉，日本方面还花费 1 亿日元在美国的 50 多家报纸上整版刊登"悔罪广告"。图 1.29 所示为潜艇螺旋桨，图 1.30 所示为潜艇螺旋桨数控加工图。

图 1.29　潜艇螺旋桨

图 1.30　潜艇螺旋桨数控加工图

这次事件的后果非常严重。在日本东芝公司的帮助下，苏联海军舰艇开始具有了逃避美国海军"火眼金睛"的能力。甚至在 1986 年 10 月，一艘美国核潜艇因为没有侦测到它正在追踪的苏联潜艇而与苏联潜艇相撞。美国海军第一次丧失对苏联海军舰艇的水声探测优势，直到今天，美国海军仍没有绝对把握去发现新型的俄罗斯潜艇。北约和美国在这件事情上结结实实地栽了一个大跟头，此后进一步加强了对敏感设备和技术出口的监督和管制。

第2章

数控加工工艺基础

数控机床是严格按照从外部输入的程序来自动地对被加工工件进行加工的。理想的数控程序不仅应该保证能加工出符合图样要求的合格零件，还应该使数控机床的功能得到合理地应用与充分地发挥，以使数控机床能安全、可靠、高效地工作。数控加工工艺分析和零件图形的数学处理（又称数值计算）是数控编程前的主要准备工作，无论对于手工编程还是自动编程都是必不可少的。

熟悉数控加工工艺分析与图形数学处理的基本概念和基本内容，重点让学生熟悉数控加工工艺分析与图形数学处理的方法和步骤，以及数控加工工艺文件的制订等。当在生产实际中遇到具体问题时，应根据所学知识，合理而又灵活地去分析与制订数控加工工艺。

2.1 数控加工工艺分析

无论是手工编程还是自动编程，在编程前都要对所加工的零件进行工艺分析，拟定加工方案、设计工序内容、编制工艺文件等。因此数控加工工艺分析是一项十分重要的工作。

2.1.1 数控加工工艺的特点与主要内容

1. 数控加工工艺的特点

数控加工工艺与常规加工工艺在工艺设计过程和设计原则上是基本相似的，但数控工艺

也有不同于常规加工工艺的特点，主要表现在以下几个方面：

（1）工序内容具体　在普通机床上加工零件时，工序卡片的内容相对比较简单。很多内容，如进给路线的安排、刀具选择、刀具补偿等，可由操作人员自行决定。而在数控机床上加工零件时，这些工艺问题必须认真考虑。

（2）工序内容复杂　由于数控机床的运行成本和对操作人员的要求相对较高，在安排零件数控加工时，一般应首先考虑使用普通机床加工困难、使用数控加工能明显提高效率和提高质量的复杂零件。由于零件结构复杂、精度高，所以零件的工艺也相应复杂。

此外，由于数控机床较普通机床刚度高，所配置刀具也较好，因而在同等情况下，所采用的切削用量通常比普通机床大。选择切削用量时要充分考虑这些特点。

2. 数控加工工艺的主要内容

根据实际应用需要，数控加工工艺分析主要考虑以下内容：

1）分析零件图样，明确加工内容、精度及技术要求。

2）制订工艺过程，确定加工方案。

3）设计工序内容，如工步的划分、工件的定位与夹紧、刀具的选择、切削用量的确定等。

4）图形的数学处理及加工路线的确定等。如基点、节点计算，对刀点、换刀点的选择，加工路线的确定等。

5）编制工艺文件。包括工艺过程卡、工序卡、刀具卡、加工路线图等。

2.1.2　数控加工工艺性分析

数控加工工艺性分析涉及面很广，在此仅从数控加工的可能性和方便性进行分析。

1. 零件图的尺寸标注应符合编程方便的原则

1）零件图上的尺寸标注方法应适应数控加工的特点。在数控加工零件图上，应以同一基准标注尺寸或直接给出坐标尺寸。这种标注方法既便于编程，也便于尺寸之间的相互协调。由于零件设计人员一般在尺寸标注中较多地考虑装配等使用特性，而不得不采用局部分散的标注方法，这样就会给编程带来许多不便。由于数控机床精度比较高，不会因产生较大的累积误差而破坏使用特性，因此可将局部分散标注法改为同一基准标注尺寸或直接给出坐标尺寸的标注法。

2）构成零件轮廓的几何元素的条件应充分。在手工编程时，要计算每个基点坐标。在自动编程时，要对构成零件轮廓的所有几何元素进行定义。因此在分析零件图时，要分析几何元素的给定条件是否充分。

2. 零件的结构工艺性应符合数控加工的特点

1）零件的内腔和外形最好采用统一的几何类型和尺寸。这样可以减少刀具规格和换刀次数，使编程方便，生产效率提高。如图 2.1a、b 所示，内腔和外形转接圆弧半径 R 最好应分别采用统一的尺寸。

2）内腔和外形凹槽转接圆弧半径 R 不应过小。如图 2.1 所示，图 2.1b 与图 2.1a 相比，转接圆弧半径大，可以采用较大直径的铣刀来加工。加工平面时，进给次数也相应减少，表面加工质量也会好一些，所以工艺性较好。通常 $R < 0.2H$（H 为零件轮廓面的

加工高度）。

3）内腔槽底圆角半径 r 不应过大。如图 2.2 所示，圆角半径 r 越大，铣刀端刃铣削平面的能力越差，效率也越低。当 r 大到一定程度时，甚至必须用球头刀加工，这是应该尽量避免的。因为铣刀与铣削平面接触直径 $d = D - 2r$（D 为铣刀直径）。当 D 一定时，r 越大，铣刀端刃铣削平面的面积越小，加工表面的能力越差，工艺性也越差。

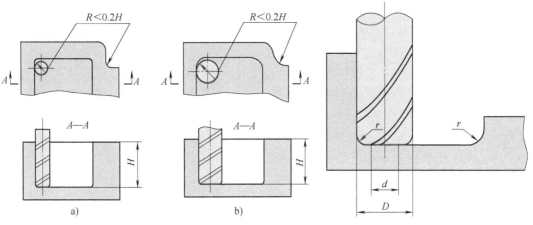

图 2.1　数控加工工艺性对比　　　　图 2.2　零件底面圆弧对加工工艺的影响

4）应采用统一的基准定位。在数控加工中，若没有统一的基准定位，就会因工件的重新安装而导致加工后的两个面上轮廓位置及尺寸不协调。因此要避免上述问题的产生，保证两次装夹加工后其相对位置的准确性，应采用统一的基准定位。

2.1.3　加工方法与加工方案的确定

1. 加工方法的选择

加工方法的选择原则是保证加工表面的加工精度和表面粗糙度的要求。由于获得同一公差等级及表面粗糙度的加工方法很多，在实际选择时，要结合零件的形状、尺寸和热处理要求等全面考虑。例如，对于公差等级为 IT7 的孔采用镗削、铰削、磨削等加工方法均可达到精度要求，但箱体上的孔一般采用镗削或铰削，而不宜采用磨削。一般小尺寸的箱体孔选择铰孔，当孔径较大时则应选择镗孔。此外，还应考虑生产率和经济性的要求，以及工厂的生产设备等实际情况。常用加工方法的经济加工精度及表面粗糙度可查阅有关工艺手册。

2. 加工方案的确定

零件上比较精确表面的加工，常常是通过粗加工、半精加工和精加工逐步达到的。对这些表面仅仅根据质量要求选择相应的最终加工方法是不够的，还应正确地确定从毛坯到最终成形的加工方案。

确定加工方案时，首先应根据主要表面的精度和表面粗糙度的要求，初步确定为达到这些要求所需要的加工方法。例如，对于孔径不大的公差等级为 IT7 的孔，若最终加工方法选择精铰，则精铰孔前通常要经过钻孔、扩孔和粗铰孔等加工，同时，还要列出这些加工方法所能达到的公差等级及其工序加工余量等。有关加工方案可查阅有关工艺手册。

2.1.4 工序与工步的划分

1. 工序的划分

在数控机床上加工零件，工序可以比较集中，在一次装夹中尽可能完成大部分或全部工序。首先应根据零件图样，考虑被加工零件是否可以在一台数控机床上完成整个零件的加工工作，若不能则应决定其中哪一部分在数控机床上加工，哪一部分在其他机床上加工，即对零件的加工工序进行划分。工序的划分一般有以下几种方式。

（1）按零件装夹定位方式划分工序 由于每个零件结构形状不同，各表面的技术要求也有所不同，故加工时，其定位方式则各有差异。一般加工外形时，以内形定位；加工内形时，又以外形定位。因而可根据定位方式的不同来划分工序。在工序安排上一般先进行内形内腔加工，后进行外形加工。

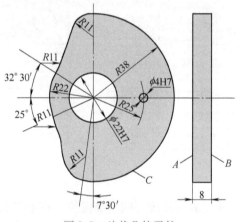

图 2.3 片状凸轮零件

如图 2.3 所示的片状凸轮，按定位方式可分为三道工序，第一道工序是以 B 面定位加工 A 面；第二道工序是以 A 面定位加工 B 面、ϕ22H7 内孔和 ϕ4H7 工艺孔；第三道工序是以 B 面和 ϕ22H7 内孔及 ϕ4H7 工艺孔（一面两孔定位方式）定位，加工凸轮外表面轮廓。

（2）按粗、精加工分开方式划分工序 根据零件的加工精度、刚度和变形等因素来划分工序时，可按粗、精加工分开的原则来划分工序，即先进行粗加工再精加工。

如图 2.4 所示的车削加工零件，可分为两道工序：第一道工序进行粗车加工，切除零件的大部分余量；第二道工序进行半、精车加工，以保证加工精度和表面粗糙度的要求。

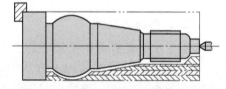

图 2.4 车削加工零件

（3）按所用刀具集中方式划分工序 为了减少换刀次数和空行程时间，减少不必要的定位误差，可按刀具集中的方法加工零件，即在一次装夹中，尽可能用同一把刀具加工出可能加工的所有部位，然后再换另一把刀具加工其他部位。但在工序安排上一般先进行面加工，后进行孔加工。

2. 工步的划分

工步的划分主要从加工精度和效率两方面考虑。在一个工序内往往需要采用不同的刀具和切削用量，对不同的表面进行加工。为了便于分析和描述较复杂的工序，在工序内又细分为工步。下面说明工步划分的原则：

（1）先粗后精的原则 同一表面按粗加工、半精加工、精加工依次完成，或全部加工表面按先粗后精加工分开进行。

（2）先面后孔的原则 对于既有铣面又有镗孔的零件，可先铣面后镗孔。按此方法划分工步,可以提高孔的加工精度。因为铣削时切削力较大,工件易发生变形。先铣面后镗孔,使刀具有一段时间恢复,可减少由变形引起的对孔的加工精度的影响。

（3）刀具集中的原则　某些机床工作台回转时间比换刀时间短,可采用按刀具集中原则划分工步,以减少换刀次数,提高加工效率。

总之,工序与工步之间的划分要根据零件的结构特点、技术要求等情况综合考虑。

2.1.5　零件的定位与安装

1. 定位安装的基本原则

在数控机床上加工零件时,定位安装的基本原则与普通机床相同,也要合理选择定位基准和夹紧方案。为了提高数控机床的效率,在确定定位基准与夹紧方案时应注意以下几点:

1）力求设计、工艺与编程计算的基准统一。

2）尽量减少装夹次数,尽可能在一次定位装夹后,加工出全部待加工面。

3）避免采用占机人工调试加工方案,以充分发挥数控机床的效能。

4）夹紧力的作用点应落在工件刚性较好而又不影响加工的部位。

2. 选择夹具的基本原则

数控加工的特点对夹具提出了两个基本要求:一是要保证夹具的坐标方向与机床的坐标方向相对固定;二是便于确定零件和机床坐标系的尺寸关系。另外,还要考虑以下几点:

（1）准备时间短　当零件批量不大时,应尽量采用通用夹具,以缩短加工准备时间、节省加工费用。在成批加工时才考虑专用夹具,并力求结构简单,定位夹紧稳定、可靠。

（2）装卸零件方便　由于数控机床的加工效率高,装夹工件的辅助时间对加工效率影响较大,所以要求数控机床夹具在使用中装卸要快捷且方便,以缩短辅助时间。可尽量采用气动、液压夹具。

（3）便于自动化加工　夹具上各零部件应不妨碍机床对零件各表面的加工,即夹具要开敞,其定位、夹紧机构元件不能影响刀具加工中的进给（如产生碰撞等）。

此外,为了提高数控加工的效率,在成批生产中还可以采用柔性夹具。柔性夹具是指由一套预先制造好的各种不同形状、不同尺寸规格、不同功能的系列化、标准化元件组装而成的夹具。工件的形状和尺寸有一定变化后,柔性夹具还能适应这种变化并能继续使用。孔系零件柔性夹具如图2.5所示。

图2.5　孔系柔性夹具

2.1.6 数控加工刀具与工具系统

刀具与工具的选择是数控加工工艺中重要的内容之一，它不仅影响机床的加工效率，而且直接影响加工质量。与传统的加工方法相比，数控加工对刀具和工具的要求更高，不仅要求精度高、刚度好、寿命长，而且要求尺寸稳定、安装调整方便等。

1. 数控加工刀具材料

（1）高速钢　高速钢又称锋钢、白钢。它是含有钨（W）、钼（Mo）、铬（Cr）、钒（V）、钴（Co）等元素的合金钢，分为钨、钼两大系列，是传统的刀具材料。其常温硬度为 62 ~ 65HRC，热硬性可提高到 500 ~ 600℃。淬火后变形小，易刃磨，可锻制和切削。它不仅可用来制造钻头、铣刀，还可用来制造齿轮刀具、成形铣刀等复杂刀具。但由于其允许的切削速度较低（50m/min），所以大都用于数控机床的低速加工。普通高速钢以 W18Cr4V 为代表。

（2）硬质合金　硬质合金是由硬度和熔点都很高的碳化物（WC、TiC、TaC、NbC 等），用 Co、Mo、Ni 作粘结剂制成的粉末冶金产品。其常温硬度可达 74 ~ 82HRC，能耐 800 ~ 1000℃的高温。生产成本较低，可在中速（150m/min）、大进给切削中发挥出优良的切削性能，因此成为最为广泛使用的刀具材料。但其冲击韧度与抗弯强度远比高速钢低，因此很少做成整体式刀具。在实际使用中，一般将硬质合金刀块用焊接或机械夹固的方式固定在刀体上。常用的切削工具用硬质合金牌号按使用领域的不同分成 P、M、K、N、S、H 六类。

（3）涂层硬质合金　涂层硬质合金刀具是在韧性较好的硬质合金刀具上涂覆一层或多层耐磨性好的 TiN、TiCN 和 Al_2O_3 等，涂层的厚度为 2 ~ 18μm。涂层通常起到两方面的作用：一方面，它具有比刀具基体和工件材料低得多的热传导系数，减弱了刀具基体的热作用；另一方面，它能够有效地改善切削过程的摩擦和黏附作用，降低切削热的生成。TiN 具有低摩擦特性，可减少涂层组织的损耗。TiCN 涂层硬度较高，可降低后刀面的磨损。Al_2O_3 涂层具有优良的隔热效果。涂层硬质合金刀具与硬质合金刀具相比，无论在强度、硬度和耐磨性方面均有了很大的提高。对于硬度为 45 ~ 55HRC 的工件的切削，低成本的涂层硬质合金可实现高速切削。涂层硬质合金刀片如图 2.6 所示。

（4）陶瓷材料　陶瓷是近几十年来发展速度快、应用日趋广泛的刀具材料之一。在不久的将来，陶瓷可能继高速钢、硬质合金以后引起切削加工的第三次革命。陶瓷刀具具有高硬度（91 ~ 95HRA）、高强度（抗弯强度为 750 ~ 1000MPa）、耐磨性好、化学稳定性好、良好的抗粘结性能、摩擦系数低且价格低廉等优点。不仅如此，陶瓷刀具还具有很高的高温硬度，1200℃时硬度可达 80HRA。使用正常时，陶瓷刀具寿命极长，切削速度可比硬质合金刀具提高 2 ~ 5 倍，特别适合高硬度材料加工、精加工以及高速加工，可加工硬度达 60HRC 的淬硬钢和硬化铸铁等。常用的有氧化铝基陶瓷、氮化硅基陶瓷和金属陶瓷等。陶瓷刀片如图 2.7 所示。

（5）立方氮化硼（CBN）　CBN 是人工合成的高硬度材料，其硬度可达 7300 ~ 9000HV，其硬度和耐磨性仅次于金刚石，有极好的高温硬度，与陶瓷刀具相比，其耐热性和化学稳定性稍差，但冲击强度和抗破碎性能较好。它广泛适用于淬硬钢（50HRC 以上）、珠光体灰铸铁、冷硬铸铁和高温合金等的切削加工。与硬质合金刀具相比，其切削速度可提高一个数量级。CBN 含量高的 PCBN（聚晶立方氮化硼）刀具硬度高、耐磨性好、抗压强度高及耐冲击

图 2.6　涂层硬质合金刀片

图 2.7　陶瓷刀片

韧性好，其缺点是热稳定性差和化学惰性低，适用于耐热合金、铸铁和铁系烧结金属的切削加工。PCBN 刀片如图 2.8 所示。

（6）聚晶金刚石（PCD）　PCD 作为最硬的刀具材料，硬度可达 10000HV，具有最好的耐磨性，它能够以高速度（1000m/min）和高精度加工软的有色金属材料，但它对冲击敏感，容易碎裂，而且对黑色金属中铁的亲和力强，易引起化学反应，一般情况下只能用于加工非铁零件，如有色金属及其合金、玻璃纤维、工程陶瓷和硬质合金等极硬的材料。PCD 刀片如图 2.9 所示。

图 2.8　PCBN 刀片

图 2.9　PCD 刀片

2. 数控加工刀具

（1）车削加工刀具　数控车床使用的刀具，无论是车刀、镗刀、切断刀还是螺纹加工刀具等均有焊接式和机夹式之分。目前数控车床上广泛使用机夹式可转位车刀，其结构如图 2.10 所示。它由刀杆 1、刀片 2、刀垫 3 以及夹紧元件 4 组成。若刀片多边都有切削刃，当某切削刃磨损钝化后，只需松开夹紧元件，将刀片转一个位置便可继续使用。

刀片是机夹可转位刀具的一个最重要组成元件。按照 GB/T 2076—2007《切削刀具用转位刀片型号表示规则》，可转位刀片的形状和表达特性如图 2.11 所示。

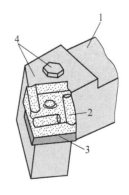

图 2.10　机夹式可转位车刀的结构
1—刀杆　2—刀片　3—刀垫　4—夹紧元件

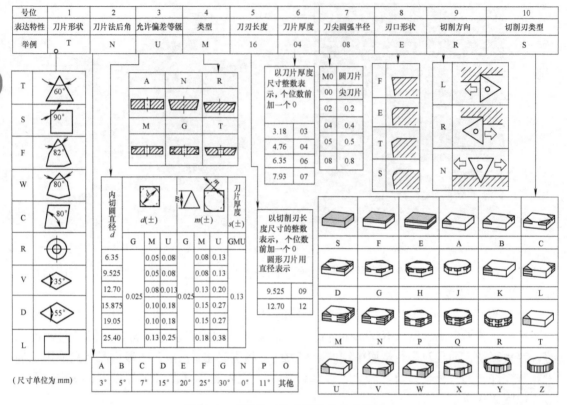

图 2.11　可转位刀片的形状和表达特性

（2）铣削加工刀具　选择铣刀时，要使刀具的尺寸与被加工工件的表面尺寸和形状相适应。生产中，平面零件周边轮廓的加工，常采用立铣刀；铣平面时，应选硬质合金刀片铣刀；加工凸台、凹槽时，选高速钢立铣刀；加工毛坯表面或粗加工孔时，可选镶涂层硬质合金的玉米铣刀；对一些立体型面和变斜角轮廓外形的加工，常采用球头铣刀、环形铣刀、锥形铣刀和盘形铣刀等。常用铣刀如图 2.12 所示。

（3）孔加工刀具　数控孔加工刀具常用的有中心钻、钻头、镗刀、铰刀和丝锥等。下面仅介绍镗刀。

镗刀按切削刃数量分为单刃镗刀和双刃镗刀。镗削通孔、阶梯孔和不通孔可分别选用图 2.13a、b、c 所示的单刃镗刀。单刃镗刀头用螺钉装夹在镗杆上。调节螺钉 1 用于调整尺寸，紧固螺钉 2 起锁紧作用。单刃镗刀刚性差，切削时易引起振动，所以镗刀的主偏角 κ_r 选得较大，以减小径向力。镗铸铁孔或精镗时，一般取 $\kappa_r = 90°$；粗镗钢件孔时，取 $\kappa_r = 60° \sim 75°$，以延长刀具寿命。所镗孔径的大小靠调整刀具的悬伸长度保证，调整较麻烦，仅用于单件小批生产。但单刃镗刀结构简单，适应性较广，粗、精加工都适用。

在孔的精镗中，目前较多地选用精镗微调镗刀。这种镗刀的径向尺寸可以在一定范围内进行微调，调节方便，且精度高，其结构如图 2.14 所示。调整尺寸时，先松开拉紧螺钉 6，然后转动带刻度盘的调整螺母 3，等调至所需尺寸，再拧紧螺钉 6，使用时应保证锥面靠近大端接触（即镗杆 90° 锥孔的角度偏差为负值），且与直孔部分同心。键与键槽配合间隙不能太大，否则微调时就不能达到较高的精度。

图 2.12　常用铣刀

a）镶涂层硬质合金的玉米铣刀　b）球头铣刀　c）环形铣刀　d）盘形铣刀　e）圆柱形立铣刀　f）锥形铣刀

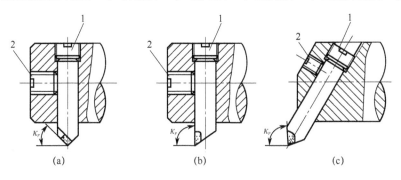

图 2.13　单刃镗刀

a）通孔镗刀　b）阶梯孔镗刀　c）不通孔镗刀

1—调节螺钉　2—紧固螺钉

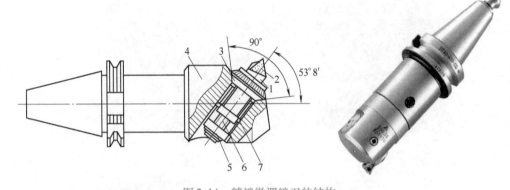

图 2.14　精镗微调镗刀的结构

1—刀体　2—刀片　3—调整螺母　4—刀杆　5—螺母　6—拉紧螺钉　7—导向键

3. 数控机床的工具系统

在加工中心上要适应多种形式零件不同部位的加工，故其刀具装夹部分的结构、形式、尺寸也是多种多样的。把通用性较强的几种装夹工具（例如装夹不同刀具的刀柄和夹头等）系列化、标准化就成为通常所说的工具系统。该工具系统是一个联系数控机床的主轴与刀具之间的辅助系统，具有结构简单、紧凑、装卸灵活、使用方便、更换迅速等特点。关于工具系统的代号可查阅有关手册。图 2.15 所示为钻头与刀柄的连接图。

图 2.15　刀具与刀柄的连接图

加工中心的主轴锥孔通常分为两大类，即锥度为 7:24 的通用系统和 1:10 的 HSK 真空系统。锥度为 7:24 的通用刀柄通常有五种标准，即 NT 型（德国 DIN 标准）、JT 型（ISO 标准、德国 DIN 标准、中国 GB 标准）、IV 或 IT 型（ISO 标准）、BT 型（日本 MAS 标准）及 CAT 型（美国 ANSI 标准）。目前国内使用最多的是 JT 型和 BT 型两种刀柄。图 2.16a ~ f 所示为常用的几种 BT 型刀柄（锥度 7:24）。图 2.16a 所示为钻夹头刀柄，主要用于装夹直柄钻头，也用于装夹直柄铣刀、铰刀、丝锥等；图 2.16b 所示为弹簧夹头刀柄，主要用于装夹直柄钻头、铣刀、铰刀、丝锥等；图 2.16c 所示为强力型刀柄，主要用于装夹直柄铣刀、铰刀等；图 2.16d 所示为侧固式刀柄，主要用于装夹钻头、铣刀、粗镗刀等削平刀柄刀具；图 2.16e 所示为平面铣刀柄，主要用于装夹平面铣刀等；图 2.16f 所示为莫氏刀柄，适合装夹带有莫氏锥度的钻头、铰刀、铣刀和非标刀具等。

HSK 工具系统是一种新型的高速短锥形刀柄，其接口采用锥面和端面同时定位的方式，刀柄为中空，锥体长度较短，锥度为 1:10，有利于实现换刀柄轻型化和高速化，且每种刀柄只能安装一种柄径的刀具。其夹紧刀具方式有液压式夹头和热缩式夹头。液压式夹头夹持力大，适用于高速重切削，其结构如图 2.16g 所示；热缩式夹头利用感应或热风加热使刀杆孔膨胀进行刀具的更换，然后采用风冷使刀具冷却到室温，利用刀杆孔与刀具外径的过盈配合夹紧，这种结构使刀具在高转速下仍能保持可靠的夹紧性能，特别适用于更高转速的高速切削加工，其结构如图 2.16h。

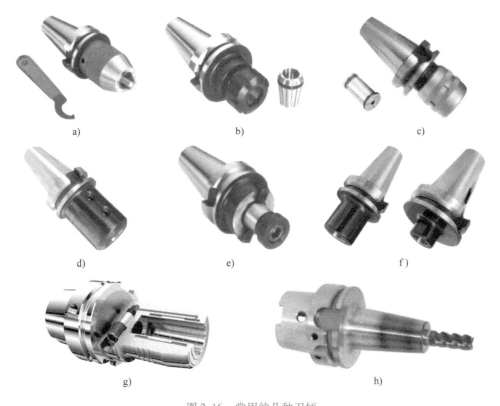

图 2.16　常用的几种刀柄

a) 钻夹头刀柄　b) 弹簧夹头刀柄　c) 强力型刀柄　d) 侧固式刀柄　e) 平面铣刀柄
f) 莫氏刀柄　g) 液压式夹头　h) 热缩式夹头

4. 对刀仪

对刀仪又称刀具预调仪，是用来调整或测量刀具尺寸的，是数控机床的辅助工具。从工作方式上看，对刀仪分机内测量对刀仪和机外测量对刀仪两种；从结构与原理上又分接触式测量对刀仪和非接触式测量对刀仪。机外测量对刀仪需要依次测量每把刀具的长度或直径，并输入到系统中，常用的有光学投影式对刀仪等。机内测量对刀仪是将刀库中的刀具按事先设定的程序进行测量，然后与参考位置或者标准刀具进行比较得到刀具的长度或直径，并自动更新到相应的 NC 刀具参数表中，常用的有压电式对刀仪和激光式对刀仪等。对刀仪对刀精度一般在 0.001mm 左右。

图 2.17 ~ 图 2.19 所示为数控铣床和加工中心常用的三种对刀仪。图 2.17 所示为光学投影式对刀仪，属于机外非接触式对刀仪，其原理是将刀具安装在刀座上后，调整镜头，就可以在显示器上看到放大的刀具刃口部分的影像，此时调整显示器使米字刻线与刃口重合，即可完成对刀，同时在数字显示器上可读出相应的直径和轴向尺寸值。图 2.18 所示为压电式对刀仪，主要由开关测头、硬质合金圆柱体对刀块（接触传感器）、信号传输接口器和测量软件等组成。接触传感器用于与刀具进行接触，并通过安装在其下的挠性支撑杆，把力传至高精度开关；开关所发出的通、断信号，通过信号传输接口器，传输到数控系统中进行刀具方向识别、运算、补偿、存取等。图 2.19 所示为激光式对刀仪。其基本原理为采用聚焦激光光束为触发媒介，当激光光束被旋转的刀具遮蔽时，便产生触发信号。和接触式对刀仪有

本质不同的是，激光式对刀仪采用非接触测量，在对刀时没有接触力，因而可以对极其细小的刀具进行测量而不用担心由于接触力导致细小刀具的折损，同时，在测量时，刀具以加工速度高速旋转，所以测量状态几乎完全等同于实际加工状态，提高了对刀精度。而且，激光式对刀仪可以对刀具外形进行扫描来测量刀具的轮廓，并可对多刃刀具的单个切削刃进行破损监测。激光式对刀仪的主要缺点是结构复杂，需要额外的高质量气源对内部结构进行保护，造价较高，主要适用于高速加工中心。

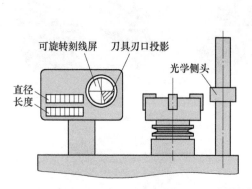

图 2.17　光学投影式对刀仪

图 2.18　压电式对刀仪　　　　　　图 2.19　激光式对刀仪

图 2.20 所示为在数控车床上常用的一种对刀仪。该对刀仪主要由接触传感器测头、精密连接臂、安装座及测量软件等组成，其测量原理同图 2.18 压电式对刀仪。在测量时，测头通过精密连接臂和安装座固定在机床主轴旁，测头的垂直中心线分别和机床的 X、Z 两轴平行。移动刀架，当刀具的刀尖部分接触到测头时，测头便发出触发信号，信号通过接口装置触发 CNC 系统，记下此时刀具的位置，然后通过相应的测量软件计算出测量所得的刀具 X、Z 向尺寸，并随即自动修正 CNC 系统中对应刀具偏置值。

2.1.7　切削用量的确定

切削用量包括主轴转速（或切削速度）、背吃刀量、进给量。对于不同的加工方法，需要选择不同的切削用量，并应编入程序单内。

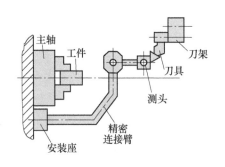

图 2.20　数控车床对刀仪

合理选择切削用量的原则是：粗加工时，一般以提高生产率为主，但也应考虑经济性和加工成本；半精加工和精加工时，应在保证加工质量的前提下，兼顾切削效率、经济性和加工成本。具体数值应根据机床说明书、切削用量手册，并结合经验而定。

（1）背吃刀量 a_p（mm）　背吃刀量 a_p 主要根据机床、夹具、刀具和工件的刚度来决定。在刚度允许的情况下，应以最少的进给次数切除加工余量，最好一次切净余量，以便提高生产效率。在数控机床上，精加工余量可小于普通机床，一般取 0.2～0.5mm。

（2）主轴转速 n（r/min）　主轴转速 n 主要根据允许的切削速度 v（m/min）选取。其计算公式为

$$n = \frac{1000v}{\pi D} \tag{2-1}$$

式中　　v——切削速度（mm/min），由刀具寿命决定，可查有关手册或刀具说明书。几种常用刀具的切削速度见附表。

D——工件或刀具直径（mm）。

（3）进给量（进给速度）f（mm/min 或 mm/r）　进给量（进给速度）f 是数控机床切削用量中的重要参数，主要根据零件的加工精度和表面粗糙度要求以及刀具、工件的材料性质选取。

在数控车床上编程一般用进给量（mm/r）表示，在数控铣床或加工中心上编程用进给速度（mm/min）表示。当加工精度、表面粗糙度要求高时，进给速度（进给量）数值应小些，一般在 20～50mm/min 范围内选取。最大进给速度（进给量）则受机床刚度和进给系统的性能限制，并与脉冲当量有关。在数控机床操作面板上都有进给速度（进给量）修调开关，并可在 0～150% 范围内以每级 10% 进行调整。在零件试切削时，进给速度（进给量）的修调可使操作者选取最佳的进给速度。

2.1.8　数控加工路线的确定

在数控加工中，刀具的刀位点相对于工件运动的轨迹称为加工路线。所谓"刀位点"是指刀具对刀时的理论刀尖点，也是刀具定位的基准点。刀位点 P 如图 2.21 所示。

不同类型刀具的刀位点不同，对车刀、镗刀来说，若刀尖无圆角，其刀尖点为刀位点；对钻头来说，钻头尖点为刀位点；对立铣刀、面铣刀来说，刀具底面的中心点为刀位点；对球头铣刀来说，球头端点为刀位点，也可把球头中心设为刀位点。常用刀具的

刀位点如图 2.22 所示。

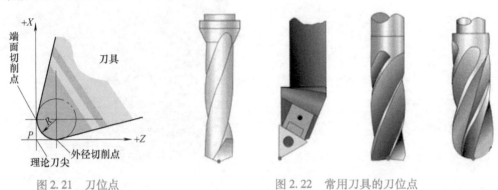

图 2.21　刀位点　　　　　　　　　　图 2.22　常用刀具的刀位点

1. 加工路线的确定原则

编程时，加工路线的确定原则主要有以下几点：

1）加工路线应保证被加工零件的精度和表面粗糙度，且效率较高、进给安全。

2）使数值计算简单，以减少编程工作量。

3）应使加工路线最短，这样既可减少程序段，又可减少空刀时间。

此外，在确定加工路线时，还要考虑工件的加工余量和机床、刀具的刚度等情况，确定是一次进给，还是多次进给来完成加工，以及在铣削加工中是采用顺铣还是逆铣等。

2. 车削加工路线的确定

（1）最短的车削加工路线　车削进给路线为最短，可有效地提高生产效率，降低刀具的损耗等。图 2.23 所示为粗车进给路线示例。其中，图 2.23a 所示为利用数控系统具有的封闭式复合循环功能控制车刀沿着工件轮廓进行进给的路线；图 2.23b 所示为利用其程序循环功能安排的"三角形"进给路线；图 2.23c 所示为利用其矩形循环功能安排的"矩形"进给路线。

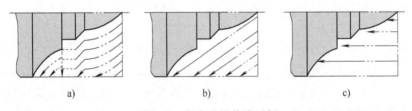

a)　　　　　　　　　　b)　　　　　　　　　　c)

图 2.23　粗车进给路线示例

对以上三种车削进给路线，经分析和判断后可知矩形循环进给路线的进给长度总和最短。因此，在同等条件下，其车削所需时间（不含空行程）最短，刀具的损耗最少。

（2）车削螺纹加工路线　在数控机床上车螺纹时，刀具沿螺纹方向的进给应和机床主轴的旋转保持严格的速比关系，因此应避免进给机构在加速或减速过程中车削。为此要有切入距离 δ_1 和切出距离 δ_2。如图 2.24 所示，δ_1 和 δ_2 的数值不仅与机床拖动系统的动态特性有关，还与螺纹的导程和螺纹的精度有关，一般 δ_1 为 2~5mm，对大螺距和高精度的螺纹取大值；δ_2 一般取 δ_1 的 1/2~1/4。若螺纹收尾处没有退刀槽时，系统控制刀具按 45°退刀收尾。

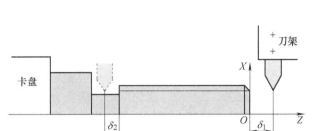

图 2.24　车削螺纹时的切入距离 δ_1 和切出距离 δ_2

3. 铣削加工路线的确定

（1）顺铣和逆铣　铣削有顺铣和逆铣两种方式。当工件表面无硬皮，机床进给机构无间隙时，应选用顺铣，按照顺铣安排加工路线。因为采用顺铣加工后，零件已加工表面质量好，刀齿磨损小。精铣时，尤其是零件材料为铝镁合金、钛合金或耐热合金时，应尽量采用顺铣。当工件表面有硬皮、机床的进给机构有间隙时，应采用逆铣，按照逆铣安排加工路线。因为逆铣时，刀齿是从已加工表面切入，不会崩刃，而且机床进给机构的间隙不会引起振动和爬行。

（2）铣削外轮廓的加工路线　铣削平面零件外轮廓时，一般采用立铣刀侧刃切削。刀具切入零件时，应避免沿零件外轮廓的法向切入，以免在切入处产生刀具的刻痕，而应沿切削起始点延伸线（图 2.25a）或切线方向（图 2.25b）逐渐切入零件，保证零件曲线的平滑过渡。同样，在切出零件时，也应避免在切削终点处直接抬刀，要沿着切削终点延伸线（图 2.25a）或切线方向（图 2.25b）逐渐切出零件。

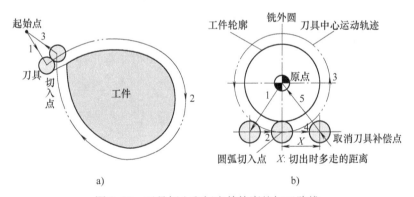

a)　　　　　　　　　　　　　　　b)

图 2.25　刀具切入和切出外轮廓的加工路线

（3）铣削内轮廓的加工路线　铣削封闭的内轮廓表面时，同铣削外轮廓一样，刀具同样不能沿轮廓曲线的法向切入和切出，此时刀具可以沿一过渡圆弧切入和切出工件轮廓。图 2.26 所示为铣切内圆的加工路线，其中 R_1 为零件圆弧轮廓半径，R_2 为过渡圆弧半径。

（4）铣削内槽的加工路线　内槽在模具零件中较常见，都采用平底立铣刀加工，刀具圆角半径应符合内槽的图样要求。图 2.27 所示为铣削内槽的三种加工路线。图 2.27a、b 所示分别为用行切法和环切法铣削内槽。这两种加工路线的共同点是都能切净内腔中全部面积，不留死角，不伤轮廓，同时尽量减

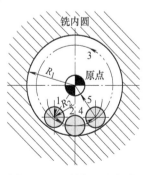

图 2.26　刀具切入和切出内轮廓的加工路线

少重复进给的搭接量。不同点是行切法的加工路线比环切法短，但行切法会在每次进给的起点与终点间留下残留面积，达不到所要求的表面粗糙度；用环切法获得的表面粗糙度值要小于行切法，但环切法需要逐次向外扩展轮廓线，刀位点计算稍微复杂一些。综合行切法、环切法的优点，采用图 2.27c 所示的加工路线，即先用行切法切去中间大部分余量，最后用环切法精铣一刀，既能使总的加工路线较短，又能获得较小的表面粗糙度值。

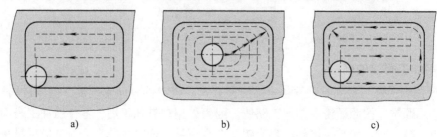

图 2.27　铣削内槽的三种加工路线

4. 孔加工路线的确定

加工孔时，一般是先将刀具在 XY 平面内快速定位到孔中心线的位置上方，然后刀具再沿 Z 向（轴向）运动进行加工。所以以孔加工进给路线的确定包括以下内容：

（1）确定 XY 平面内的加工路线　安排加工路线时，要避免机械进给系统的反向间隙对孔位精度的影响。例如，镗削图 2.28a 所示零件上的四个孔。按图 2.28b 所示加工路线加工，由于 4 孔与 1、2、3 孔定位方向相反，Y 向反向间隙会使定位误差增加，从而影响 4 孔与其他孔的位置精度。按图 2.28c 所示加工路线，就可避免反向间隙的引入，提高了 4 孔的定位精度。虽然定位迅速和定位准确两者有时难以同时满足，这时应抓主要矛盾，若按最短路线加工能保证定位精度，则取最短路线；反之，应取能保证定位准确的路线，特别是在精加工的情况下。

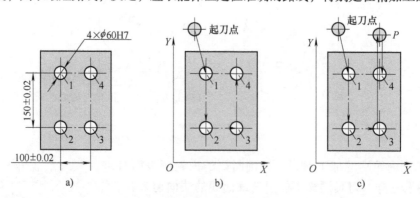

图 2.28　准确定位加工路线

（2）确定 Z 向（轴向）的加工路线　刀具在 Z 向的加工路线分为快速移动进给路线和工作进给路线。刀具先从初始平面快速运动到距工件加工表面一定距离的 R 平面（距工件加工表面一个切入距离的参考平面）上，然后按工作进给速度运动进行加工。图 2.29a 所示为加工单个孔时刀具的加工路线。对多孔加工，为减少刀具空行程进给时间，加工中间孔时，刀具不必退回到初始平面，只要退到 R 平面即可，其加工路线如图 2.29b 所示。

在工作进给路线中，工作进给距离 Z_F 包括加工孔的深度 H、刀具的切入距离 Z_a 和切出距离 Z_o（加工通孔），如图 2.30 所示。刀具切入、切出距离的经验数据见表 2-1。

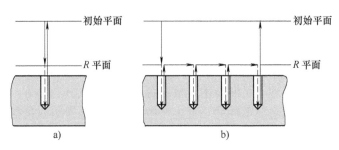

图 2.29　刀具 Z 向加工路线

——→：快速移动进给路线　--→：工作进给路线

加工不通孔时，工作进给距离为

$$Z_F = Z_a + H + T_t$$

加工通孔时，工作进给距离为

$$Z_F = Z_a + H + Z_o + T_t$$

式中 T_t——钻头钻尖长度。

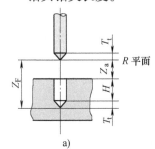
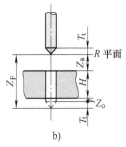

图 2.30　钻孔进给距离计算图

a）加工不通孔时的工作进给距离　b）加工通孔时的工作进给距离

表 2-1　刀具切入、切出距离的经验数据　　　　（单位：mm）

表面状态 加工方式	已加工表面	毛坯表面	表面状态 加工方式	已加工表面	毛坯表面
钻孔	2～3	5～8	车削	2～3	5～8
扩孔	3～5	5～8	铣削	3～5	5～10
镗孔	3～5	5～8	攻螺纹	5～10	5～10
铰孔	3～5	5～8	车削螺纹（切入）	2～5	5～8

2.1.9　工艺文件的制订

零件的加工工艺设计完成后，就应该将有关内容填入各种相应的表格（或卡片）中。以便贯彻执行并将其作为编程和生产前技术准备的依据，这些表格（或卡片）被称为工艺文件。数控加工工艺文件除包括机械加工工艺过程卡、机械加工工艺卡、数控加工工序卡三种以外，还包括数控加工刀具卡。另外为方便编程也可以画出各工步的加工路线图。

1. 机械加工工艺过程卡

机械加工工艺过程卡是以工序为单位，简要地列出整个零件加工所经过的工艺路线（包括毛坯制造、机械加工和热处理等）。它是制订其他工艺文件的基础，也是生产准备、编排作业计划和组织生产的依据。在这种卡片中，由于各工序的说明不够具体，故一般不直接指导工人操作，而多作为生产管理方面使用。但在单件小批生产中，由于通常不编制其他较详细的工艺文件，就以这种卡片指导生产。其格式请参考机械加工工艺有关手册。

2. 机械加工工艺卡

机械加工工艺卡是以工序为单位，详细地说明整个工艺过程的一种工艺文件。它是用来指导工人生产和帮助车间管理人员和技术人员掌握整个零件加工过程的一种主要技术文件，广泛用于成批生产的零件和重要零件的小批生产中。加工工艺卡内容包括零件的材料、毛坯种类、工序号、工序名称、工序内容、工艺参数、操作要求以及采用的设备和工艺装备等。其格式见机械加工工艺有关手册。

3. 数控加工工序卡

数控加工工序卡片是根据机械加工工艺卡为其中一道工序制订的。它更详细地说明整个零件各个工序的要求，是用来具体指导工人操作的工艺文件。在这种卡片上要画工序简图，说明该工序每一工步的内容、工艺参数、操作要求以及所用的设备与工艺装备。同时还要注明程序编号、编程原点和对刀点等。其格式见 2.2 节中表 2-3。

4. 数控加工刀具卡

数控加工刀具卡主要包括刀具的详细资料，有刀具号、刀具名称及规格、刀辅具等。不同类型的数控机床刀具卡也不完全一样。数控加工刀具卡同数控加工工序卡一样，是用来编制零件加工程序和指导生产的重要工艺文件。其格式见 2.2 节中表 2-4。

2.2 图形的数学处理

对零件图形进行数学处理（又称数值计算）是数控编程前的主要准备工作，无论对于手工编程还是自动编程都是必不可少的。图形的数学处理就是根据零件图样的要求，按照已确定的加工路线和允许的编程误差，计算出数控系统所需输入的数据。图形数学处理的内容主要有基点计算、节点计算和辅助计算等。

2.2.1 基点计算

一个零件的轮廓曲线常常由不同的几何元素组成，如直线、圆弧、二次曲线等。各几何元素间的连接点称为基点，如两直线的交点，直线与圆弧的交点或切点，圆弧与圆弧的交点或切点，圆弧或直线与二次曲线的切点或交点等。

零件平面轮廓大多由直线和圆弧组成，所以零件轮廓曲线的基点计算较简单。基点的计算一般根据图样给定条件，用解析几何法、三角函数法求出，也可从其 CAD 图形中选取。

2.2.2 节点计算

如果零件的轮廓曲线不是由直线或圆弧构成，如可能是椭圆、双曲线、抛物线、一般二次曲线或阿基米德螺旋线等，而数控装置又不具备这些曲线的插补功能时，要采取用直线（图 2.31a）或圆弧（图 2.31b）逼近的数学处理方法。即在满足允许编程误差的条件下，用若干直线段或圆弧端分割逼近给定的曲线。相邻直线段或圆弧段的交点或切点称为节点。如图 2.31 所示的 1、2、3 点为节点。最大偏差 $\delta \leqslant \delta_允$，$\delta_允$ 一般取零件公差的 $1/5 \sim 1/10$。

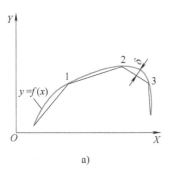 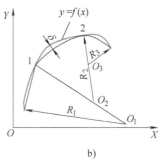

图 2.31 节点

a）直线段逼近非圆曲线　b）圆弧段逼近非圆曲线

节点的计算方法较多，下面介绍几种简单方法。

1. 等间距法直线逼近节点计算

等间距法直线逼近节点计算特点是每个程序段的某一个坐标增量相等，根据曲线的表达式求出另一个坐标值，即可求得节点坐标。如图 2.32 所示，由起点开始沿 X 轴方向取 Δx 为等间距长，再由曲线方程 $y = f(x)$ 求得 y_i，设 $x_{i+1} = x_i + \Delta x$，$y_{i+1} = f(x_i + \Delta x)$，可求出一系列节点坐标值作为编程数据。这种方法的关键是确定间距值，Δx 取决于曲线的曲率和允许误差 $\delta_{允}$，常根据加工精度凭经验选取，一般选取 $\Delta x = 0.1\text{mm}$，再进行误差验算。若不满足 $\delta \leqslant \delta_{允}$，则减小 Δx 的取值。

2. 等步长法直线逼近节点计算

这种方法的特点是使所有逼近线段的长度相等，即每个程序段的长度相等，如图 2.33 所示。由于轮廓曲线各处的曲率不等，这种方法在各程序段产生的插补误差 δ 也不等，所以编程时必须使最大插补误差小于 $\delta_{允}$。该方法的关键是根据 δ 确定程序段长度。一般认为最大插补误差 δ_y 发生在最小曲率半径处。其计算步骤是先求曲线最小曲率半径 $R_{\min}$，以 $R_{\min}$ 为半径作曲率圆得对应的弦长 l，以曲线起点 a 为圆心，以 l 半径作圆，求出该圆与已知曲线的交点 b，其解作为节点 b 的坐标。顺次以 b、c、…为圆心，重复以上步骤，即可求出各节点的坐标值。

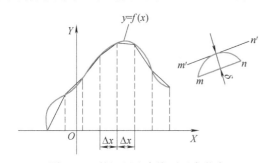

图 2.32 等间距法直线逼近求节点

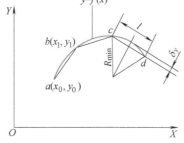

图 2.33 等步长法直线逼近求节点

3. 等误差法（变步长法）直线逼近节点计算

等误差法计算节点的特点是使零件轮廓曲线上各逼近线段的逼近误差相等，且小于或等于 $\delta_{允}$，各逼近线段的长度不相等，如图 2.34 所示。计算节点的过程，是以起点 (x_0, y_0) 为圆心、$\delta_{允}$ 为半径作圆，求该圆与轮廓曲线公切线的两切点坐标 (X_0, Y_0)、(X_1, Y_1)，由两切点坐标求出公切线斜率 k，过起点 (x_0, y_0) 作斜率为 k 的直线，得交点 (x_1, y_1)，即可求得第一个节点的坐标 (x_1, y_1)，再重复上述计算过程可得其余各节点的坐标值。

4. 曲率圆法圆弧逼近轮廓的节点计算

圆弧逼近轮廓求节点的方法有曲率圆法、三点圆法和相切圆法等。这里介绍曲率圆法，它是一种等误差圆弧逼近法，应用于曲线 $y = f(x)$ 为单调的情形。若不是单调曲线则可以在拐点处分段，使每段曲线为单调。其计算方法如图 2.35 所示。从曲线 $y = f(x)$ 的起点 (x_n, y_n) 开始作曲率圆，求偏差圆（半径 $R_n + \delta_y$）与曲线的交点 (x_{n+1}, y_{n+1})，$\delta_y \leqslant \delta_允$。当曲线曲率递减时取 $(R_n + \delta_允)$，当曲线曲率递增时取 $(R_n - \delta_允)$。求过 (x_n, y_n) 和 (x_{n+1}, y_{n+1}) 两点，且半径为 R_n 的圆的圆心坐标 (ζ_m, η_m)。重复上述计算可依次求得其他逼近圆弧。

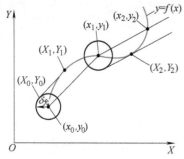 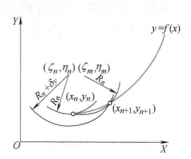

图 2.34　等误差法直线逼近求节点　　　　图 2.35　曲率圆法圆弧逼近求节点

2.2.3　辅助计算

辅助计算一般比较简单，下面仅介绍增量值计算、螺纹的实际牙顶与牙底尺寸计算。

1. 增量值计算

描述机床（或刀具）运动和位置有两种坐标形式，一种是直角坐标，另一种是极坐标。直角坐标又分绝对值坐标和增量值坐标。绝对值坐标是当前点相对于坐标原点的坐标，而增量值坐标是当前点相对于前一点的相对坐标，也就是说当前点的增量坐标值是当前点的绝对坐标值与前一点的绝对坐标值之差。

2. 螺纹的实际牙顶、实际牙底尺寸计算

螺纹牙型高度是指在螺纹牙型上，牙顶到牙底之间垂直于螺纹轴线的理论高度 H，如图 2.36 所示。

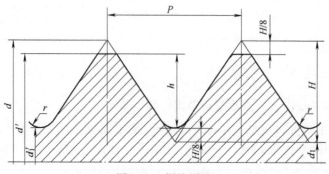

图 2.36　螺纹牙型

根据 GB/T 192—2003《普通螺纹　基本牙型》规定，普通螺纹的牙型理论高度 $H = 0.866P$，实际加工时，由于螺纹车刀刀尖半径 r 的影响，螺纹的实际切深有变化。根据 GB/T 197—2003《普通螺纹　公差》规定，螺纹车刀可在牙底最小削平高度 $H/8$ 处削平或倒圆，同时在牙顶处也要削平高度 $H/8$。则螺纹实际牙型高度可按下式计算

$$h = H - 2(H/8) = 0.6495P \qquad (2-2)$$

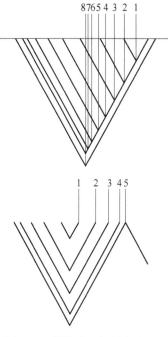

式中　H——螺纹牙型理论高度（mm），$H = 0.866P$；

　　　P——螺距（mm）；

　　　h——螺纹牙型实际高度（mm）。

所以螺纹实际牙顶 d' 和螺纹实际牙底 d'_1 可近似地用下式计算

$$d' = d - 0.2P \qquad (2-3)$$

$$d'_1 = d' - 1.3P \qquad (2-4)$$

式中　d——螺纹大径或公称尺寸（mm）；

　　　d_1——螺纹小径（mm）；

　　　d'——螺纹实际牙顶尺寸（mm）；

　　　d'_1——螺纹实际牙底尺寸（mm）。

如果螺纹实际牙型高度和螺距较大，可分几次进给。每次进给的背吃刀量用螺纹实际牙型高度减去精加工背吃刀量所得的差按递减规律分配，如图 2.37 所示。常用螺纹切削的进给次数与背吃刀量可参考表 2-2 选取。在实际加工中，当用牙型高度控制螺纹直径时，一般通过试切来满足加工要求。

图 2.37　螺纹进刀切削方法

表 2-2　常用螺纹切削的进给次数与背吃刀量　　　　　　　（单位：mm）

公制（米制）螺纹							
螺　距	1.0	1.5	2.0	2.5	3.0	3.5	4.0
牙　深	0.649	0.974	1.299	1.624	1.949	2.273	2.598
背吃刀量及进给次数	1 次	0.7	0.8	0.9	1.0	1.2	1.5	1.5
	2 次	0.4	0.6	0.6	0.7	0.7	0.7	0.8
	3 次	0.2	0.4	0.6	0.6	0.6	0.6	0.6
	4 次		0.16	0.4	0.4	0.4	0.6	0.6
	5 次			0.1	0.4	0.4	0.4	0.4
	6 次				0.15	0.4	0.4	0.4
	7 次					0.2	0.2	0.4
	8 次						0.15	0.3
	9 次							0.2

2.3　典型零件的数控加工工艺分析

下面以图 2.38 所示的轴类零件为例，介绍其数控车削加工工艺。

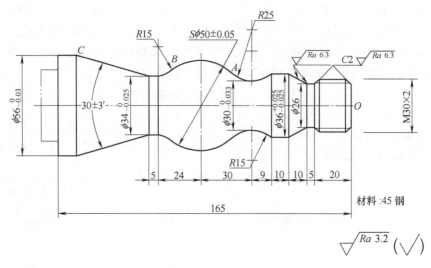

图 2.38　轴类零件

1. 零件图工艺分析

该零件表面有圆柱、圆锥、顺圆弧、逆圆弧及螺纹等表面组成。其中多个直径尺寸有较严格的尺寸精度和表面粗糙度等要求；球面 $S\phi50\text{mm}$ 的尺寸公差还兼有控制该球面形状（线轮廓）误差的作用。尺寸标注完整，轮廓描述清楚。零件材料为 45 钢，无热处理和硬度要求。

通过上述分析，采取以下几点工艺措施。

1）对图样上给定的几个公差等级（IT7～IT8）要求较高的尺寸，因其公差数值较小，故编程时不必取平均值，而全部取其公称尺寸即可。

2）在轮廓曲线上，有三处为过象限圆弧，其中两处为既过象限又改变进给方向的轮廓曲线，因此在加工时应进行机械间隙补偿，以保证轮廓曲线的准确性。

3）为便于装夹，毛坯件左端应预先车出夹持部分（双点画线部分），右端面也应先车出并钻好中心孔。毛坯选 $\phi60\text{mm}$ 棒料。

2. 确定装夹方案

确定毛坯件轴线和左端大端面（设计基准）为定位基准。左端采用自定心卡盘定心夹紧，右端采用活动顶尖支承的装夹方式。

3. 确定加工顺序

加工顺序按由粗到精的原则确定。即先从右到左进行粗车（留 0.20mm 精车余量），然后从右到左进行精车，最后车削螺纹。

数控车床一般具有粗车循环和车螺纹循环功能，只要正确使用编程指令，机床数控系统就会自行确定其加工路线，因此，该零件的粗车循环和车螺纹循环不需要人为确定其加工路线。但精车的加工路线需要人为确定，该零件是从右到左沿零件表面轮廓进给加工的。

4. 数值计算

为方便编程，可利用 AutoCAD 画出零件图形，然后取出必要的基点坐标值，利用公式对螺纹实际牙顶、实际牙底进行计算。

（1）基点计算　以图 2.38 上 O 点为工件坐标原点，则 A、B、C 三点坐标分别为：$X_A = 40mm$（直径量）、$Z_A = -69mm$；$X_B = 38.76mm$（直径量）、$Z_B = -99mm$；$X_C = 56mm$（直径量）、$Z_C = -154.09mm$。

（2）螺纹实际牙顶 d'、实际牙底 d_1' 计算　计算公式如下

$$d' = d - 0.2P = (30 - 0.2 \times 2)\ mm = 29.6mm$$
$$d_1' = d' - 1.3P = (29.6 - 1.3 \times 2)\ mm = 27mm$$

5. 选择刀具

1）粗车、精车均选用 35° 菱形涂层硬质合金外圆车刀，副偏角为 48°，刀尖半径 0.4mm，为防止与工件轮廓发生干涉，必要时应用 AutoCAD 作图检验或用仿真软件检验。

2）车螺纹选用硬质合金 60° 外螺纹车刀，取刀尖圆弧半径为 0.2mm。

6. 确定切削用量

（1）背吃刀量　粗车循环时，确定其背吃刀量 $a_p = 2mm$；精车时，确定其背吃刀量 $a_p = 0.2mm$。M30 螺纹共分 5 次车削，但每次背吃刀量不同，查表 2-2 确定为（直径量）：0.9mm、0.6mm、0.6mm、0.4mm、0.1mm。

（2）主轴转速　查表取粗车时的切削速度 $v = 90m/min$，精车时的切削速度 $v = 120m/min$，根据坯件直径（精车时取平均直径），利用式（2-1）计算，并结合机床说明书取：粗车时主轴转速 $n = 500r/min$，精车时主轴转速 $n = 1200r/min$，车螺纹时取主轴转速 $n = 320r/min$。

（3）进给速度　粗车时选取进给量 $f = 0.3mm/r$，精车时选取 $f = 0.05mm/r$，车螺纹的进给量等于螺纹导程，即 $f = 2mm/r$。

7. 数控加工工艺文件的制订

按加工顺序将各工步的加工内容、所用刀具及其切削用量等填入数控加工工序卡中，见表 2-3；将各工步所用刀具的型号、刀片型号、刀片牌号及刀尖圆弧半径等填入数控加工刀具卡中，见表 2-4。

表 2-3　数控加工工序卡

（单位）	数控加工工序卡		产品名称	产品代号	零件名称	零件图号
					轴	
			工序号	工序名称	设备名称	
					数控车床	
			夹具编号	夹具名称	设备型号	
				自定心卡盘	MJ460	
（工序图略）			材料名称	材料牌号	切削液	
			45 钢	45 钢	乳化液	
			程序编号	工时	车间	

（续）

工步号	工步内容	刀具号	刀具规格	主轴转速/ r·min⁻¹	切削速度/ m·min⁻¹	进给量/ mm·r⁻¹	背吃刀量/ mm	备注
1	粗车轴表面留精车余量0.2mm	T0101	35°菱形	500	90	0.3	2	
2	精车轴表面至尺寸	T0202	35°菱形	1200	120	0.05	0.2	
3	车螺纹 M30×2	T0303	60°	320	30		2	
		设计	日期	校对	日期	审核	日期	共1页
								第1页
标记	处数	更改文件号	签字	日期				

表2-4 数控加工刀具卡

（单位）		数控加工刀具卡		产品名称	产品代号		零件名称		零件图号
							轴		
设备名称		数控车床	设备型号	MJ460	工序号		工序名称	程序编号	
工步	刀具号	刀具名称	刀杆规格	刀尖半径/mm	刀尖位置	刀片			备注
						牌号	型号		
1	T0101	35°菱形 可转位车刀	20mm×20mm	0.4	3	YB415	VBMT160404		
2	T0202	35°菱形 可转位车刀	20mm×20mm	0.4	3	YB415	VBMT160404		
3	T0303	螺纹车刀	20mm×20mm	0.2	8	YB415	RT16.01W		
				设计	日期	校对	日期	审核	日期	共1页
									第1页
标记	处数	更改文件号	签字	日期					

小 结

从保证零件的技术要求、提高生产效率和尽可能降低生产成本考虑，数控加工工艺分析主要包括加工方法与加工方案的确定、工序与工步的划分、零件的定位与安装、刀具与工具的选用、切削用量与数控加工路线的确定等。其主要内容应写入数控加工工艺文件中，作为数控机床编程的依据。

零件图形数学处理（又称数值计算）是数控编程前的主要准备工作，无论是对于手工编程还是自动编程都是必不可少的。图形数学处理的内容主要有三个方面，即基点计算、节点计算和辅助计算等。

思考题与习题

1. 数控加工工艺的特点与内容有哪些？
2. 数控加工工序的划分有几种方式？
3. 数控加工对刀具有何要求？常用数控刀具材料有哪些？各有什么特点？

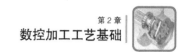
4. 数控加工切削用量选择原则是什么？它们各与哪些因素有关？应如何进行确定？

5. 试说明刀位点的含义？对于各加工表面要求光滑连接或光滑过渡时，加工路线应如何确定？为什么？

6. 环切法和行切法各有何特点？分别适用于什么场合？

7. 数控加工工艺文件有哪些？各包括哪些内容？

8. 试比较下面概念的区别：

　　1）顺铣和逆铣。

　　2）工序与工步。

　　3）基点和节点。

9. 非圆曲线轮廓的直线逼近和圆弧逼近方法分别有哪几种？

10. 如图 2.39a、b 所示，以 O 点为原点，试计算各图形的基点坐标。

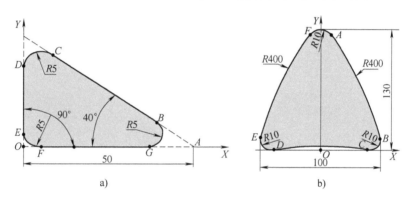

图 2.39　题 10 图

11. 试分析图 2.40 所示轴类零件的数控加工工艺，并制订数控加工工序卡和数控加工刀具卡。

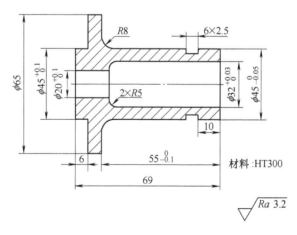

图 2.40　题 11 图

12. 试分析图 2.41 所示法兰盘零件的数控加工工艺，并制订数控加工工序卡和数控加工刀具卡。毛坯材料为 HT250。

44

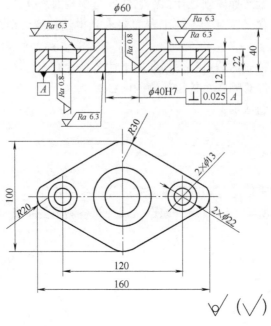

图 2.41 题 12 图

知识拓展

3D 打印机

快速成形（Rapid Prototyping，RP）或快速成形制造（Rapid Prototyping Manufactureing，RPM）是 20 世纪 80 年代末兴起并迅速发展起来的新的先进制造技术，是由 CAD 模型直接驱动快速制造任意复杂三维实体的技术。快速成形机实际上就是一台最近非常热门的"立体打印机或 3D 打印机（3D-Printing）"，最初的叫法是"快速成形机"而非"3D 打印机"（图 2.42）。其原理是将计算机内的三维数据模型（3D 模型）进行分层切片得到各层截面的轮廓数据，计算机据此信息控制激光器（或喷嘴）有选择性地烧结一层接一层的粉末材料（或固化一层又一层的液态光敏树脂，或切割一层又一层的片状材料，或喷射一层又一层的热熔材料或粘合剂）形成一系列具有微小厚度的片状实体，再采用熔结、聚合、粘结等手段使其逐层堆积成一体，便可以制造出所设计的新产品样件、模型或模具。其特点在于没有切削加工的形状限制，任何复杂的形状都可以成形，不需要将复杂零件拆解分开加工，也不需任何夹具来辅助固定工件，完全颠覆了传统的制造模式，传统的制造模式一般是减材制造，而 3D 打印属于增材制造。

目前世界上投入应用的快速成形工艺有十多种，大部分是基于叠层制造（Layer Manufacturing）技术（图 2.43），如光敏树脂选择性固化（Stereo Lithography Apparatus，SLA）、薄型材料选择性切割（Laminated Object Manufacturing，LOM）、粉末材料选择性激光烧结（Selective Laser Sintering，SLS）、丝状材料选择性融覆（Fused Deposition Modeling，

FDM)、三维打印（Three Dimensional Printing，3DP）、直接金属激光烧结（Direct Metal Laser Sintering，DMLS）、直接金属熔覆成形（Direct Metal Deposition，DMD），电子束金属熔化成形（Electronic Beam Melting，EBM）等。

图 2.42　3D 打印机

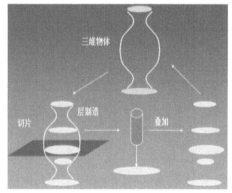

图 2.43　3D 打印机原理

　　1984 年，美国查尔斯·豪尔（Charles Hull）发明了将数字资源打印成三维立体模型的技术。1986 年，查克·豪尔（Chuck Hull）发明了立体光刻工艺，利用紫外线照射将树脂凝固成形，以此来制造物体，并获得了专利，随后他成立了一家名为 3D Systems 公司，专注发展 3D 打印技术；1988 年，3D systems 公司生产了第一台 3D 打印机 SLA-250，体型非常庞大。1988 年，Scott Crump 发明了另外一种 3D 打印技术——FDM，利用蜡、ABS、PC、尼龙等热塑性材料来制作物体，随后也成立了一家名为 Stratasys 的公司。1989 年，C. R. Dechard 博士发明了 SLS 技术，利用激光将尼龙、蜡、ABS、金属和陶瓷等材料粉末烧结，直至成形。1993 年，麻省理工大学教授 EmanuaI Sachs 创造了三维打印技术（3D-Printing），将金属、陶瓷的粉末通过粘结剂粘在一起成形。1995 年，麻省理工大学的毕业生 Jim Bredt 和 TimAnderson 修改了喷墨打印机方案，变为把约束溶剂挤压到粉末床，而不是把墨水挤压在纸张上的方案，随后创立了现代的三维打印企业 Z Corporation。1996 年，3D Systems、Stratasys、Z Corporation 分别推出了三款 3D 打印机产品，第一次使用了“3D 打印机”的称谓。2010 年 11 月，第一台用巨型 3D 打印机打印出整个身躯的轿车出现，它的所有外部组件都由 3D 打印制作完成。2011 年 8 月，世界上第一架 3D 打印飞机由英国南安普敦大学的工程师完成。2011 年 9 月，德国弗劳恩霍夫研究所的一个小组，使用 3D 打印技术和一种“多光子聚合技术”，成功地打印出人造血管，打印出来的血管可以与人体组织相互“沟通”，不会遭器官排斥。打印时使用的“墨水”是生物分子与人造聚合体。2011 年 10 月，一辆名为“Urbee”的汽车在加拿大温尼伯艺术画廊举行的展会上首次公开亮相，它包括玻璃嵌板在内的所有外部组件都是通过 3D 打印机生产的。它用电和汽油作为混合动力，车速可达 100~110km/h。2012 年 11 月，苏格兰科学家利用人体细胞首次用 3D 打印机打印出人造肝脏组织。

国内 RP 研究始于 1994 年左右,并于 1998 年开始进行金属零件的激光快速成形技术研究,集中开展了镍基高温合金及多种钛合金的成形研究。美国是最早开发钛合金 3D 打印技术的国家。1985 年,美国就在国防部的主导下秘密开始钛合金激光成形技术的研究,并在 1992 年公之于众。随后美国继续研发这一技术,并在 2002 年将激光成形的钛合金零件装上战机试验。然而,因为在制造过程中钛合金变形、断裂的技术难题无法解决,美国始终无法生产高强度、大尺寸的激光成形钛合金构件。2005 年,美国从事钛合金激光成形制造业务的商业公司 Aeromet 由于始终无法生产出性能满足主承力要求的大尺寸复杂钛合金构件,没有实现有价值的市场应用而倒闭。美国的其他国家实验室也无法攻克这一难题,目前只能进行小尺寸钛合金部件的打印和钛合金零件表面修复。我国的钛合金激光成形技术虽然起步较晚,早期基本属于跟随美国学习,直到 1995 年美国解密其研发计划 3 年后才开始在全国多所大学和研究所设立实验室进行研究。其中,中航激光技术团队取得的成就最为显著。2013 年 1 月 18 日,国务院向"飞机钛合金大型复杂整体构件激光成形技术"颁发国家技术发明奖一等奖。目前,这一技术使我国成为继美国之后,世界上第二个掌握飞机钛合金结构件激光快速成形及技术的国家。更加令人欣喜的是,在性能上,根据公开的材料表明,我国已经能够生产优于美国的激光成形钛合金构件。目前,我国已经具备了使用激光成形超过 $12m^2$ 的复杂钛合金构件的技术和能力,并投入多个国产航空科研项目的原型和产品制造中。这种名为"激光立体成形(Laser Additive Manufacturing)"的 3D 打印技术通过激光融化金属粉末,几乎可以打印任何形状的产品。其最大的特点是,使用的材料为金属,打印的产品具有极高的力学性能,能满足航空航天、模具、汽车、医学、工艺品等不同行业的需求,而且加工质量为 1t 的钛合金复杂结构件,传统工艺的成本大约是 2500 万元,而激光 3D 快速成形技术的成本仅 130 万元左右,其成本仅是传统工艺的 5%。

快速成形可快速响应市场,进行新产品开发、试制和试产,大大提高了新产品开发效率,缩短了研制时间和费用。快速成形技术可以根据最终用户需求实现按需生产,目前在工业造型、机械制造、航空航天、军事、建筑、影视、家电、轻工、医学、考古、文化艺术、雕刻、首饰等领域都得到了广泛应用,并且随着这一技术本身的发展,其应用领域将不断拓展,个性定制已不再是梦想。

图 2.44 所示为 3D 打印的歼-31 战机钛合金大型主承力构件。图 2.45 所示为 3D 打印的电吉他。图 2.46 所示为 3D 打印的自行车。

图 2.44 3D 打印的歼-31 战机钛合金大型主承力构件

图 2.45　3D 打印的电吉他

图 2.46　3D 打印的自行车

"两弹一星"功勋科学家：最长的一天

SZD-001

"两弹一星"功勋科学家：王大珩

SZD-002

第**3**章

数控加工程序的编制

数控机床是严格按照数控加工程序来自动地对被加工工件进行加工的。所谓数控加工程序就是把零件的工艺过程、工艺参数、机床的运动以及刀具位移量等信息用数控语言编写的程序。无论是对于手工编程还是自动编程，理想的数控加工程序不仅应该保证能加工出符合图样要求的合格零件，还应该使数控机床的功能得到合理地应用与充分地发挥，以使数控机床能安全、可靠、高效地工作。

了解数控机床编程的基础知识，数控机床编程的方法、内容、步骤和编程规范等。重点理解数控机床的坐标系和编程指令的基本用法。当在生产实际中遇到具体问题时，应根据数控机床的编程知识，合理而又灵活地去解决实际问题。

3.1 数控机床编程基础

由于数控机床是按照预先编制好的程序自动加工零件的，程序编制得好坏将直接影响数控机床的正确使用和数控加工特点的发挥。因此，编程人员除了要熟悉数控机床、刀夹具以及数控系统的性能以外，还必须熟悉数控机床编程的方法、内容与步骤、编程规范等，并不断地积累编程经验，以提高编程质量和效率。

3.1.1 数控机床编程的内容与步骤

要编写出合理的数控加工程序，其内容与步骤如图3.1所示。

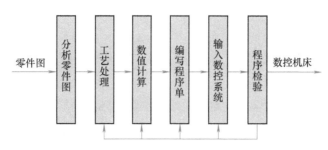

图 3.1　数控机床编程的内容与步骤

1. 分析零件图

通过对工件材料、形状、尺寸精度及毛坯形状和热处理的分析，确定工件在数控机床上进行加工的可行性。

2. 工艺处理

选择适合数控加工的加工工艺，是提高数控加工技术经济效果的首要因素。制订数控加工工艺除需考虑通常的工艺原则外，还应考虑充分发挥所有数控机床的指令功能；正确选择对刀点；尽量缩短加工路线，减少空行程时间和换刀次数；尽量使数值计算方便，程序段要少等。

3. 数值计算

分析零件图，确定工件原点。工件原点是人为设定的，设定的依据是既要符合零件图尺寸的标注习惯，又要便于编程。一般情况下，零件图的设计基准点就是工件原点。对于形状较复杂的零件轮廓，需要计算出零件轮廓的基点坐标等；对于形状比较复杂的零件（如非圆曲线、曲面组成的零件），需要用直线段或圆弧段逼近，计算出逼近线段的节点坐标。节点坐标计算一般由计算机自动完成。

4. 编写程序单

在完成工艺处理和数值计算工作后，可以编写零件加工程序，编程人员根据所使用数控系统的指令、程序段格式，逐段编写零件加工程序。编程人员只有对数控机床的性能、程序指令以及数控机床加工零件的过程等非常熟悉，才能编写出合理的加工程序。

5. 输入数控系统

程序编写好之后，最好通过数控加工仿真软件或 CAM 软件进行模拟仿真程序检验，然后再通过机床编程面板直接将程序输入数控系统，也可通过磁盘驱动器、USB 接口或 RS232 接口输入数控系统。

6. 程序校验和首件试切

程序送入数控系统后，通常需要经过试运行和首件试切两步检查后，才能进行正式加工。通过试运行，校对检查程序，也可利用数控机床的空运行功能进行程序检验，检查机床的动作和运动轨迹的正确性。对带有刀具轨迹动态模拟显示功能的数控机床可进行数控模拟加工，以检查刀具轨迹是否正确；通过首件试切可以检查其加工工艺及有关切削参数设定得是否合理，加工精度能否满足零件图要求，加工工效如何，以便进一步改进，直到加工出满意的零件为止。

3.1.2 数控机床程序编制方法

数控机床程序编制方法可分为手工编程和自动编程两种。

1. 手工编程

手工编程是指各个步骤均由手工编制，即从零件图分析、工艺处理、数据计算、编写程序单、输入程序到程序检验等各步骤主要由人工完成的编程过程。对形状简单的工件，计算比较简单，程序不多，采用手工编程较容易完成，而且经济、及时。因此在简单的点定位加工及由直线与圆弧组成的轮廓加工中，手工编程仍广泛应用。但对于几何形状复杂的零件，特别是具有非圆曲线及曲面的零件（如叶片、复杂模具等），或者表面的几何元素并不复杂而程序量很大的零件（如复杂的箱体），手工编程就有一定的困难，出错的概率增大，有的甚至无法编出程序，因此必须采用自动编程。不过，手工编程是自动编程的基础，掌握手工编程，对学好自动编程具有重要的作用。

2. 自动编程

自动编程也称为计算机辅助编程，即程序编制工作的大部分或全部由计算机完成。典型的自动编程有人机对话式自动编程及图形交互式自动编程。在人机对话式自动编程中，从工件的图形定义、刀具的选择、起始点的确定、进给路线的安排，到各种工艺指令的插入等都可由计算机完成，最后得到所需的加工程序。图形交互式自动编程是一种可以直接将零件的几何图形信息自动转化为数控加工程序的计算机辅助编程技术。它以 CAD 为基础，形成零件的三维图形文件，然后调用 CAM 数控编程模块，采用人机交互的方式在计算机屏幕上指定被加工的部位，输入加工参数，计算机便可自动进行数学处理并编制出数控加工程序，同时在计算机屏幕上动态地显示出刀具的加工轨迹。自动编程大大减轻了编程人员的劳动强度，提高了效率，同时解决了手工编程无法解决的许多复杂零件的编程难题。目前，常用的 CAD/CAM 自动编程软件主要有 UG、Catia、Pro/E、Cimatron、Master CAM、DelCAM、CAXA 等。

3.1.3 字符与代码

1. 字符与代码的含义

字符（character）是用来组织、控制或表示数据的一些符号，如数字、字母、标点符号、数学运算符等。它是加工程序的最小组成单位。常规加工程序用的字符分四类。第一类是字母，它由 26 个大写字母组成。第二类是数字和小数点，它由 0 ~ 9 共 10 个数字及一个小数点组成。第三类是符号，由正号（＋）和负号（－）组成。第四类是功能字符，它由程序开始（结束）符"％"、程序段结束符"；"、跳过任选程序段符"／"等组成。

代码由字符组成，数控机床功能代码的标准有美国电子工业协会（EIA）制定的 EIA RS—244 和国际标准化组织（ISO）制定的 ISO RS—840 两种标准。国际上大都采用 ISO 代码，我国原机械工业部根据 ISO 标准制定了 JB/T 3208—1999《数控机床　穿孔带程序段格式中的准备功能 G 和辅助功能 M 的代码》，但该标准涉及的产品已退出市场。

2. 数控机床功能代码

数控机床功能代码主要包括准备功能代码和辅助功能代码。

准备功能（又称 G 功能）是使数控机床建立起某种加工方式的指令，如插补、刀具补偿、固定循环等。G 功能代码由地址符 G 和后面的两位数字组成。

辅助功能（又称 M 功能）用于指定主轴的旋转方向、起动、停止，切削液的开关，工件或刀具的夹紧和松开，刀具的更换等功能。M 功能代码由地址符 M 和后面的两位数字组成。

不同数控系统的 G 功能代码、M 功能代码及其功能略有不同，详见以后各节内容。

3.1.4 数控机床的坐标系

目前，国际标准化组织已经统一了标准的坐标系。我国已在 JB/T 3051—1982《数控机床坐标和运动方向的命名》的基础上，制定了最新标准 GB/T 19660—2005《工业自动化系统与集成　机床数值控制坐标系和运动命名》，规定了与数控机床主要运动和辅助运动相应的机床坐标系。

1. 坐标系及运动方向的规定

标准的坐标系采用右手笛卡儿直角坐标系，如图 3.2 所示。这个坐标系的各个坐标轴与机床的主要导轨相平行。直角坐标系 X、Y、Z 三者的关系及其方向用右手定则判定；围绕 X、Y、Z 各轴回转的运动及其正方向 $+A$、$+B$、$+C$ 分别用右手螺旋定则确定。

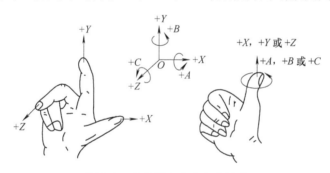

图 3.2　右手笛卡儿直角坐标系

通常在坐标轴命名或编程时，不论机床在加工中是刀具移动，还是被加工工件移动，都一律假定被加工工件相对静止不动，而刀具在移动，即刀具相对运动的原则，并同时规定刀具远离工件的方向为坐标的正方向。

2. 机床坐标轴的确定

确定机床坐标轴时，一般是先确定 Z 轴，再确定 X 轴，最后确定 Y 轴。

（1）Z 轴的确定　Z 轴的方向是由传递切削力的主轴确定的，标准规定：与主轴轴线平行的坐标轴为 Z 轴，并且刀具远离工件的方向为 Z 轴的正方向，如图 3.3～图 3.6 所示。对于没有主轴的机床，如牛头刨床等，则以与装夹工件的工作台面相垂直的直线作为 Z 轴方向。如果机床有几根主轴，则选择其中一个与工作台面相垂直的主轴，并以它来确定 Z 轴方向（如龙门铣床）。

（2）X 轴的确定　平行于导轨面，且垂直于 Z 轴的坐标轴为 X 轴。X 坐标是在刀具或工件定位平面内运动的主要坐标。对于工件旋转的机床（如车床、磨床等），X 轴的方向是在工件的径向上，且平行于横滑座导轨面。刀具远离工件旋转中心的方向为 X 轴正方向，对刀架前置卧式数控车床如图 3.3 所示，对刀架后置卧式数控车床（标准型）如图 3.4 所

示。对于刀具旋转的机床（如数控铣床、数控钻床、加工中心等），如果 Z 轴是垂直的，则面对主轴看立柱时，右手所指的水平方向为 X 轴的正方向，如图 3.5 所示。如果 Z 轴是水平的，则面对主轴看立柱时，左手所指的水平方向为 X 轴的正方向，如图 3.6 所示。

（3）Y 轴的确定 Y 轴垂直于 X、Z 轴。Y 轴的正方向根据 X 坐标和 Z 坐标的正方向，按照右手笛卡儿直角坐标系来判断。

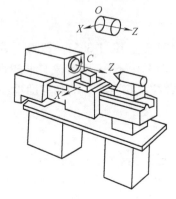

图 3.3　刀架前置卧式数控车床

图 3.4　刀架后置卧式数控车床（标准型）

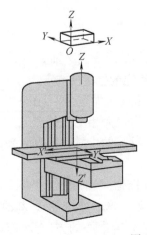
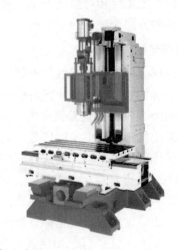

图 3.5　立式铣床或立式加工中心

（4）旋转运动的确定　围绕坐标轴 X、Y、Z 旋转的运动，分别用 A、B、C 表示。它们的正方向用右手螺旋定则判定，如图 3.2 和图 3.3 所示。

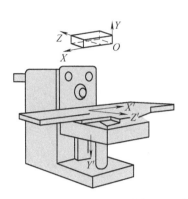

图 3.6　卧式数控铣床或卧式加工中心

（5）附加轴　如果在 X、Y、Z 主要坐标以外，还有分别平行于它们的坐标，可分别指定为 U、V、W、I、J、K 和 P、Q、R 等。

（6）工件运动方向　对于工件旋转类机床，如数控车床等，刀具的实际运动就是刀具相对工件运动；而对刀具旋转类机床，如数控铣床、数控镗床、数控钻床和加工中心等，实际上是工件运动而不是刀具运动，为了编程，只能看成是刀具相对工件运动。如图 3.3 ~ 图 3.6 所示的 X、Y、Z 方向都是刀具相对工件的运动方向。对于这类机床，还必须表明工件的实际运动方向，它与刀具相对工件的运动方向正好相反，为了区别，用带 "'" 的字母表示，如 "X'、Y'、Z'" 等。在编程时不要考虑 $X'Y'Z'$ 坐标，一律按照 XYZ 坐标编程，即按照刀具相对运动的原则进行。

3. 数控机床坐标系的原点与参考点

数控机床坐标系是机床的基本坐标系，其原点又称机床原点或机械零点（M），这个点是机床固有的点，由生产厂家确定，不能随意改变，它是其他坐标系和机床参考点的出发点。不同的数控机床，其原点也不同，数控车床的原点在主轴前端面的中心上，如图 3.7 中所示的 M 点。数控铣床和立式加工中心的原点，在机床工作台的左前下方，如图 3.8 中所示的 M 点。

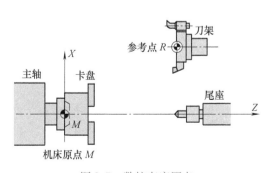

图 3.7　数控车床原点

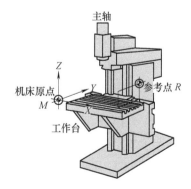

图 3.8　数控铣床和立式加工中心原点

数控机床参考点 *R* 也称基准点或零点，是大多数具有增量位置测量系统的数控机床所必须具有的。它与机床原点有确定的尺寸联系，也是最远的两点。机床原点 *M* 是对机床而言的，机床参考点 *R* 是对刀具来说的。机床每次通电后，都要让刀具返回参考点 *R*，只有这样机床才能建立起坐标系。对数控铣床和立式加工中心来说，其运动件是工作台，而不是刀具，当工作台回到机床原点 *M*，相应地刀具也就处在参考点 *R* 上。参考点在各轴以硬件方式用固定的凸块和限位开关实现。数控车床的参考点 *R* 在 *M* 点的右上方，如图 3.7 所示。数控铣床和立式加工中心的参考点 *R* 在机床工作台的右后上方，如图 3.8 所示。

用机床原点计算被加工零件上各点的坐标并进行编程是很不方便的，在编写零件的加工程序时，常常还要选择一个工件坐标系（又称编程坐标系）。关于工件坐标系将在以后几节内容中进行详细介绍。

3.1.5　程序段与程序格式

1. 程序字和程序段

在数控机床上，把程序中出现的英文字母及其字符称为"地址"，如 X、Y、Z、A、B、C、%等；数字 0 ~ 9（包含小数点、"＋""－"号）称为"数字"。"地址"和"数字"的组合称为"程序字"（也称代码指令），程序字是组成数控加工程序的最基本单位，如 N10、G01、X100、Z－20、F0.1 等。

数控加工程序由若干个程序段组成，而程序段由若干程序字和段结束符组成。如"N10 G01 X100 Z－20 F0.1；"就是一个程序段，它由 5 个程序字（其中程序字 N10 为程序段顺序号，简称段号；程序字 G01、X100、Z－20 和 F0.1 称为功能代码）和段结束符"；"组成。在书写和打印程序段时，每个程序段要占一行，在屏幕显示程序时也是如此。程序段格式是指一个程序段中程序字、字符、数据的书写规则。不同的数控系统，往往有不同或大同小异的程序段格式。

2. 常规加工程序的格式

加工零件不同，数控加工程序也不同，但有的程序段是所有程序都必不可少的，有的却是可以根据需要选择使用的。下面是一简单的加工程序实例。

```
O1000;
N01   G00   G90   G54;
N02   M04   S800;
N03   G00   X100   Y60;
N04   Z5;
N05   G01   Z－10   F60;
N06   G00   Z50;
N07   M30;
```

从上面的程序中可以看出：程序以 O1000 开头，以 M30 结束。在数控机床上，将 O1000 称为程序号或程序名，M30 称为程序结束标记。程序中的每一行以"；"作为分行标记，称为段结束符。程序号、程序段、程序结束标记是任何加工程序都必须具备的三个要素。

程序号是零件加工程序的代号，它是加工程序的识别标记，不同程序号对应着不同的零件加工程序。程序号必须位于程序的开头。根据采用的标准和数控系统的不同，程序号编写规则也不一样，有的系统规定由字母 O 后缀若干位数字组成；有的系统规定由字符 % 或字母 P 后缀若干位数字组成；有的系统规定可用多个任意字符组成程序名。

程序段作为程序最主要的组成部分，通常由段号、功能代码和程序段结束符组成。程序段结束符一般用 CR、LF 或 ";" 表示。不同数控系统段结束符也不同。

程序结束标记用 M 功能代码（辅助功能代码）表示，它必须写在程序的最后，代表着一个加工程序的结束。程序结束标记用代码 M02 或 M30 表示。

3.2 数控车削加工程序编制

数控车床主要用来加工轴类零件的内外圆柱面、圆锥面、螺纹表面、成形回转体表面等。对于盘类零件可进行钻、扩、铰、镗孔等加工。数控车床还可以完成车端面、切槽等加工。

本节以配置 FANUC－0T 系统的 MJ-460 数控车床为例介绍数控车床的编程。图 3.9 所示为 MJ-460 数控车床的外观图。

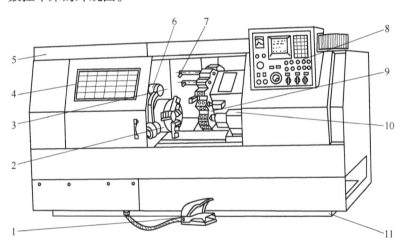

图 3.9　MJ-460 数控车床的外观图

1—脚踏开关　2—主轴卡盘　3—主轴箱　4—机床防护门　5—数控装置　6—对刀仪
7—刀具　8—编程与操作面板　9—回转刀架　10—尾座　11—床身

MJ-460 为两坐标连续控制的数控车床。如图 3.9 所示，床身 11 为斜床身，床身导轨面上支承着导轨护板，不仅排屑方便，而且导轨保护性好。床身的左上方安装有主轴箱 3，主轴采用变频调速，免去了变速传动装置，因此使主轴箱的结构变得十分简单。主轴卡盘 2 的夹紧与松开由主轴尾端的液压缸控制，控制信号来自脚踏开关 1。床身右上方安装有尾座 10。顶尖可由液压缸控制伸缩。滑板的倾斜导轨上安装有回转刀架 9，其刀盘上最多可安装 12 把刀具。主轴箱前端面上可以安装对刀仪 6（其结构见图 2.20），用于车床的机内对刀。8 是机床的编程与操作面板。4 是机床的防护门。数控装置 5 安装在机床的后侧。

3.2.1　数控车床的编程特点

1）在一个程序段中，可以用绝对坐标编程，也可用增量坐标编程，或两者混合编程。

2）由于被加工零件的径向尺寸在图样上和在测量时都以直径值表示，所以直径方向用

绝对坐标（X）编程时以直径值表示，用增量坐标（U）编程时以径向实际位移量的 2 倍值表示，并附上方向符号。

3）不同组 G 代码编写在同一程序段内均有效；相同组 G 代码若编写在同一程序段内，后面的 G 代码有效。FANUC－0T 系统 G 代码的分组及功能见表 3-1。FANUC－0T 系统 M 代码的分组及功能见表 3-2。

表 3-1 中标有"＊"的代码为数控系统通电后的状态（默认状态），该默认状态只能通过系统内部参数来修改。00 组代码为非模态代码，其他各组中的 G 代码均为模态代码。所谓模态代码是指在某一程序段及之后可以一直保持有效状态的代码，若下一程序段还有相同的功能，该代码可以省略。非模态代码是指只在本程序段有效的代码，若下一程序段还有相同的功能，该代码不能省略。

表 3-1　FANUC－0T 系统 G 代码的分组及功能

序号	代码	组别	功　能	序号	代码	组别	功　能
1	＊G00		快速定位	17	G50	00	坐标系设定、主轴最大转速设定
2	G01	01	直线插补	18	G65		调用宏循环
3	G02		圆弧插补（顺时针）	19	G70		精车循环
4	G03		圆弧插补（逆时针）	20	G71		外圆粗车循环
5	G04	00	暂停	21	G72		端面粗车循环
6	G10		数据设定	22	G73	00	固定形状粗车循环
7	G20	06	寸制输入	23	G74		深孔钻削循环
8	＊G21		米制输入	24	G75		外圆车槽循环
9	＊G25	08	主轴速度波动检测断	25	G76		螺纹车削复合循环
10	G26		主轴速度波动检测通	26	G90		外圆切削循环
11	G27	00	参考点返回检查	27	G92	01	螺纹切削循环
12	G28		参考点返回	28	G94		端面切削循环
13	G32	01	螺纹切削	29	G96	02	主轴恒线速控制
14	＊G40		取消刀尖半径补偿	30	＊G97		取消主轴恒线速控制
15	G41	07	刀尖半径左补偿	31	G98	05	每分钟进给
16	G42		刀尖半径右补偿	32	＊G99		每转进给

表 3-2　FANUC－0T 系统 M 代码的分组及功能

序　号	代码	功　能	序　号	代码	功　能
1	M00	程序停止	8	M09	切削液关
2	M01	选择停止	9	M23	切削螺纹倒角
3	M02	程序结束	10	M24	切削螺纹不倒角
4	M03	主轴正转	11	M30	复位并返回程序开始
5	M04	主轴反转	12	M98	调子程序
6	M05	主轴停止	13	M99	返回子程序
7	M08	切削液开	—	—	—

3.2.2　数控车床工件坐标系的设定

在编写工件的加工程序时，首先是在建立机床坐标系后设定工件坐标系。

1. 数控车床机床坐标系的建立

在数控车床开机之后，当完成了刀具返回参考点的操作时，CRT 屏幕上立即显示刀架中心在机床坐标系中的坐标值，即建立起了机床坐标系。MJ-460 数控车床的机床坐标系及机床参考点与机床原点的相对位置如图 3.10 所示。

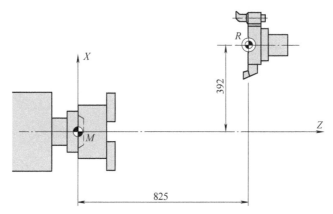

图 3.10　MJ-460 数控车床的机床坐标系及机床参考点与机床原点的相对位置

在以下三种情况下，数控系统会失去对机床参考点的记忆，因此必须使刀架重新返回参考点 *R*。

1）数控车床关机以后重新接通电源开关时。

2）数控车床解除急停状态后。

3）数控车床超程报警信号解除之后。

2. 工件坐标系的设定

工件坐标系是用于确定工件几何图形上各几何要素（如点、直线、圆弧等）的位置而建立的坐标系，是编程人员在编程时使用的。工件坐标系的原点就是工件原点，而工件原点是人为设定的。数控车床工件原点一般设在主轴中心线与工件左端面或右端面的交点处。

工件坐标系设定后，CRT 显示屏幕上显示的是基准车刀刀尖相对工件原点的坐标值。编程时，工件各尺寸的坐标值都是相对工件原点而言的。因此，数控车床的工件原点又是程序原点或编程原点。

建立工件坐标系使用 G50 功能指令，设定工件坐标系的指令格式如下：

G50　X ＿　Z ＿；

说明：

1）格式中 G50 表示工件坐标系的设定，X、Z 表示工件原点的位置。

2）该指令应设定在刀具运动指令之前。

3）当系统执行该指令后，刀具并不运动，系统根据 G50 指令中的 X、Z 值从刀具起始点反向推出工件原点。刀具起始点是基准刀（通过对刀建立工件坐标系的刀具）的刀位点在程序运行开始时的位置。它是经过对刀后由操作者确定的精确位置，一般要求该位置既不能影响装夹工件，也不能影响加工效率，所以有时称刀具起始点为对刀点。

4）在 G50 程序段中，不允许有其他功能指令，但 S 指令除外，因为 G50 还有另一种功

用——设定恒切削速度。

例如：如图 3.11 所示，O 为工件原点，P_0 为刀具起始点，设定工件坐标系的程序段为

G50　X300　Z480；

刀架的换刀点是指刀架转位换刀时所在的位置。换刀点是任意一点，可以和刀具起始点重合，也可以在参考点，还可以单独设定一点，它的设定原则是以刀架转位时不碰撞工件和车床上其他部件为准则。换刀点的坐标值一般用实测的方法来设定。

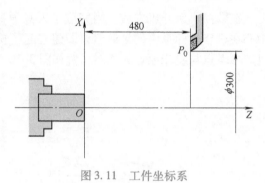

图 3.11　工件坐标系

3. 程序名

FANUC 数控系统要求每个程序有一个程序名，程序名由字母 O 开头和 4 位数字组成。如 O0001、O1000、O9999 等。

3.2.3　基本编程指令

1. 快速定位指令 G00

格式：G00　X（U）__　Z（W）__；

说明：

1）G00 指令使刀具在点位控制方式下从当前点以快移速度向目标点移动，G00 可以简写成 G0。绝对坐标 X、Z 和其增量坐标 U、W 可以混编。不运动的坐标可以省略。

2）X、U 的坐标值均为直径量。

3）程序中只有一个坐标值 X 或 Z 时，刀具将沿该坐标方向移动；有两个坐标值 X 和 Z 时，刀具将先以 1:1 步数两坐标联动，然后单坐标移动，直到终点。

4）G00 快速移动速度由机床设定（X 轴：12m/min，Z 轴：16m/min），可通过操作面板上的速度修调开关进行调节。

例如：如图 3.12 所示，刀尖从 A 点快进到 B 点，分别用绝对坐标、增量坐标和混合坐标方式写出该程序段。

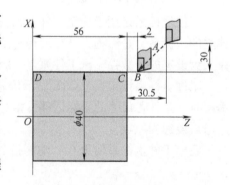

图 3.12　快速定位

绝对坐标方式：G00　X40　Z58；
增量坐标方式：G00　U－60　W－28.5；
混合坐标方式：G00　X40　W－28.5；或 G00　U－60　Z58；

2. 直线插补指令 G01

格式：G01　X（U）__　Z（W）__　F__；

说明：

1）G01 指令使刀具以 F 指定的进给速度直线移动到目标点，一般将其作为切削加工运动指令，既可以单坐标移动，又可以两坐标同时插补运动。X（U）、Z（W）为目标点坐标。F 为进给速度（进给量），在 G98 指令下，F 为每分钟进给（mm/min）；在 G99（默认状态）指令下，F 为每转进给（mm/r）。

2）程序中只有一个坐标值 X 或 Z 时，刀具将沿该坐标方向移动；有两个坐标值 X 和 Z 时，刀具将按所给的终点直线插补运动。如图 3.13 所示，若让刀具从 O 点运动到 a 点，G01 运动路线是 Oa；而 G00 运动路线是 Oba。编程如下。

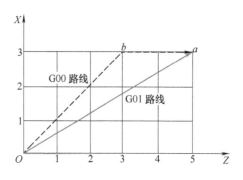

图 3.13   G01 与 G00 路线的区别

G01 编程：G01 X6 Z5 F0.1；或 G01 U6 W5 F0.1；
G00 编程：G00 X6 Z5；或 G00 U6 W5；

例如：如图 3.14 所示，刀具沿 $P_0 \to P_1 \to P_2 \to P_3 \to P_0$ 运动（图中蓝色虚线为 G00 方式，蓝色实线为 G01 方式）。加工程序如下。

绝对坐标方式：

N030   G00 X50 Z2；（$P_0 \to P_1$）
N040   G01 Z−40 F0.1；（$P_1 \to P_2$）
N050   X80 Z−60；（$P_2 \to P_3$）
N060   G00 X200 Z100；（$P_3 \to P_0$）

增量坐标方式：

N030   G00   U−150   W−98；（$P_0 \to P_1$）
N040   G01   W−42 F0.1；（$P_1 \to P_2$）
N050   U30   W−20；（$P_2 \to P_3$）
N060   G00   U120   W160；（$P_3 \to P_0$）

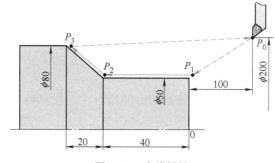

图 3.14   直线插补

3. 圆弧插补指令 G02、G03

格式：G02（G03） X（U）__ Z（W）__ R__ F__；
　　或 G02（G03） X（U）__   Z（W）__ I__ K__ F__；
说明：

1）该指令控制刀具按所需圆弧运动。G02 为顺时针圆弧插补指令，G03 为逆时针圆弧插补指令；X、Z 表示圆弧终点绝对坐标，U、W 表示圆弧终点相对于圆弧起点的增量坐标，R 表示圆弧半径，I、K 表示圆心相对圆弧起点的增量坐标，F 表示进给速度。

2）X、U、I 均采用直径量编程。

3）本例是按照刀架后置（标准型）情况介绍。若刀架前置情况，G02 为逆时针圆弧插补指令，G03 为顺时针圆弧插补指令，这一点要特别注意。

例如：如图 3.15 所示工件，加工顺时针圆弧的

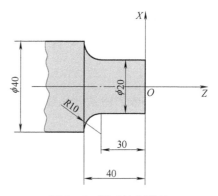

图 3.15   顺时针车圆弧

程序如下。

绝对坐标方式：

N050　G01　X20　Z－30　F0.1；
N060　G02　X40　Z－40　R10　F0.08；

增量坐标方式：

N050　G01　U0　W－32　F0.1；
N060　G02　U20　W－10　I20　K0　F0.08；或 G02　U20　W－10　R10　F0.08；

例如：如图 3.16 所示的工件，加工逆时针圆弧的程序如下。

绝对坐标方式：

N050　G01　X28　Z－40　F0.1；
N060　G03　X40　Z－46　R6　F0.08；

增量坐标方式：

N050　G01　U0　W－42　F0.1；
N060　G03　U12　W－6　R6　F0.08；或 G03　U12　W－6
I0　K－6　F0.08；

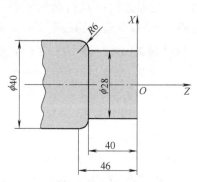

图 3.16　逆时针车圆弧

4. 程序延时（暂停）指令 G04

格式：G04　X ___；或 G04　U ___；或 G04　P ___；

说明：

1）G04 指令按给定时间延时，不做任何动作，延时结束后再自动执行下一段程序。该指令主要用于车削环槽、不通孔及自动加工螺纹时可使刀具在短时间无进给方式下进行光整加工。

2）X、U 表示 s（秒），P 表示 ms（毫秒）。程序延时时间范围为 16ms ~ 9999.999s。

例如：程序暂停 2.5s 的加工程序如下。

G04　X2.5；或 G04　U2.5；或 G04　P2500；

例如：车削图 3.17 所示 $\phi50 \times 2$ 槽，编程如下：

……
N010　G00　X62　Z－12；
N011　G01　X50　F0.08；
N012　G04　U1；（工件旋转，而刀具暂停进给 1s，目的是保证槽底精度）
N013　G00　X62；
……

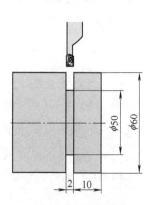

图 3.17　车削槽

5. 寸制和米制输入指令 G20、G21

格式：G20（G21）

说明：

1）G20 表示寸制输入，G21 表示米制（公制）输入。G20 和 G21 是两个可以相互取代的代码，但不能在一个程序中同时使用 G20 和 G21。

2）机床通电后的状态为 G21 状态。

6. 进给速度控制指令 G98、G99

格式：G98（G99）

说明：

1）G98 为每分钟进给（mm/min），G99 为每转进给（mm/r）。G98 通常用于数控铣床、加工中心类进给指令，G99 通常用于数控车床类进给指令。G99 为数控车床通电后的状态。

2）在机床操作面板上有进给速度倍率开关，进给速度可在 0～150% 范围内以每级 10% 进行调整。在零件试切削时，进给速度的修调可使操作者选取最佳的进给速度。

7. 参考点返回检测指令 G27

格式：G27　X（U）__；（X 向参考点检查）

　　　G27　Z（W）__；（Z 向参考点检查）

　　　G27　X（U）__　Z（W）__；（X、Z 向参考点检查）

说明：

1）G27 指令用于参考点位置检测。执行该指令时刀具以快速运动方式在被指定的位置上定位，到达的位置如果是参考点，则返回参考点灯亮。仅一个轴返回参考点时，对应轴的灯亮。若定位结束后被指定的轴没有返回参考点则出现报警。执行该指令前应取消刀具位置偏置。G27 指令运动速度、模式与 G00 一样。

2）X、Z 表示参考点在编程坐标系的坐标值，U、W 表示到参考点所移动的距离。

3）执行 G27 指令的前提是机床在通电后必须返回过一次参考点。

8. 自动返回参考点指令 G28

格式：G28　X（U）__；（X 向返回参考点）

　　　G28　Z（W）__；（Z 向返回参考点）

　　　G28　X（U）__　Z（W）__；（X、Z 向同时返回参考点）

说明：

1）G28 指令可使被指令的轴自动地返回参考点。X（U）、Z（W）是返回参考点过程中的中间点位置，用绝对坐标或增量坐标指令。

如图 3.18 所示，在执行"G28　X80　Z50；"程序后，刀具以快速移动速度从 B 点开始移动，经过中间点 A（40，50），移动到参考点 R。指定中间点的目的是防止与 C 点产生干涉，因为 G28 指令运动速度、模式与 G00 一样。

2）X（U）、Z（W）是刀架出发点与参考点之间的任一中间点，但此中间点不能超过参考点。有时为保证返回参考点的安全，应先 X 向返回参考点，然后 Z 向再返回参考点。

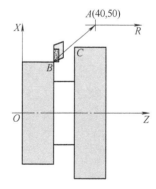

图 3.18　自动返回参考点

9. 主轴控制指令 G96、G97

格式：G96　S__；G97　S__；

说明：

1）G96 指令用于接通机床恒线速控制，此处 S 指定的数值表示切削速度（m/min）。数控装置从刀尖位置处计算出主轴转速，自动而连续地控制主轴转速，使之始终达到由 S 指定的数值。设定恒线速可以使工件各表面获得一致的表面粗糙度。

例如：G96　S150；

该程序表示切削线速度控制在 150m/min。对图 3.19 所示的零件，为保持 A、B、C 各点的线速度在 150m/min，则各点在加工时的主轴转速分别为

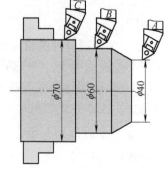

A 点：$n = \dfrac{1000v}{\pi d} = \dfrac{1000 \times 150}{3.14 \times 40}\text{r/min} = 1194\text{r/min}$

B 点：$n = \dfrac{1000v}{\pi d} = \dfrac{1000 \times 150}{3.14 \times 60}\text{r/min} = 796\text{r/min}$

C 点：$n = \dfrac{1000v}{\pi d} = \dfrac{1000 \times 150}{3.14 \times 70}\text{r/min} = 682\text{r/min}$

图 3.19　逆时针车圆弧

2）G97 指令用于取消恒线速控制，并按 S 指定的主轴转速旋转，此处 S 指定的数值表示主轴转速（r/min），也可以不指定 S。

3）在恒线速控制中，由于数控系统是将 X 的坐标值当作工件的直径来计算主轴转速，所以在使用 G96 指令前必须正确地设定工件坐标系。

4）当刀具逐渐靠近工件中心时，主轴转速会越来越高，此时工件有可能因卡盘调整压力不足而从卡盘中飞出。为防止这种事故发生，在使用 G96 指令之前，最好设定 G50 指令来限制主轴最高转速。

10. 主轴最高转速设定指令 G50

格式：G50　S＿；

说明：

1）G50 指令有坐标系设定和主轴最高转速设定两种功能，此处指后一种功能，用 S 指定的数值来设定主轴最高转速（r/min），如"G50　S2000；"是把主轴最高转速设定为 2000r/min。

2）在设置恒线速度后，由于主轴的转速在工件不同截面上是变化的，为防止主轴转速过高而发生危险，在设置恒线速度前，可以将主轴最高转速设定在某一个最高值，切削过程中当执行恒线速度时，主轴最高转速将被限制在这个最高值。

11. 螺纹车削指令 G32

格式：G32　X（U）＿　Z（W）＿　F＿；

说明：

1）使用 G32 指令可进行等螺距的直螺纹、圆锥螺纹以及端面螺纹的切削。具体编程时，一般很少使用该指令，因为它不如使用 G92、G76 指令方便，G92、G76 指令将在后面介绍。

2）X（U）、Z（W）为螺纹终点坐标，F 为长轴螺距，如图 3.20 所示，若锥角 $\alpha \leqslant 45°$，F 表示 Z 轴螺距，否则 F 表示 X 轴螺距。F = 0.001 ~ 500mm。

3）δ_1、δ_2 为车削螺纹时的切入量与切出量。一般 $\delta_1 = 2 \sim 5\text{mm}$，$\delta_2 = （1/2 \sim 1/4）\delta_1$。

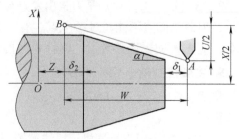

图 3.20　螺纹加工

4）背吃刀量及进给次数可参考表 2-2，否则难以保证螺纹精度，或会发生崩刀现象。

5）车削螺纹时，主轴转速应在保证生产效率和正常切削的情况下，选择较低转速。一般按机床或数控系统说明书中规定的计算式进行确定，其估算公式为

$$n \leqslant \frac{1200}{P} - K \tag{3-1}$$

式中　P——螺纹的螺距或导程（mm）；

　　　K——保险系数，一般为 80。

6）在螺纹粗加工和精加工的全过程中，不能使用进给速度倍率开关调节速度，进给速度保持开关也无效。

例如：图 3.21 所示为直螺纹车削。已知直螺纹车削参数：螺纹螺距 $P = 2mm$，切入量 $\delta_1 = 3mm$，切出量 $\delta_2 = 1.5mm$，若分两次车削，每次背吃刀量为 $a_p = 0.5mm$。

程序如下：

```
N100  G00  U－60;
N110  G32  W－74.5  F2;
N120  G00  U60;
N130      W74.5;
N140      U－61;
N150  G32  W－74.5  F2;
N160  G00  U61;
N170      W74.5;
```

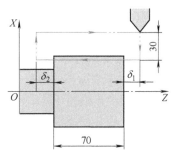

图 3.21　直螺纹车削

3.2.4　车削加工循环指令

车削加工余量较大的表面时需多次进给切除，此时采取固定循环程序可以缩短程序段的长度，节省编程时间。

1. 单一外形固定循环指令 G90、G92、G94

（1）外径、内径车削循环指令 G90

圆柱面车削循环的编程格式：G90　X（U）__　Z（W）__　F __;

圆锥面车削循环的编程格式：G90　X（U）__　Z（W）__　R __　F __;

说明：

1）G90 指令可用来车削外径，也可用来车削内径。X、Z 为相对于循环起点的对角点（切削终点）坐标，U、W 为对角点相对于循环起点的坐标增量值。

图 3.22 所示为圆柱面车削循环，图中 R 表示 G00 快速进给，F 为按指定速度 G01 车削进给。单程序段加工时，按一次循环启动键，可进行 1、2、3、4 轨迹的全部操作。

图 3.23 所示为圆锥面车削循环，图中 R 表示圆锥体大小端的半径差（半径量），确定方法是刀具起点坐标大于终点坐标时为正，反之为负，图中 R 为负值。

2）G90、G92、G94 都是模态量，当这些代码在没有被同组的其他代码（G00、G01）取代以前，程序中又出现 M 功能代码时，则先将 G90、G92、G94 代码重新执行一遍，然后才执行 M 功能代码，这一点在编程时要特别注意。

例如：N100　G90　U－50　W－20　F0.2;

　　　　N110　M00;

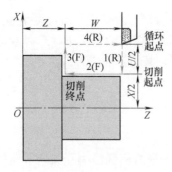

图 3.22　G90 圆柱面车削循环

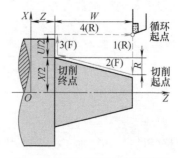

图 3.23　G90 圆锥面车削循环

当执行完 N110 段时，先重复执行 N100 段的动作，然后再执行 N110 段。为避免这种情况，应将程序段改为

N100　G90　U – 50　W – 20　F0. 2；

N110　G00　M00；（此处 G00 仅取消 G90 状态，并不执行任何动作）

（2）螺纹车削循环指令 G92

直螺纹车削循环的编程格式（图 3.24a）：G92　X（U）__　Z（W）__　F __；

圆锥螺纹车削循环的编程格式（图 3.24b）：G92　X（U）__　Z（W）__　R __ F __；

说明：G92 使螺纹加工用车削循环完成，X（U）、Z（W）为切削点坐标，F 为螺纹的螺距或导程，R 为锥螺纹大小端的半径差（半径量），其定义同图 3.23，R = 0 为加工圆柱螺纹。U、W 的符号判别同 G90 指令。

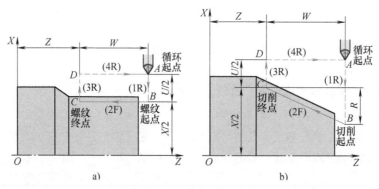

图 3.24　G92 螺纹车削循环

【例 3-1】编写图 3.25 所示普通螺纹 M30 × 1.5 的加工程序。已知切入量 δ_1 = 5mm，切出量 δ_2 = 2mm。

由式（2-3）知：牙顶实际尺寸 $d' = d - 0.2P = (30 - 0.2 \times 1.5)$ mm = 29.7mm

查表 2-2，牙深为 0.974mm。每刀车削直径量分别为：0.8mm、0.6mm、0.4mm、0.16mm。

编程如下：

……

N60　G00　X35　Z5；

N61　G92　X28. 9　Z – 42　F1. 5；

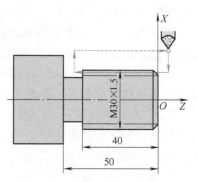

图 3.25　G92 车削螺纹实例

N62 X28.3;
N63 X27.9;
N64 X27.74;
N65 G00 X200 Z100;
……

（3）端面车削循环指令 G94　端面车削循环包括直端面车削循环和圆锥端面车削循环。
直端面车削循环编程格式（图 3.26）：G94 X（U）__ Z（W）__ F__；
圆锥端面车削循环编程格式（图 3.27）：G94 X（U）__ Z（W）__ R__ F__；
G94 各代码的用法同 G90 指令。

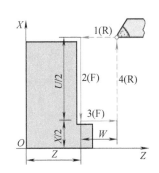

图 3.26　G94 直端面车削循环

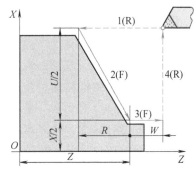

图 3.27　G94 圆锥端面车削循环

2. 复合固定循环指令

复合固定循环指令主要用于无法一次进给即能加工到规定尺寸的场合，例如粗车和多次进给车螺纹的情况。主要有以下几种复合固定循环指令。

（1）外圆、内圆粗车循环指令 G71

格式：G71 UΔd Re；

　　　G71 Pn_s Qn_f UΔu WΔw F__；

说明：

1）G71 指令适用于圆柱毛坯料粗车外径和圆筒毛坯料粗车内径。其中，n_s 为精加工第一个程序段的顺序号；n_f 为精加工最后一个程序段的顺序号；Δu 为 X 轴方向的精加工余量（直径值，加工外径 $\Delta u > 0$，加工内径 $\Delta u < 0$）；Δw 为 Z 轴方向的精加工余量；Δd 为粗加工每次切削的背吃刀量（半径值，无符号输入）；e 为每次切削循环的退刀量。

2）执行 G71 指令时，包含在 n_s 到 n_f 程序段中的 F 功能都不起作用，只有 G71 程序段中或 G71 程序段前设定的 F 功能有效。其刀具循环路径如图 3.28 所示。

（2）端面粗车循环指令 G72

格式：G72 WΔd Re；

　　　G72 Pn_s Qn_f UΔu WΔw F__；

说明：G72 指令适用于圆柱毛坯料端面方向的加工，其刀具循环路径如图 3.29 所示。G72 指令与 G71 指令类似，不同之处就是刀具路径是按径向方向循环的。

（3）固定形状粗车循环指令 G73

格式：G73 UΔi WΔk Rd；

　　　G73 Pn_s Qn_f UΔu WΔw F__；

66

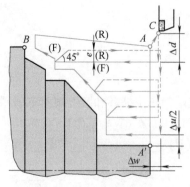

图 3.28 G71 外圆粗车循环

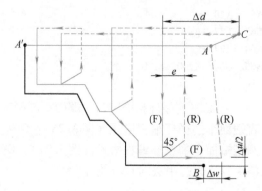

图 3.29 G72 端面粗加工循环

说明：

1）G73 指令与 G71、G72 指令功能相同，只是刀具路径是按工件精加工轮廓进行循环的，如图 3.30 所示。如铸件、锻件等毛坯已具备了简单的零件轮廓，这时粗加工使用 G73 循环指令可以节省时间，提高功效。

2）其中 n_s、n_f、Δu、Δw 的含义与 G71 相同；Δi 为 X 轴方向的总退刀量（半径值）；Δk 为 Z 轴方向的总退刀量；d 为重复加工的次数。

（4）精车循环指令 G70

格式：G70　Pn_s　Qn_f；

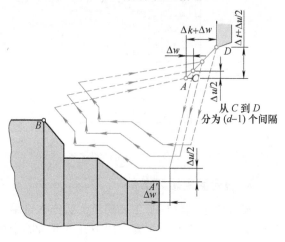

图 3.30 G73 粗车循环

说明：G70 为执行 G71、G72、G73 粗加工循环指令以后的精加工循环指令。在 G70 指令程序段内要给出精加工第一个程序段的顺序号 n_s 和精加工最后一个程序段的顺序号 n_f。

【例3-2】如图 3.31 所示工件，试用 G70、G71 指令编程。

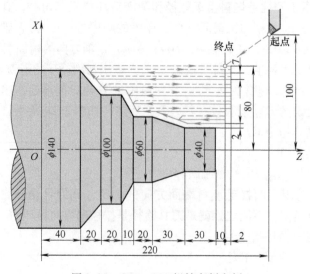

图 3.31 G70、G71 粗精车削实例

程序如下：

O1000；	程序名
N010　G50　X200　Z220；	编程坐标系设定
N020　M04　S800　T0300；	主轴旋转，更换刀具
N030　G00　X160　Z180　M08；	快进到点（160，180），并打开切削液
N035　G71　U7　R2；	背吃刀量为7mm，退刀量为2mm
N040　G71　P050　Q110　U4　W2　F0.15　S500；	粗车循环，从程序段N050到N110
N050　G00　X40　S800；	
N060　G01　W－40　F0.1；	
N070　X60　W－30；	
N080　W－20；	
N090　X100　W－10；	
N100　W－20；	
N110　X140　W－20；	
N120　G70　P050　Q110；	精车循环
N130　G00　X200　Z220　M09；	返回初始点，并关闭切削液
N140　M30；	程序结束

注意：包含在粗车循环G71程序段中的F、S、T有效，包含在n_s到n_f中的F、S、T对于粗车无效。因此上例中粗车时的进给量为0.15mm/r，主轴转速为500r/min；精车时进给量为0.1mm/r，主轴转速为800r/min。

（5）深孔钻削循环指令G74

格式：G74　Re；

　　　G74　X（U）__　Z（W）__　PΔi　QΔk　RΔd　F__；

说明：

1）G74用于端面切槽和深孔钻削循环，其加工路线如图3.32所示，加工过程中刀具不断重复进刀与退刀动作，目的是为了能顺利地排除切屑。其中X指定B点的X坐标，U指定从A点到B点的X坐标增量值；Z指定C点坐标值，W指定A点到C点的Z坐标增量值；Δi为X方向的移动量；Δk为Z方向的钻削量；Δd为钻削到终点时的退刀量；F为进给率；e为每次进给后的退刀量。

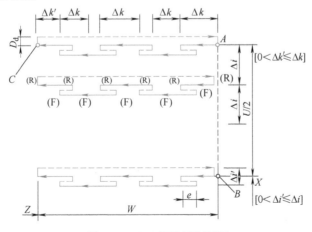

图3.32　G74深孔钻削循环

2）若该指令中 X（U）、P 和 R 都被忽略，则只在 Z 向执行钻孔循环。

如图 3.33 所示，用深孔钻削循环 G74 指令加工孔，加工程序如下。

```
N020  G00  X0  Z5  M08；
N030  G74  R3；
N040  G74  Z-55  Q10  F0.08；
N050  G00  X50  Z35  M09；
```

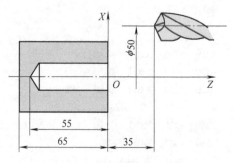

图 3.33　G74 深孔钻削循环

（6）螺纹车削复合循环指令 G76

格式：G76　P（$mr\alpha$）Q$\Delta d_{\min}$　Rd；

　　　　G76　X（U）＿　Z（W）＿　Ri　Pk　QΔd　F＿；

说明：

1）G76 指令可将多次进给的单一循环复合起来加工螺纹，较 G32、G92 指令简单，简化了螺纹加工编程。图 3.34 所示为 G76 指令的车削路线和进给方法。

2）m 为精加工重复次数（1~99）。r 为螺纹末端倒角量，用 00~99 两位数指定。α 为刀尖角（螺纹牙型角），可以选择 80°、60°、55°、30°、29° 和 0° 六种中的一种，由两位数指定。m、r、α 都是模态量，可用程序指令改变，这三个量用地址 P 一次指定，如 $m=2$，$r=3$，$\alpha=60°$ 时，指定为 P020360。$\Delta d_{\min}$ 为最小背吃刀量（半径值），当第 n 次背吃刀量 $\Delta d\sqrt{n}$ 小于 $\Delta d_{\min}$ 时，$\Delta d_{\min}$ 为第 n 次背吃刀量。d 为精加工余量。X（U）为螺纹终点小径处的坐标值或增量值。Z（W）为螺纹终点的坐标值或增量值。i 为螺纹起点与终点在 X 方向的半径差，若 $i=0$，可以进行普通圆柱螺纹加工；若螺纹起点坐标小于终点坐标，则 i 为负值。k 为牙型高度（X 方向上的半径值）。Δd 为第一刀背吃刀量（半径值）。F 为螺距。

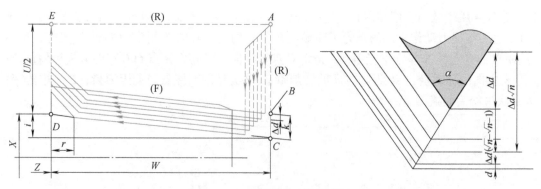

图 3.34　G76 螺纹车削复合循环

3.2.5　刀具补偿指令

数控车床均有刀具补偿功能，刀架在换刀时前一刀尖位置和更换新刀具的刀尖位置之间会产生差异。同时由于刀具的安装误差、刀具磨损和刀具刀尖圆弧半径的存在等，在数控加工中必须利用刀具补偿功能予以补偿，才能加工出符合图样形状要求的零件。此外合理地利用刀具补偿功能还可以简化编程。

刀具功能又称为 T 功能，它是进行刀具选择和刀具补偿的功能。

格式：T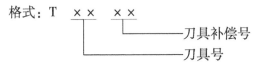
刀具补偿号
刀具号

说明：

1）刀具号从 01～12，刀具补偿号从 00～16，其中 00 表示取消某号刀的刀具补偿。

2）通常以同一编号指令刀具号和刀具补偿号，以减少编程时的错误，如 T0101 表示 01 号刀调用 01 补偿号设定的补偿值，其补偿值存储在刀具补偿存储器内。又如 T0700 表示调用 07 号刀，并取消 07 号刀的补偿值。

数控车床的刀具补偿功能包括刀具位置补偿和刀尖圆弧半径补偿两个方面。

1. 刀具位置补偿

刀具位置补偿又称为刀具偏置补偿或刀具偏移补偿，也称为刀具几何位置及磨损补偿。

在下面三种情况下，均需进行刀具位置的补偿。

1）在实际加工中，通常是用不同尺寸的若干把刀具加工同一轮廓尺寸的零件，而编程时是以其中一把刀为基准设定工件坐标系的，因此必须将所有刀具的刀尖都移到此基准点。利用刀具位置补偿功能，即可完成。

2）对同一把刀来说，当刀具重磨后再把它准确地安装到程序所设定的位置是非常困难的，总是存在着位置误差。这种位置误差在实际加工时便成为加工误差。因此在加工前，必须用刀具位置补偿功能来修正安装位置误差。

3）每把刀具在其加工过程中，都会有不同程度的磨损，而磨损后刀具的刀尖位置与编程位置存在差值，这势必造成加工误差，这一问题也可以用刀具位置补偿的方法来解决，只要修改每把刀具在相应存储器中的数值即可。例如，某工件加工后外圆直径比要求的尺寸大（或小）了 0.1mm，则可以用 U -0.1（或 U0.1）修改相应刀具的补偿值。当几何位置尺寸有偏差时，修改方法类同。

刀具位置补偿一般用机床所配对刀仪自动完成，也可用手动对刀和测量工件加工尺寸的方法，测出每把刀具的位置补偿量并输入到相应的存储器中。当程序执行了刀具位置补偿功能后，刀尖的实际位置就代替了原来的位置。

值得说明的是，刀具位置补偿一般是在换刀指令后第一个含有移动指令的程序段中进行的。例如 N50 程序段为：

N50　G00　X50　Z79　T0100；

该程序段中没有刀具补偿，刀尖运动轨迹如图 3.35b 中虚线所示，即从 P_0 运动到 P_1。

当增加了刀具补偿之后变为：

N50　G00　X50　Z79　T0101；

刀具位置补偿量在 01 号的存储器中（图 3.37），若 01 号刀具相对于基准刀具 02 号补偿量为 X $=+4$（直径量）、Z $=-2$，如图 3.35a 所示。其运动结果如图 3.35c 中实线所示，刀尖从 P_0 运动到 P_1'。如果下一个程序段是车 $\phi50$mm 外圆，那么刀尖由 P_1' 点开始运动到 P_2，加工出的零件表面是符合零件图样要求的。

如果采用下面的两程序段，其结果就不同了。

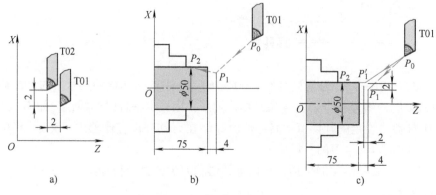

图 3.35　刀具补偿程序执行情况

N50　G00　X50　Z79　T0100；（$P_0 \rightarrow P_1$）
N60　G01　W－15　T0101　F0.1；（$P_1 \rightarrow P_2$）

执行完 N50 程序段后，刀尖从 P_0 运动到 P_1，执行 N60 时再进行刀具补偿，刀尖从 P_1 运动到 P_2，切削出的工件表面必然是圆锥面，如图 3.35b 中虚线 $P_1 P_2$ 所示，故加工出的是不合格的零件。应改为：

N50　G00　X50　Z79　T0101；（$P_0 \rightarrow P_1'$，刀具从 P_0 点运动到 P_1' 点过程中，执行了刀具位置补偿量，建立刀具位置补偿）
N60　G01　W－15　F0.1；（$P_1' \rightarrow P_2$，刀具位置补偿的执行过程）

刀具位置补偿实现过程分三个步骤，即刀具位置补偿的建立、刀具位置补偿的执行和刀具位置补偿取消。取消刀具位置补偿也必须是在刀具移动过程中进行的，一般是在加工完该道工序之后，返回换刀点的程序段中进行。

2. 刀尖圆弧半径补偿

编制数控车床加工程序时，将车刀刀尖看作一个点。但是为了提高刀具寿命和降低加工表面的表面粗糙度 Ra 的值，通常是将车刀刀尖磨成半径不大的圆弧，一般圆弧半径 R 在 0.2～0.8mm 之间。如图 3.36 所示，编程时以理论刀尖点 P（又称刀位点或理论刀尖点：沿刀片圆角切削刃作 X、Z 两方向切线相交于 P 点，见图 2.21）来编程，数控系统控制 P 点的运动轨迹。而切削时，实际起作用的切削刃是圆弧的各切点，这势必会产生加工表面的形状误差。而刀尖圆弧半径补偿功能就是用来补偿由于刀尖圆弧半径引起的工件形状误差。

由图 3.36 可以看出，切削工件的右端面时，车刀圆弧的切点 A 与理论刀尖点 P 的 Z 坐标值相同；车外圆时车刀圆弧的切点 B 与点 P 的 X 坐标值相同。切削出的工件没有形状误差和尺寸误差，因此可以不考虑刀尖圆弧半径补偿。如果车削圆柱面后继续车削圆锥面，则必存在加工误差 $BCDE$，这一加工误差必须靠刀尖圆弧半径补偿的方法来修正。

车削圆锥面和圆弧面部分时，仍然以理论刀尖点 P 来编程，刀具运动过程中与工件接触的各切点轨迹为图 3.36 中所示无刀尖圆弧半径补偿时的轨迹。该轨迹与工件加工要求的轨迹之间存在着图中斜线部分的误差，直接影响工件的加工精度，而且刀尖圆弧半径越大，加工误差越大。

可见，对刀尖圆弧半径进行补偿是十分必要的。当不用刀尖圆弧半径补偿时，刀尖圆弧半径对车削直端面和圆柱面没有影响，而对圆锥面和圆弧面却有很大的影响。若采用刀尖圆弧半径补偿后，车削出的工件轮廓就能满足图样要求的形状。

3. 实现刀尖圆弧半径补偿功能的准备工作

在加工工件之前，首先要把刀尖圆弧半径补偿的有关数据输入到存储器中，以便使数控系统对刀尖的圆弧半径所引起的误差进行自动补偿。

（1）刀尖半径　工件的形状与刀尖半径的大小有直接关系，必须将刀尖圆弧半径 R 输入到存储器中，如图 3.37 所示。

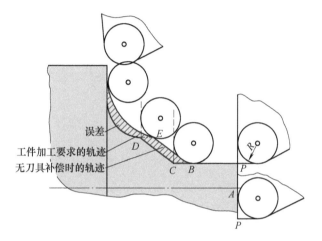

图 3.36　刀尖圆弧半径对加工精度的影响

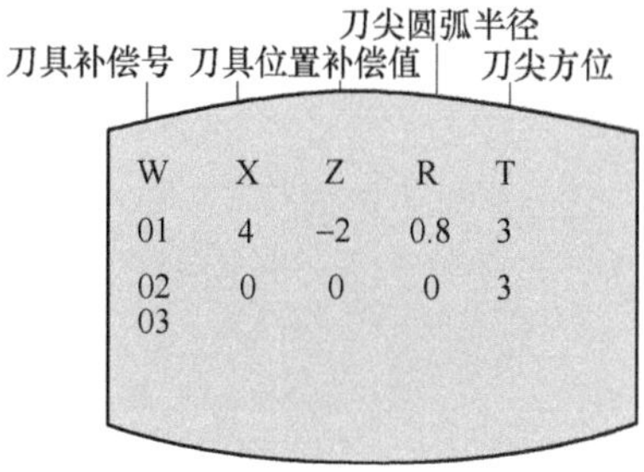

图 3.37　CRT 显示刀具补偿参数

（2）车刀的形状和位置参数　车刀的形状有很多，它能决定刀尖圆弧所处的位置，因此也要把代表车刀形状和位置的参数输入到存储器中。将车刀的形状和位置参数称为刀尖方位 T。车刀的形状和位置如图 3.38 所示，分别用参数 0~9 表示，P 点为理论刀尖点，即刀位点。如图 3.38 中左下角刀尖方位 T 应为 3。

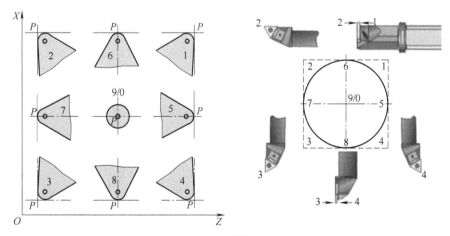

图 3.38　车刀形状和位置

（3）参数的输入　与每个刀具补偿号相对应有一组 X 和 Z 的刀具位置补偿值、刀尖圆

弧半径 R 以及刀尖方位 T 值，输入刀尖圆弧半径补偿值时，就是要将参数 R 和 T 输入到存储器中。例如某程序中编入下面的程序段：

N100　G00　G42　X100　Z3　T0101;

若此时输入刀具补偿号为 01 的参数，CRT 屏幕上显示图 3.37 的内容。在自动加工工件的过程中，数控系统将按照 01 刀具补偿栏内的 X、Z、R、T 的数值，自动修正刀具的位置误差和自动进行刀尖圆弧半径的补偿。

4. 刀尖圆弧半径补偿的方向

在进行刀尖圆弧半径补偿时，刀具和工件的相对位置不同，刀尖圆弧半径补偿的指令也不同。图 3.39 所示为刀尖圆弧半径补偿的两种不同方向。

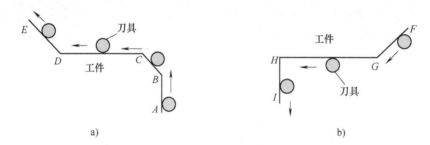

图 3.39　刀尖圆弧半径补偿方向

a) 刀尖圆弧半径右补偿　b) 刀尖圆弧半径左补偿

如果刀尖沿 *ABCDE* 运动（图 3.39a），顺着刀尖运动方向看，刀具在工件的右侧，即为刀尖圆弧半径右补偿，用 G42 指令。如果刀尖沿 *FGHI* 运动（图 3.39b），顺着刀尖运动方向看，刀具在工件的左侧，即为刀尖圆弧半径左补偿，用 G41 指令。如果取消刀尖圆弧半径补偿，可用 G40 指令编程，则车刀按理论刀尖点轨迹运动。

5. 刀尖圆弧半径补偿的建立或取消指令

格式：

$$\begin{Bmatrix} G41 \\ G42 \\ G40 \end{Bmatrix} \begin{Bmatrix} G00 \\ G01 \end{Bmatrix} \text{X (U)} \_\_\ \text{Z (W)} \_\_\ \text{T}\_\_\ \text{F}\_;$$

说明：

1）刀尖圆弧半径补偿的建立或取消必须在位移移动指令（G00、G01）中进行。X（U）、Z（W）为建立或取消刀具补偿程序段中刀具移动的终点坐标；T 代表刀具功能，如 T0707 表示用 07 号刀并调用 07 号补偿值建立刀具补偿；F 表示进给量，用 G00 编程时，F 值可省略。G41、G42、G40 均为模态指令。

2）刀尖圆弧半径补偿和刀具位置补偿一样，其实现过程分为三大步骤，即刀补的建立、刀补的执行和刀补的取消。

3）如果指令刀具在刀尖半径大于圆弧半径的圆弧内侧移动，程序将出错。

4）由于系统内部只有两个程序段的缓冲存储器，因此在刀具补偿的执行过程中，不允许在程序里连续编制两个以上没有移动的指令，以及单独编写的 M、S、T 程序段等。

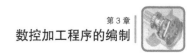
【例3-3】车削图3.40所示零件，采用刀尖圆弧半径补偿指令编程。

程序如下：

```
……
N040  G00  X60   Z295；              快进接近工件
N050  G42  G01  Z290   T0101   F0.1；   刀尖圆弧半径右补偿的建立
N060  X120  W－150；                车削圆锥面（刀补的执行）
N070  X200  W－30；                 车削圆锥台阶面（刀补的执行）
N080  W－40；                       车削φ200mm外圆面（刀补的执行）
N090  G40  G00  X300  Z300；        退刀并取消刀具补偿
……
```

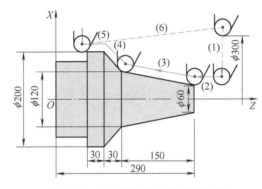

图3.40　刀尖圆弧半径补偿的应用

3.2.6　辅助功能指令

辅助功能又称 M 功能，主要控制机床主轴或其他机电装置的动作，还可用于其他辅助动作，如程序暂停、程序结束等。下面仅介绍常用的几种 M 指令。

1. 程序停止指令 M00

格式：M00；

说明：

1）系统执行 M00 指令后，机床的所有动作均停止，机床处于暂停状态，重新按下启动按钮后，系统将继续执行 M00 程序段后面的程序。若此时按下复位键，程序将返回到开始位置，此指令主要用于尺寸检验、排屑或插入必要的手工动作等。

2）M00 指令应单独设一程序段。

2. 选择停指令 M01

格式：M01；

说明：

1）在机床操作面板上有"选择停"开关，当该开关置 ON 位置时，M01 功能同 M00；当该开关置 OFF 位置时，数控系统不执行 M01 指令，继续执行后面的程序。

2）M01 指令同 M00 一样，应单独设一程序段。

3. 程序结束指令 M30、M02

格式：M30（或 M02）；

说明：

1）M30 表示程序结束，机床停止运行。执行完 M30 后系统复位，程序返回到开始位置。对最早使用穿孔带和磁带的数控机床，M30 还具有倒带功能。M02 也表示程序结束，机床停止运行。但执行完 M02 后程序停在最后一句，要重复执行该程序，必须再按一下"复位键"，程序才能返回到开始位置。

2）M30 或 M02 应单独设置一个程序段。

4. 主轴旋转指令 M03、M04、M05

格式：M03（M04） S __；

　　　 M05；

说明：

1）M03 启动主轴正转，M04 启动主轴反转，M05 使主轴停止转动，S 表示主轴转速，如"M04　S500；"表示主轴以 500r/min 转速反转。从 Z 轴正方向看主轴，主轴逆时针转动为正转，反之为反转。

2）M03、M04、M05 可以和 G 功能代码设在一个程序段内。

5. 切削液开关指令 M08、M09

格式：M08（M09）；

说明：

1）M08 表示打开切削液，M09 表示关闭切削液。

2）M00、M01、M02、M30 指令均能关闭切削液，如果机床有安全门，则打开安全门时，切削液也会关闭。

6. 调子程序指令 M98，子程序返回指令 M99

调子程序格式：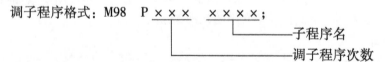

子程序返回格式：M99；

说明：

1）如果在一个加工程序的执行过程中又调用了另一个加工程序，并且被调用的程序执行完后又返回到原来的程序，则称前一个程序为主程序，后一个程序为子程序。

用调用子程序指令可以对同一子程序反复调用，该系统最多允许连续调用子程序 999 次，当在主程序中调用了一个子程序时，称之为 1 重嵌套。如果在子程序中又调用了另一个子程序，则称为 2 重嵌套（图 3.41）。该系统只允许 2 重嵌套。

2）M98 指令编写在主程序中，表示调子程序，P×××××××中最后面的四位数字表示子程序名，前面其余几位数字为调用子程序的次数（0～999），如"M98　P1011001；"表示连续调用 O1001 子程序 101 次；"M98　P52003；"表示连续调用 O2003 子程序 5 次。"M98　P3000"和"M98　P13000"一样，表示只调用 O3000 子程序 1 次。子程序的命名规则和主程序名一样。

3）M99 指令编写在子程序的最后一句，表示子程序返回，并返回到主程序中。子程序为单独编写的一个程序，编写方法同主程序。

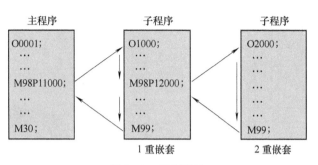

图 3.41　程序结构

4）子程序中变化的坐标应该用增量值编写，不变化的坐标可以增量值也可以用绝对值编写。

5）子程序调用主要用在重复加工的场合，如多刀车削的粗加工、形状尺寸相同部位的加工等。

【例 3-4】子程序调用实例——零件的多刀粗加工。

如图 3.42 所示，锥面分三刀粗加工，程序如下：

O1000；（主程序）
N010　G50　X300　Z200；
N020　M04　S700　T0100；
N030　G00　X85　Z5　M08；
N040　M98　P31001；
N050　G28　U2　W2；
N060　M30；
O1001；（子程序）
N010　G00　U−35；
N020　G01　U10　Z−82　F0.15；（或 G01　U10
W−87　F0.15；）
N030　G00　U25；
N040　G00　Z5；（或 G00　W87；）
N050　G00　U−5；
N060　M99；

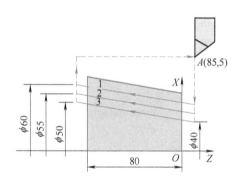

图 3.42　多刀粗加工

【例 3-5】子程序调用实例——零件形状尺寸相同部位的加工。

如图 3.43 所示，已知毛坯直径 φ32mm，长度 L = 80mm，材料为 45 钢，01 号刀（T0101）为外圆车刀，02 号刀（T0202）为刀尖宽 2mm 的切断刀。工件坐标原点设定在零件右端中心，01 号刀刀位点（基准刀）的起始位置是 X = 300（直径量），Z = 200。

程序如下：

O2000；（主程序）
N010　G50　X300　Z200；
N020　M04　S800　T0100；
N030　G00　X35　Z0　M08；
N040　G01　X0　F0.08；
N050　G00　X30　Z2；
N060　G01　Z−53　F0.1；

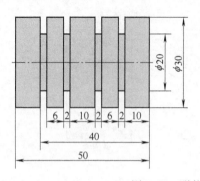

图 3.43　形状尺寸相同部位加工

N070	G28	U2	W2；

```
N070   G28    U2      W2；
N080   M04    S400    T0200；
N090   G00    X32     Z－12    T0202；
N100   M98    P12001；
N110   G00    Z－32；
N120   M98    P12001；
N130   G00    Z－52；
N140   G01    X0      F0.1；
N150   G00    X40     T0200   M09；
N160   G28    U2      W2；
N170   M30；
O2001；（子程序）
N010   G01    X20     F0.1；
N020   G00    X32；
N030   G00    W－8；
N040   G01    X20     F0.1；
N050   G00    X32；
N060   M99；
```

【例 3-6】精密轧辊（图 3.44）主要用于轧制冷凝管、不锈钢焊接管等，淬火硬度为 58 ~ 60HRC，材料为 Cr12MoV，使用 ϕ5mm 圆形陶瓷刀片在数控车床上进行硬车削加工外圆柱面和圆弧工作面，经抛光处理后完全能达到图样要求。已知加工余量为 1mm（直径量），其他面均已加工到图样尺寸。下面介绍这种精密轧辊外圆工作面的加工程序。

程序如下：

```
O4000；（主程序）
N010   G40    M04       S180       T0200；
N020   G50    X260      Z200；
N030   G00    X140.7    Z12；
N040   M98    P24001；
N050   G00    X139.7；
N060   G42    G00       Z2         T0202；
N070   G01    W－17.48   F0.1；
N080   G03    U－1.267   W－0.783   R0.8    F0.08；
N090   G02    U0        W－11.925   R6.096；
```

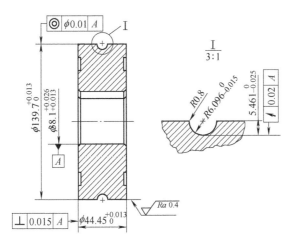

图 3.44　精密轧辊

```
N100    G03    U1. 267        W − 0. 783        R0. 8;
N110    G01    Z − 55         F0. 1;
N120    G40    G00           U5               T0200;
N130    G28    U2            W2;
N140    M30;
O4001;（子程序）
N010    G00    U − 0. 4;
N020    G42    G00           Z2               T0202;
N030    G01    W − 17. 48    F0. 2;
N040    G03    U − 1. 267    W − 0. 783       R0. 8   F0. 15;
N050    G02    U0            W − 11. 925      R6. 096;
N060    G03    U1. 267       W − 0. 783       R0. 8;
N070    G01    Z − 55        F0. 2;
N080    G40    G00           U5               T0200;
N090    Z12;
N100    U − 5;
N110    M99;
```

3.3　数控铣削加工程序编制

数控铣床是一种用途十分广泛的机床，主要用于铣削平面、沟槽和曲面，还能加工复杂的型腔和凸台，如各类凸轮、样板、靠模、模具和弧形槽等平面曲线的轮廓。同时还可以进行钻、扩、锪、铰、镗孔等加工。本节以配置西门子 SINUMERIK 802D 系统的 XK5032 数控铣床为例介绍数控铣削加工程序的编制，该系统可实现三轴控制和三轴联动加工。

图 3.45 为 XK5032 型数控铣床的外观图。床身 6 固定在底座 1 上，用于安装与支承机床各部件。操作台 10 上有 CRT 显示器、机床操作按钮和各种开关及指示灯。纵向工作台 16、横向滑板 12 安装在升降台 15 上，通过纵向进给伺服电动机 13、横向进给伺服电动机 14 和垂直升降进给伺服电动机 4 的驱动，完成 X、Y、Z 坐标进给。强电柜 2 中装有机床电气部

分的接触器、继电器等。变压器箱 3 安装在床身立柱的后面。数控柜 7 内装有机床数控系统。硬限位挡铁 8、11 通过行程开关 9 限制工作台纵向行程。主轴变速手柄和按钮板 5 用于手动调整主轴的正反转、停止及切削液开停等。

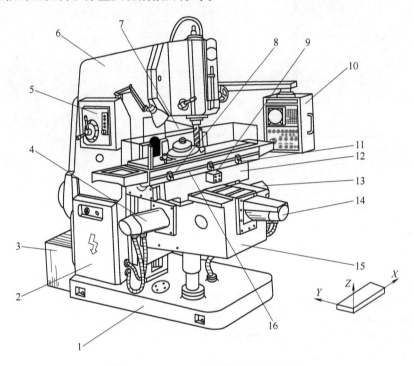

图 3.45 XK5032 型数控铣床的外观图

1—底座 2—强电柜 3—变压器箱 4—垂直伺服电动机 5—主轴变速手柄和按钮板
6—床身 7—数控柜 8、11—硬限位挡铁 9—行程开关 10—操作台 12—横向滑板
13—纵向进给伺服电动机 14—横向进给伺服电动机 15—升降台 16—纵向工作台

3.3.1 数控铣床的功能指令

西门子 SINUMERIK 802D 基本编程功能指令见表 3-3。

表 3-3 SINUMERIK 802D 编程指令

序 号	代 码	功 能	序 号	代 码	功 能
1	G0	快速移动	11	TRANS	编程零点偏移
2	G1 *	直线插补	12	ROT	坐标轴旋转
3	G2	顺时针圆弧插补	13	SCALE	缩放比例系数
4	G3	逆时针圆弧插补	14	MIRROR	镜像编程
5	CIP	中间点圆弧插补	15	ATRANS	附加的编程零点偏移
6	G33	恒螺距的螺纹切削	16	AROT	附加的坐标轴旋转
7	CT	带切线过渡的圆弧插补	17	ASCALE	附加的缩放比例系数
8	G4	暂停时间	18	AMIRROR	附加的镜像编程
9	G74	回参考点	19	G17 *	XY 平面
10	G75	回固定点	20	G18	ZX 平面

（续）

序　号	代　码	功　能	序　号	代　码	功　能
21	G19	*YZ* 平面	44	M1	程序有条件停止
22	G40 *	刀具半径补偿取消	45	M2	程序结束
23	G41	刀具半径左补偿	46	M3	主轴顺时针旋转
24	G42	刀具半径右补偿	47	M4	主轴逆时针旋转
25	G500 *	取消设定零点	48	M5	主轴停止
26	G54	第一设定零点	49	M30	程序结束返回程序开头
27	G55	第二设定零点	50	RET	子程序结束
28	G56	第三设定零点	51	AP	极角（单位度）
29	G57	第四设定零点	52	RP	极径
30	G58	第五设定零点	53	AR	圆弧插补张角
31	G59	第六设定零点	54	CHF	倒角
32	G53	取消零点设定	55	RND	倒圆
33	G70	寸制尺寸	56	CR	圆弧插补半径
34	G71 *	米制尺寸	57	CYCLE81	浅孔钻或钻中心孔
35	G90 *	绝对尺寸	58	CYCLE82	钻中心孔、端面锪孔
36	G91	相对尺寸	59	CYCLE83	深孔钻削
37	G94	进给速度 F，单位 mm/min	60	CYCLE85	铰孔
38	G95 *	主轴进给速度 F，单位 mm/r	61	CYCLE86	镗孔 1
39	G110	相对当前位置的极点定义	62	CYCLE87	镗孔 2
40	G111	相对工件坐标原点的极点定义	63	HOLES1	线性排列孔加工
41	G112	相对上一个极点的极点定义	64	HOLES2	圆弧排列孔加工
42	MCALL	模态子程序调用	65	POCKET3	铣矩形槽
43	M0	程序停止	66	POCKET4	铣圆形槽

注：带 * 功能在程序启动时生效。

3.3.2　程序名和坐标系指令

1. 程序名

SINUMERIK 802D 数控系统要求每个程序有一个程序名，程序名由不超过 16 个字符组成，字符可以是字母、数字或下划线，但不允许使用分隔符。例如将程序命名为 AB001、L10 等。

2. 坐标系指令

（1）数控铣床的机床原点　通常机床每次通电后，机床工作台的三个坐标轴都要依次走到工作台左前下方的一个极限位置，这个位置就是数控铣床的机床原点，是机床出厂时的固定位置。如图 3.8 所示的 *M* 点。

（2）工件坐标系的原点　工件坐标系的原点 *O* 是任意设定的，它在工件装夹完毕后，以机床原点 *M* 为基准偏移，通过对刀来确定。当工件装夹到机床上后求出偏移量，并通过操作面板输入到规定的数据区。在程序中可以通过 G54 ~ G59 激活此值。零点偏置的设定如图 3.46 所示。

下面以图 3.47 所示为例说明零点设定（工件坐标原点的建立）的使用，编程如下。

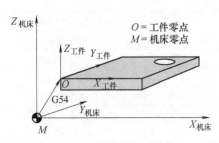

图 3.46 零点偏置的设定

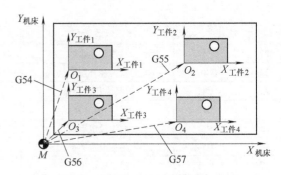

图 3.47 装夹多个工件时的零点偏置

N10	G54…	调用第一零点设定
N20	L47	调用 L47（子程序名）子程序加工工件 1
N30	G55…	调用第二零点设定
N40	L47	调用 L47 子程序加工工件 2
N50	G56…	调用第三零点设定
N60	L47	调用 L47 子程序加工工件 3
N70	G57…	调用第四零点设定
N80	L47	调用 L47 子程序加工工件 4
N90	G53 G0…	取消零点设定

（3）平面选择 G17 ~ G19 在计算刀具长度补偿和半径补偿时必须先确定一个平面，在此平面中进行刀具长度补偿和半径补偿。平面选择见表 3-4 和图 3.48 所示。

表 3-4 平面选择

G 功能	平 面	第 1 坐标轴	第 2 坐标轴	第 3 坐标轴（在钻削/铣削时的长度补偿轴）
G17	XY	X	Y	Z
G18	ZX	Z	X	Y
G19	YZ	Y	Z	X

（4）绝对值指令 G90 和增量值指令 G91 G90 和 G91 指令分别对应着绝对位置数据输入和增量位置数据输入。G90/G91 适用于所有坐标轴。

（5）英制尺寸 G70 和米制尺寸 G71 G70 或 G71 指令分别代表程序中输入数据是英制或米制尺寸，模态有效。系统默认值为 G71 状态。G70 和 G71 指令在断电前后是一致的，即停机前使用的 G70 或 G71 指令，在下次开机时仍然有效。

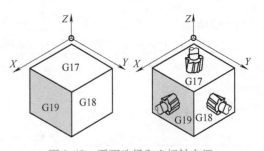

图 3.48 平面选择和坐标轴布置

（6）极坐标系指令 G110、G111、G112 通常情况下工件上的点一般使用直角坐标系（X、Y、Z）定义，但也可以用极坐标定义，就是在极坐标系指令 G110、G111、G112 下输入终点的坐标值。

格式：G110 或 G111 X __ Y __ Z __ ;

G110、G111 或 G112 AP = __ RP = __ ;

说明：

1）G110 定义的极点是在相对于当前位置（上次编程终点）的设定位置；G111 定义的极点是在相对于当前工件坐标系零点的设定位置；G112 定义的极点是在相对于最后有效极点的设定位置。X、Y、Z 为直角坐标尺寸。AP、RP 为极坐标尺寸。RP 为极径，是该点到极点的距离；AP 为极角，是指与所在平面中的第 1 坐标轴（G17 平面中 X 轴、G18 平面中 Z 轴、G19 平面中 Y 轴）与极径所在直线段之间的夹角，该角度从所在平面中的第 1 坐标轴开始到极径所在直线段逆时针为正、顺时针为负。极径和极角均为模态量。

2）如果没有定义极点，则当前工件坐标系的零点就作为极点使用。G110、G111 或 G112 编程指令均要求一个独立的程序段。

如图 3.49 所示，制作一个钻孔图样，钻孔的位置用极坐标来说明，编程如下。

N10   G17   G54   T1   M03   S500；
N20   G111   X43   Y38；
N30   G0   RP = 30   AP = 18   Z5；
N40   L10；
N50   G91   AP = 72；
N60   L10；
N70   AP = 72；
N80   L10；
N90   AP = 72；
N100   L10；
N110   AP = 72；
N120   L10；
N130   G0   X300   Y200   Z100；（刀具回到安全位置）
N140   M30；（程序结束）

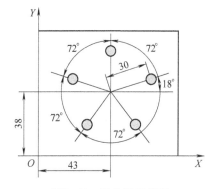

图 3.49　极坐标系编程

（7）编程零点偏移和坐标轴旋转 TRANS、ATRANS、ROT、AROT　如果工件上有重复出现的形状或结构，或者选用了一个新的参考点，在这种情况下就需使用编程零点偏移，由此就产生一个当前新的工件坐标系，新输入的尺寸均为该坐标系中的尺寸。该指令可以在所有坐标轴上进行零点偏移。如图 3.50 和图 3.51 所示。

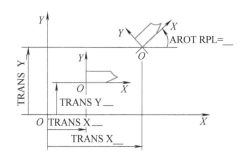

图 3.50　编程零点偏移和坐标轴旋转

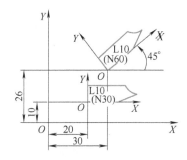

图 3.51　编程零点偏移和坐标轴旋转编程实例

格式：TRANS　X ＿　Y ＿　Z ＿；　编程零点偏移，取消以前的编程零点、旋转和镜像
　　　ATRANS　X ＿　Y ＿　Z ＿；附加于当前指令的编程零点偏移
　　　TRANS；　　　　　　　　　　不带数值，取消当前的编程零点、旋转和镜像

ROT RPL = __；	坐标轴旋转，取消以前的编程零点、旋转和镜像	
AROT RPL = __；	附加于当前指令的坐标轴旋转	
ROT；	不带数值，取消当前的编程零点、旋转和镜像	

说明：

1）用 TRANS 指令可以对所有的编程零点偏移。后面的 TRANS 指令取代所有以前的编程零点偏移指令、坐标轴旋转和镜像指令，也就是说编程一个新的 TRANS 指令后，所有旧的指令均被清除。ATRANS 为附加于当前指令的编程零点偏移。X、Y、Z 为零点偏移坐标。

2）用 ROT 指令可以在当前平面（G17～G19）中编程一个坐标轴旋转，新的 ROT 指令取代所有以前的编程零点偏移、坐标轴旋转和镜像。RPL 为第 1 坐标轴旋转角度（单位"°"），逆时针为正，顺时针为负，如图 3.52 所示。如果已经有一个 TRANS、ATRANS 或 ROT 指令生效，则在 AROT 指令下编程的旋转附加到当前零点偏移或坐标旋转上。

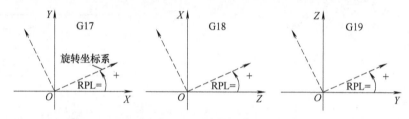

图 3.52　在不同的坐标平面中旋转角正方向的规定

3）程序段 TRANS 指令后无坐标轴名，或者在 ROT 指令下没有写 RPL = __ 语句，表示取消当前的编程零点偏移、坐标轴旋转和镜像。TRANS、ATRANS、ROT、AROT 编程指令均要求一个独立的程序段。

N10　G17…；	XY 平面
N20　TRANS X20 Y10；	编程零点偏移
N30　L10；	子程序调用，其中包含待偏移的几何量
N40　TRANS X30 Y26；	新的编程零点偏移
N50　AROT RPL = 45；	附加坐标旋转 45°
N60　L10；	子程序调用
N70　TRANS；	取消偏移和旋转回到原工件坐标系零点

（8）镜像编程 MIRROR、AMIRROR　用 MIRROR、AMIRROR 可以以坐标轴镜像工件的几何尺寸编程。

格式：MIRROR　X0　Y0　Z0；　镜像编程，取消以前的零点偏移、坐标轴旋转和镜像
　　　AMIRROR　X0　Y0　Z0；附加于当前指令的镜像编程
　　　MIRROR；　　　　　　不带数值，取消当前的零点偏移、坐标轴旋转和镜像

说明：

1）格式中 X、Y、Z 为各轴镜像方向，坐标轴的数值没有影响，但必须要定义一个数值。如图 3.53 所示。编程了镜像功能的坐标轴，其所有运动都以反方向运行，如刀具半径补偿（G41/G42）和圆弧（G02/G03）等都自动反向。

2）在连续形状加工中不使用镜像指令，以免进给中有接刀现象，使轮廓表面不光滑。MIRROR、AMIRROR 编程指令均要求一个独立的程序段。

N10	G17…;	XY 平面
N20	L10;	子程序调用，如图原件
N30	MIRROR X0;	Y 轴镜像（在 X 方向上镜像）
N40	L10;	子程序调用
N50	MIRROR Y0;	取消以前镜像，然后 X 轴（在 Y 方向上）镜像
N60	L10;	子程序调用
N70	AMIRROR X0;	在 Y 方向上镜像后再在 X 方向上镜像
N80	L10;	子程序调用
N90	MIRROR;	取消镜像

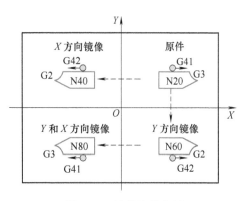

图 3.53　镜像编程实例

3.3.3　基本编程指令

1. 快速移动指令 G0

格式：G0　X __　Y __　Z __;　　　　直角坐标系

　　　　G0　RP = __　AP __　Z __;　　极坐标系

说明：快速移动指令 G0 用于刀具的快速定位，X、Y、Z 为目标点的直角坐标；RP、AP 为目标点的极坐标，RP 为极径，AP 为极角，其定义见极坐标系指令说明。

2. 直线插补 G1

格式：G1　X __　Y __　Z __　F __;　　　　直角坐标系

　　　　G1　RP = __　AP __　Z __　F __;　　极坐标系

说明：本指令使刀具以直线插补方式。X、Y、Z 为目标点的直角坐标；RP、AP 为目标点的极坐标；F 为进给速度。

3. 圆弧插补 G2、G3

G2 指令表示在指定平面顺时针插补，G3 指令表示在指定平面逆时针插补。

圆弧插补可以用下述不同格式表示：圆心坐标和终点坐标、半径和终点坐标、圆心和张角、张角和终点、极径和极角、中间点和终点、切向过渡圆弧七种。但是，只有圆心坐标和终点坐标才可以编程一个整圆。下面介绍 *XY* 平面内圆弧插补格式。

（1）圆心坐标和终点坐标

格式：G2（G3）　X __　Y __　I __　J __　F __;

说明：格式中 X、Y 为圆弧终点坐标；I、J 为圆心相对圆弧起点的增量坐标；F 为切削进给速度。如图 3.54 所示，加工程序如下：

N05　G0　G90　X30　Y40;

N10　G2　X50　Y40　I10　J−7　F100;

（2）终点和半径尺寸

格式：G2（G3）　X __　Y __　CR = __　F __;

说明：格式中 X、Y 为圆弧终点坐标；CR 为圆弧半径；F 为切削进给速度。如图 3.55 所示，加工程序如下：

N05　G0　G90　X30　Y40；
N10　G2　X50　Y40　CR = 12. 207　F100；

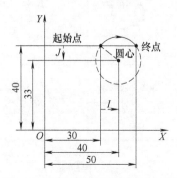

图 3.54　圆心和终点坐标圆弧插补

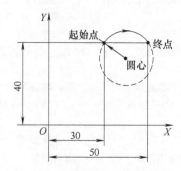

图 3.55　终点坐标和半径圆弧插补

注意：在用半径表示圆弧时，可以通过 CR = __ 的符号正确地选择圆弧，因为在相同的起始点、终点、半径和相同的方向时可以有两种圆弧。其中，CR = – __ 中的负号表明圆弧段大于半圆，而正号则表明圆弧段小于或等于半圆。

（3）终点和张角尺寸

格式：G2（G3）　X __　Y __　AR = __　F __；

说明：格式中 X、Y 为圆弧终点坐标；AR 为圆弧圆心角（张角）；F 为切削进给速度。如图 3.56 所示，加工程序如下：

N05　G0　G90　X30　Y40；
N10　G2　X50　Y40　AR = 105　F100；

（4）圆心和张角尺寸

格式：G2（G3）　I __　J __　AR = __　F __；

说明：格式中 I、J 为圆心相对圆弧起点的增量坐标；AR 为圆弧圆心角（张角）；F 为切削进给速度。如图 3.57 所示，加工程序如下：

N05　G0　G90　X30　Y40；
N10　G2　I10　J – 7　AR = 105　F100；

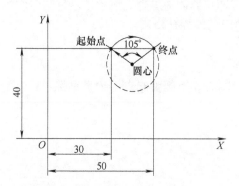

图 3.56　张角和终点坐标圆弧插补

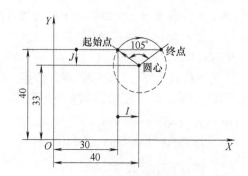

图 3.57　张角和圆心坐标圆弧插补

（5）极径和极角

格式：G2（G3）　RP = __　AP = __　F __；

说明：格式中 RP、AP 为圆弧终点的极坐标；F 为切削进给速度。如图 3.58 所示，加工程序如下：

N05　G0　G90　X30　Y40；
N10　G111　X40　Y33；
N20　G2　RP = 12.207　AP = 21　F100；

（6）中间点和终点圆弧插补 CIP　如果不知道圆弧的圆心、半径或张角，但已知圆弧轮廓上三个点的坐标，则可以使用 CIP 功能。通过起始点和终点之间的中间点位置确定圆弧的方向。

格式：CIP　X __　Y __　I1 = __　J1 = __　F __；XY 平面圆弧插补

说明：格式中 X、Y 为圆弧终点坐标；I1、J1 为 X、Y 坐标轴对应圆弧中间点的绝对坐标；F 为切削进给速度。如图 3.59 所示，加工程序如下：

N05　G0　G90　X30　Y40；
N10　CIP　X50　Y40　I1 = 40　J1 = 45；

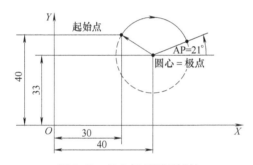

图 3.58　极坐标系圆弧插补

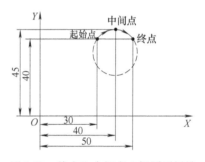

图 3.59　终点和中间点坐标圆弧插补

（7）切向过渡圆弧 CT　CT 指令可使圆弧与前面的轨迹（圆弧或直线）进行切向连接。切向过渡圆弧的半径和圆心可以从前面的轨迹与编程的圆弧终点之间的几何关系中自动求得。

格式：CT　X __　Y __　F __；

说明：格式中 X、Y 为切向过渡圆弧的终点坐标；F 为切削进给速度。如图 3.60 所示，加工程序如下：

N05　G1　G90　X40　Y45　F100；
N10　CT　X50　Y40；

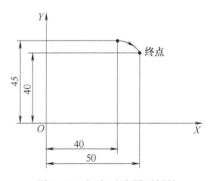

图 3.60　切向过渡圆弧插补

4. 返回参考点 G74、返回固定点 G75

格式：G74（G75）　X1 = __　Y1 = __　Z1 = __；

说明：G74 使机床工作台返回参考点。G75 使机床返回到某个固定点，如换刀点。格式中的 X1、Y1、Z1 代表各坐标轴的名称，输入值是无效的，机床并不识别，但必须要编程，因为参考点、固定点是机床上的固定点，它不会因此值而产生偏移。每个轴的返回方向和速度也都存储在机床数据中。如"G74（G75）　X1 = 0　Y1 = 0　Z1 = 0；"，G74、G75 均需要一独立程序段，非模态量，并按程序段方式有效。

5. 暂停 G4

格式：G4　F＿；

说明：G4 指令是加工中断给定的时间。格式中 F 为暂停时间（s），如"G4　F2.5;"表示加工中断暂停 2.5s，暂停之后继续执行下面程序。G4 只对本程序段有效，在此之前编程的进给速度 F 和主轴转速 S 保持存储状态。

6. 倒圆和倒角

在轮廓拐角处可以插入倒角或倒圆，指令 CHF = ＿或者 RND = ＿与加工拐角的轴运动指令（G1、G2、G3）一起写入到程序段中，只在当前平面中执行该功能。

倒角 CHF = ＿，为直线轮廓之间、圆弧轮廓之间以及直线轮廓和圆弧轮廓之间切入一直线并倒去棱角。如图 3.61 所示，加工程序如下：

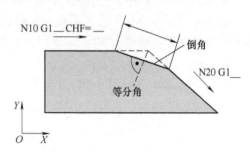

N10　G1　X ＿　CHF = 5;　倒角 5mm
N20　X ＿　Y ＿；

倒圆 RND = ＿，直线轮廓之间、圆弧轮廓之间以及直线轮廓和圆弧轮廓之间切入一圆弧，圆弧与轮廓进行切线过渡。

图 3.61　两段直线之间倒角

如图 3.62a 所示，加工程序如下：

N10　G1　X ＿　RND = 8;　倒圆，半径 8mm
N20　X ＿Y ＿；

如图 3.62b 所示，加工程序如下：

N50　G1　X ＿　RND = 7.3;　倒圆，半径 7.3mm
N60　G3　X ＿　Y ＿；

直线 / 直线

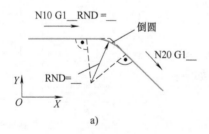

a)

直线 / 圆弧

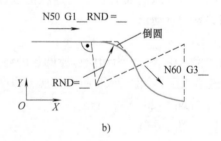

b)

图 3.62　倒圆举例

a）两直线轮廓之间倒圆　b）直线和圆弧之间倒圆

如果其中一个程序段轮廓长度不够，则在倒圆或倒角时会自动削减编程值。若超过 3 个连续的程序段中不含移动指令或进行平面转换时，不能进行倒角或倒圆。

7. F、S、T 功能

（1）F 功能　F 功能单位由 G 功能确定。G94 编程下 F 为进给速度（mm/min），G95 编程下 F 为进给率（mm/r）。数控铣床和加工中心默认值为 G94。

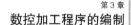
（2）S 功能　S 功能指令表示主轴的转速，单位为 r/min。主轴的旋转方向和停止通过 M 指令（M3 主轴顺时针转动，M4 主轴逆时针转动，M5 主轴停止转动）来实现，如编程"M3　S1000"表示主轴顺时针转动，转速为 1000r/min。其旋转方向规定同数控车床。

（3）T 功能　T 功能指令表示选择刀具，用 T1～T32 表示，如 T2 表示选用 2 号刀具。系统中最多存储 32 把刀具。因数控铣床一次只用一把刀具，所以在选用一把刀具后，程序运行结束以及系统关机或开机对此均没有影响，该刀具一直有效。

3.3.4　刀具补偿指令

本系统具有刀具长度补偿和半径补偿功能，刀具的有关参数被单独输入到一专门的数据区。刀具调用后，刀具长度补偿立即生效。但刀具半径补偿必须与 G41 或 G42 指令一起执行。G41 为刀具半径左补偿指令，G42 为刀具半径右补偿指令，G40 指令为取消刀具半径补偿。G41、G42 刀具运动方向如图 3.63 所示。

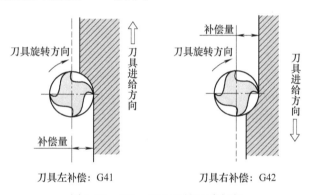

图 3.63　G41、G42 刀具运动方向

1. 刀具半径补偿 G41、G42

格式：G41（G42）　G0（G1）　X ＿　Y ＿　D ＿　（F ＿）；在 XY 面平面上

说明：

1）格式中 G41 为刀具半径左补偿；G42 为刀具半径右补偿；X、Y 为目标点坐标；F 为切削速度；D 为刀具半径补偿代号。

刀具半径补偿代号（又称刀沿号），用 D 指令及其相应的序号表示，即 D0～D9（一把刀具可以匹配从 1 到 9 不同半径补偿的数据组）。如果没有编写 D 指令，则 D1 自动生效。若编程 D0，则刀具补偿值无效。系统中最多可以同时存储 30 个刀具补偿数据组。

2）刀具半径补偿只有在 G0、G1 下才可以进行 G41、G42 的编程。

2. 取消刀具半径补偿 G40

所有的平面上取消刀具补偿指令均为 G40。最后一段刀具半径补偿轨迹加工完成后，与建立刀具半径补偿类似，也应在 G0 或 G1 指令下取消刀具半径补偿，以保证刀具从刀具半径补偿终点运动到取消刀具半径补偿点。G40、G41、G42 是模态量，它们可以互相注销。

格式：G40　G0（G1）　X ＿　Y ＿　D ＿　（F ＿）；在 XY 面平面上

【例 3-7】利用刀具半径补偿功能编制图 3.64 所示样板零件的加工程序。样板零件各边加工余量均为 1mm，用 ϕ16mm 刀具加工。编程坐标系如图 3.64 所示，O 点为坐标原点，刀

具起始点和终止点均为 P_0（-65，-95）。刀具从 P_1 点切入工件，然后沿双点画线上箭头方向进行进给加工，最后回到 P_0 点。

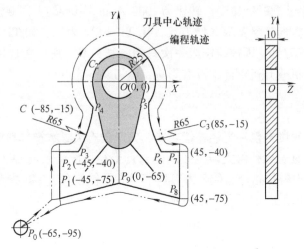

图 3.64　样板零件

基点计算：P_1、P_2、P_7、P_8、P_9 各点坐标如图 3.64 所示，P_3、P_4、P_5、P_6 各点的坐标经计算得：P_3（-25，-40），P_4（-20，-15），P_5（20，-15），P_6（25，-40）。

样板零件铣削加工程序如下：

YB123；	程序名
N10　G54　T1　D1；	建立坐标系，调用 1 号刀，1 号刀补生效
N20　G0　G17　G90　X-65　Y-95　Z20；	刀具运动到起始点 P_0 上方
N30　M03　S1000；	刀具按 $n=1000$r/min 顺时针旋转
N40　G1　Z-12　F300；	刀具进给到铣削深度
N50　G41　X-45　Y-75　D1　F100；	进给到 P_1 点并建立刀补
N60　Y-40；	$P_1 \to P_2$ 直线插补
N70　X-25；	$P_2 \to P_3$ 直线插补
N80　G3　X-20　Y-15　CR$=65$；	$P_3 \to P_4$ 圆弧插补
N90　G2　X20　CR$=-25$；	$P_4 \to P_5$ 圆弧插补
N100　G3　X25　Y-40　CR$=65$；	$P_5 \to P_6$ 圆弧插补
N110　G1　X45；	$P_6 \to P_7$ 直线插补
N120　Y-75；	$P_7 \to P_8$ 直线插补
N130　X0　Y-65；	$P_8 \to P_9$ 直线插补
N140　X-45　Y-75；	$P_9 \to P_1$ 直线插补
N150　G0　G40　X-65　Y-95　D1；	刀具回到起始点并取消刀补
N160　Z50；	刀具上升到安全高度
N170　M30；	程序结束

3.3.5　子程序与调用

用子程序编写经常重复进行的加工，比如某一确定的轮廓形状。子程序的结构与主程序的结构相同，在子程序中最后一个程序段用 M02 指令结束程序运行，也可以用 RET 指令结束子程序，但 RET 指令要求占用一个独立的程序段。

为方便调用某一个子程序,必须给子程序取一个程序名。子程序命名方法与主程序一样,但扩展名不同,主程序的扩展名为".MPF",在输入程序名时系统能自动生成扩展名,而子程序的扩展名".SPF"必须与子程序名一起输入。例如:CZ110.SPF、L128.SPF。

另外,在子程序中,还可以使用地址字符 L,其后面的值可以有 7 位(只能为整数),地址字符 L 之后的 0 均有意义,不能省略。例如:L128、L0128、L00128 分别代表三个不同的子程序。注意,子程序名 LL6 专门用于刀具更换。

在一个程序中(主程序或子程序)可以直接利用程序名调用子程序。子程序调用要求占用一个独立的程序段。如果要求多次连续地执行某一子程序,则在编程时必须在所调用子程序的程序名后的地址 P 下写入调用次数,最大调用次数可达 9999(P1 ~ P9999)。

例如连续调用子程序 L128 四次,编程为:N30　L128　P4。

3.3.6　计算参数和程序跳转

要使一个数控程序适用于特定数值下的一次加工,或者必须要计算出数值时,可以使用计算参数。在加工非圆曲面时,系统没有定义指令,这就更需要借助计算参数 R,并应用程序跳转等手段来完成曲面的加工。

1. 计算参数

在本系统中,R 参数设定从 R0 ~ R299,并可进行加、减、乘、除、开方、乘方、三角函数等运算。计算参数的赋值范围为 ±(0.0000001 ~ 99999999),赋值时在计算参数后写入符号"="。例如:R0 = 10,R1 = - 37.3 等。R0 = 10 表示给 R0 参数赋值为 10,如在程序中出现 G91　G01　X = R0,就表示沿 X 轴直线移动 10mm。用指数表示法(指数值写在 EX 符号之后)可以赋更大的数值,例如:R0 = - 0.1EX - 5 表示 R0 = - 0.000001,R1 = 1.87EX3 表示 R1 = 1870。高级编程功能可实现逻辑判断、比较、程序跳转等功能。

可以用数值、算术表达式或 R 参数对任意 NC 地址赋值,但对地址 N、G、L 除外,给坐标轴地址(运行指令)赋值时,要求用一独立的程序段。例如:N10　G0　X = R2 表示给 X 轴赋值。

2. 数学运算函数

运算符"+、-、*、/"表示加、减、乘、除四则运算,"="表示等于,"< >"表示不等于,">"表示大于,"<"表示小于,"> ="表示大于或等于,"< ="表示小于或等于。数学运算函数见表 3-5。

表 3-5　数学运算函数

运算函数	含 义	说 明	举 例
SIN ( )	正弦	单位是(°)	R1 = SIN (17.35)
COS ( )	余弦	单位是(°)	R2 = COS (R3)
TAN ( )	正切	单位是(°)	R4 = TAN (45)
ASIN ( )	反正弦		R10 = ASIN (0.35),则 R10 = 20.487°
ACOS ( )	反余弦		R20 = ACOS (0.5),则 R20 = 60°
ATAN2 (,)	反正切 2	定义的第 2 矢量始终用作角度参考。角度范围为: - 180° ~ 180°	R40 = ATAN2 (30.5,80.1),则 R40 = 20.845°。矢量 80.1 用作角度参考

（续）

运算函数	含　义	说　明	举　例
SQRT（　）	平方根		R6 = SQRT（R1 * R1 + R2 * R2），则 R6 = $\sqrt{R1^2 + R2^2}$
POT（　）	平方值		R12 = POT（R13），则 R12 = $R13^2$
ABS（　）	绝对值		R8 = ABS（R9），则 R8 = $\vert R9 \vert$
TRUNC（　）	取整		R10 = TRUNC（R11）

3. 程序跳转

加工程序在运行时是以写入的顺序执行的，但有时程序需要改变执行顺序，这时可应用程序跳转指令，以实现程序的分支运行。实现程序跳转需要跳转目标和跳转条件两个要素。程序跳转包括绝对跳转和有条件跳转，应用较多的是有条件跳转。跳转指令要求占用一个独立的程序段。

（1）绝对跳转

格式：GO　TO　F 标记符或程序段号；向前跳转（向程序结束的方向跳转）

GO　TO　B 标记符或程序段号；向后跳转（向程序开始的方向跳转）

说明：标记符或程序段号为程序跳转目标，用于标记程序中所跳转的目标程序。标记符可以自由选取，但必须由 2～8 个字母或数字组成，其中开始两个符号必须是字母或下划线。跳转目标程序段中标记符后面必须为冒号，标记符位于程序段段首，如果程序段有段号，则标记符紧跟着段号。

举例：

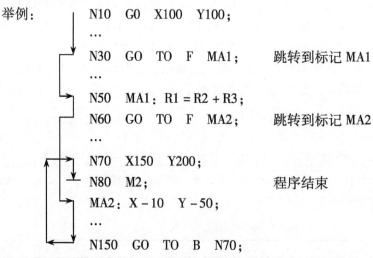

```
N10    G0  X100  Y100;
       ⋯
N30    GO  TO  F  MA1;          跳转到标记 MA1
       ⋯
N50    MA1：R1 = R2 + R3;
N60    GO  TO  F  MA2;          跳转到标记 MA2
       ⋯
N70    X150  Y200;
N80    M2;                      程序结束
       MA2：X - 10  Y - 50;
       ⋯
N150   GO  TO  B  N70;
```

（2）有条件跳转

格式：IF　条件　GO　TO　F 标记符或程序段号；向前跳转（向程序结束的方向跳）

IF　条件　GO　TO　B 标记符或程序段号；向后跳转（向程序开始的方向跳）

说明：该指令如果满足跳转条件，则程序跳转到有标记符或所指定的程序段，标记符或程序段号为程序跳转目标，用于标记程序中所跳转的目标程序，否则将继续向前执行程序。在一个程序段中可以有许多个条件跳转指令。

【例 3-8】圆弧上点的移动如图 3.65 所示。已知条件如下：

起始角：30°　　　　　　　　　　　（R1）

圆弧半径：20mm　　　　　　　　　（R2）

位置间隔：10°　　　　　　　　　　（R3）

点数：11　　　　　　　　　　　　（R4）

圆心位置（X 轴方向）：50mm　　 （R5）

圆心位置（Y 轴方向）：20mm　　 （R6）

程序如下：

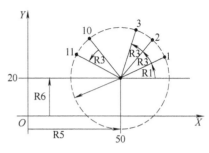

N10　R1 = 30　R2 = 20　R3 = 10　R4 = 11　R5 = 50　R6 = 20；

图 3.65　圆弧上点的移动

N20　G90　G54　G17　T1；

N30　MA1：G0　X = R2 * COS（R1）+ R5　Y = R2 * SIN（R1）+ R6；

N40　R1 = R1 + R3　R4 = R4 - 1；

N50　IF　R4 > 0　GOTO　B　MA1；

N60　M30；

【例 3-9】编制图 3.66 所示椭圆槽的加工程序，要求采用 φ8mm 键槽铣刀，分层切削，每层切深 1.6mm，其他尺寸如图 3.66 所示。

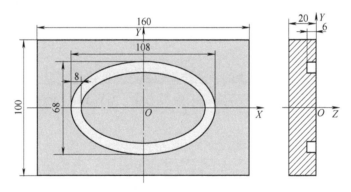

图 3.66　椭圆槽加工

参考程序如下：

N10	R1 = -6；	定义铣削深度
N20	R2 = -1.6；	定义每次铣削深度
N30	R3 = 0；	定义圆弧插补移动角度初值
N40	R4 = 0.5；	定义圆弧插补角位移增量
N50	G0　G90　G54　G17　G64；	数控系统初始值的设置
N60	T1　D1　Z100；	建立长度补偿，刀具移到安全位置
N70	M03　S1500；	主轴转速、转向设定
N80	X50　Y0；	刀具移到椭圆长轴右端
N90	Z10；	刀具下降到工进位置
N100	R1 = R2；	第一次铣削深度赋值
N110	BB：G1　Z = R1　F50；	刀具到指定铣削深度
N120	GOTO　F　AA；	绝对跳转到 AA 标记程序段
N130	CC：R1 = -6；	将最终切削深度数值赋给铣削深度参数 R1
N140	G1　Z = R1　F50；	刀具进给到规定深度 6mm
N150	AA：R5 = 50 * COS（R3）；	计算刀具圆弧插补 X 轴位置

N160	R6 = 30 * SIN（R3）;	计算刀具圆弧插补 Y 轴位置
N170	G1 X = R5 Y = R6 F150;	刀具椭圆插补进给
N180	R3 = R3 + R4;	刀具椭圆插补位置角度
N190	IF R3 < = 360 GOTO B AA;	椭圆插补位置小于等于 360°，跳到 AA
N200	R3 = 0;	再次定义刀具椭圆插补移动角度初值
N210	IF R1 = -6 GOTO F DD;	判断铣削深度等于 -6mm，跳到 DD
N220	R1 = R1 + R2;	增加定义的铣削深度增量
N230	IF R1 > -6 GOTO B BB;	判断铣削深度未达到 -6mm，跳到 BB
N240	IF R1 < -6 GOTO B CC;	判断铣削深度超过 -6mm，跳到 CC
N250	DD: G0 Z100;	刀具返回到安全高度
N260	M30;	

3.3.7 加工循环指令

加工循环是指用于特定加工过程的工艺子程序，比如用于钻孔、镗孔、铰孔、攻螺纹、排列孔加工、凹槽切削和坯料切削等，只要改变参数就可以使这些循环应用于各种具体加工过程，可大大减少编程工作量。

1. 浅孔钻或钻中心孔 CYCLE81

格式：CYCLE81（RTP，RFP，SDIS，DP，DPR）

说明：

1）CYCLE81 指令使刀具以编程的主轴转速和进给速度钻孔，直至到达给定的最终钻削深度，退刀以快速移动速度进行。CYCLE81 为模态量。CYCLE81 的循环参数说明见表 3-6 和图 3.67 所示。

表 3-6 CYCLE81 的循环参数说明

参　数	含义及其数值范围
RTP	返回平面（又称初始平面）：循环结束之后刀具返回的位置，绝对坐标值输入
RFP	基准平面：确定其他参数的面，一般为工件上表面，绝对坐标值输入
SDIS	安全间隙：与基准平面间的距离，是切削进给的引入距离，无符号输入。此位置又称 R 点参考面
DP	最后钻孔深度：相对于工件零点的最后钻孔深度，一般为负值，绝对坐标值输入
DPR	最后钻孔深度：相对于基准平面的最后钻孔深度，无符号输入的增量值

2）刀具循环运动时序：用 G0 运动到被提前了一个安全距离的 R 点参考平面处，按照 G1 进行钻削，直到最终钻削深度，然后用 G0 快速退刀回到返回平面。

3）最后钻孔深度最好只输入一个值，如果同时输入了 DP 和 DPR，最终钻孔深度来自 DPR。如果 DPR 和 DP 值矛盾，系统会产生报警且不执行循环。若返回平面与基准平面处在相同平面，或者返回平面低于基准平面，系统也会产生报警。

4）循环参数值要按顺序排列，并用 "," 隔开，如果某参数被省略，其位置不能省略，要使用 "…，，…" 来占用空间，但最后一位参数被省略时可全部省略。

【例 3-10】使用 CYCLE81 钻孔循环钻削图 3.68 所示的三个孔，编程如下。

```
N10  G54  G17  G90  F100  M3  S300;
N20  T3  D3  Z150;
N30  G0  X40  Y30;
```

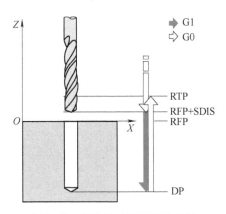

图 3.67 浅孔钻时序过程及参数

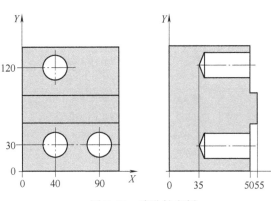

图 3.68 浅孔钻实例

N40　CYCLE81（55，50，2，35）；使用绝对值 Z = 35mm 表示最后钻孔深度

N50　X90；

N60　CYCLE81（60，50，2，35）；

N70　X40　Y120；

N80　CYCLE81（55，50，2，，15）；使用无符号增量值 15mm 表示钻孔深度

N90　G0　Z150；

N100　M05；

N110　M30；

2. 钻中心孔、端面锪孔 CYCLE82

格式：CYCLE82（RTP，RFP，SDIS，DP，DPR，DTB）

说明：

1）CYCLE82 指令使刀具以编程的主轴转速和进给速度钻孔，直至到达给定的最终钻削深度，在到达最终钻削深度时可以编程一个停顿时间，退刀以快速移动速度进行。CYCLE82 为模态量。格式中 DTB 为到达钻孔深度时进给停顿时间（s），但主轴旋转不停止，用于断屑和光整加工。其他循环参数 RTP、RFP、SDIS、DP、DPR 说明同 CYCLE81。

2）刀具循环运动时序：用 G0 运动到被提前了一个安全距离的 R 点参考平面处，按照已编程的进给率用 G1 进行钻削，直到最终钻削深度，在最终钻削深度停顿时间 DTB 秒，然后用 G0 快速退刀回到返回平面。

3. 深孔钻削 CYCLE83

格式：CYCLE83（RTP，RFP，SDIS，DP，DPR，FDEP，FDPR，DAM，DTB，DTS，FRF，VARI）

说明：

1）CYCLE83 指令控制刀具通过分步钻入达到最后的钻孔深度。钻削既可以在每步钻削后提出钻头到 R 点参考平面处排屑，也可以每步钻削后后退进行排屑。CYCLE83 的循环参数说明见表 3-7 和图 3.69、图 3.70 所示。

2）刀具循环运动时序如下：

① 刀具按 G0 运动到被提前了一个安全距离的 R 点参考平面上。

② 使用 G1 钻孔到起始钻孔深度，钻孔进给速度 = 编程进给速度 × FRF。

表 3-7　CYCLE83 的循环参数说明

参　数	含义及其数值范围
RTP ~ DPR	参数说明同 CYCLE81
FDEP	起始钻孔深度，绝对坐标值输入
FDPR	相对于基准平面的起始钻孔深度，无符号输入的增量值
DAM	递减量，前后两次钻削深度的差值，无符号输入
DTB	刀具每次钻削一个深度后停顿时间（s），用于断屑
DTS	刀具每次钻削返回到 R 点参考面后停顿时间（s），用于排屑。仅在 VARI = 1 时有效
FRF	钻孔进给速度系数，FRF = 0.001 ~ 1。钻孔进给速度 = 编程进给速度 × FRF，无符号输入
VARI	加工类型： VARI = 1：每次钻削一个深度后刀具都要以 G0 返回到参考平面，以便排屑，如图 3.69 所示 VARI = 0：每次钻削一个深度后刀具以 G1 后退 1mm，以便排屑，如图 3.70 所示

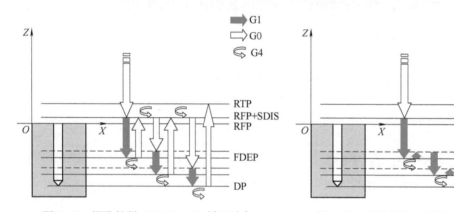

图 3.69　深孔钻削（VARI = 1）循环时序　　　　图 3.70　深孔钻削（VARI = 0）循环时序

③ 在起始钻孔深度处停顿时间 DTB。

④ 当 VARI = 1 时，刀具以 G0 返回到 R 点参考平面，停顿时间 DTS，以便排屑。然后刀具以 G0 回到起始钻孔深度处，并保持预留量距离；当 VARI = 0 时，刀具仅以 G1 后退 1mm，以便排屑。

⑤ 刀具以 G1 钻削到下一个钻孔深度，此钻孔深度为起始钻孔深度减去递减量。持续以上动作直至最后钻孔深度。

⑥ 使用 G0 退回到返回平面。

4. 铰孔 CYCLE85

格式：CYCLE85（RTP，RFP，SDIS，DP，DPR，DTB，FFR，RFF）

说明：CYCLE85 指令控制刀具按编程进给速度进行铰孔，并直至最后铰孔深度，然后按返回进给速度退到 R 点参考平面。此指令也可用于钻孔。CYCLE85 为模态量。格式中的循环参数 FFR 为铰孔进给速度；RFF 为铰孔返回进给速度；RTP、RFP、SDIS、DP、DPR、DTB 循环参数说明见表 3-7 和图 3.71 所示。

5. 镗孔 1——CYCLE86

格式：CYCLE86（RTP，RFP，SDIS，DP，DPR，DTB，SDIR，RPA，RPO，RPAP，POSS）

说明：CYCLE86 指令控制刀具按编程进给速度进行镗孔，直至最终镗削深度。如果到达最终深度，可以编程一个停留时间，激活主轴定位停止功能，使用 G0 让主轴在 XY 方向退出加工面，然后主轴使用 G0 返回到 R 点参考平面，最后退回到返回平面上的初始位置。此指令适用于主轴可控制操作镗孔，CYCLE86 为模态量。CYCLE86 的循环参数说明见表 3-8 和图 3.72 所示。

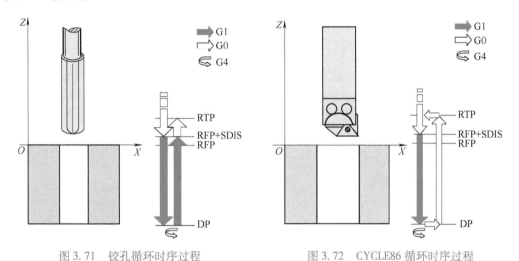

图 3.71　铰孔循环时序过程　　　　图 3.72　CYCLE86 循环时序过程

表 3-8　CYCLE86 的循环参数说明

参　　数	含义及其数值范围
RTP ~ DTB	参数说明同 CYCLE83
SDIR	镗孔时的旋转方向。SDIR = 3 相当于 M3；SDIR = 4 相当于 M4
RPA	第一轴（X 轴）上的返回量及路径，增量值输入，如 RPA = −1，刀具将沿 −X 方向移动 1mm
RPO	第二轴（Y 轴）上的返回量及路径，增量值输入，如 RPO = −1，刀具将沿 −Y 方向移动 1mm
RPAP	第三轴（Z 轴）上的返回量及路径，增量值输入，如 RPAP = 1，刀具将沿 +Z 方向移动 1mm
POSS	循环中定位主轴停止的位置单位 "°"，如 POSS = 45，则刀具沿 X 轴逆时针转 45° 后停止

6. 镗孔 2——CYCLE87

格式：CYCLE87（RTP，RFP，SDIS，DP，DPR，DTB，SDIR）

说明：CYCLE87 指令控制刀具按编程进给速度进行镗孔，直至最终镗削深度。如果到达最终深度，可以编程一个停留时间，然后激活主轴不定位停止和进给停止功能，当按下机床 START 键后主轴方可按 G0 退回到返回平面。CYCLE87 为模态量。格式中的循环参数说明见表 3-8 和图 3.72 所示。

7. 线性排列孔加工 HOLES1

格式：HOLES1（SPCA，SPCO，STA1，FDIS，DBH，NUM）

说明：HOLES1 指令使刀具加工线性排列孔，孔的类型由已被调用的孔加工循环决定。循环执行时首先回到第一个钻孔位，并按照所确定的循环加工孔，然后依次快速回到其他孔的钻削位，按照所设定的参数进行加工循环，所有孔加工完后刀具回到初始位。HOLES1 的循环参数说明见表 3-9 和图 3.73 所示。

表 3-9　HOLES1 的循环参数说明

参　　数	含义及其数值范围
SPCA	线性孔参考点的第一轴坐标，如 G17 平面 X 轴、G18 平面 Z 轴、G19 平面 Y 轴，绝对值输入
SPCO	线性孔参考点的第二轴坐标，如 G17 平面 Y 轴、G18 平面 X 轴、G19 平面 Z 轴，绝对值输入
STA1	第一轴（如 G17 平面的 X 轴）到线性孔中心点连线的角度，逆时针为正。$-180° < STA1 \leqslant 180°$
FDIS	线性孔中第一个孔到线性孔参考点的距离，无符号输入
DBH	线性孔中任意两孔间的距离，无符号输入
NUM	孔的数量

【例 3-11】 如图 3.74 所示，用 HOLES1 循环加工 XY 平面上 5 行 5 列排列的孔，孔间距为 10mm，孔深 20mm。参考点坐标为 X = 30mm，Y = 20mm，使用 CYCLE82 循环钻削和 MCALL 模态子程序调用（当后面的程序段带轨迹运行时，则在有 MCALL 指令的程序段自动调用子程序，该调用一直有效，直到 MCALL 取消，要求单独程序段）。

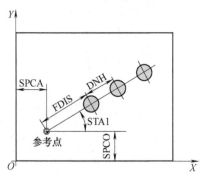

图 3.73　HOLES1 循环参数示意图

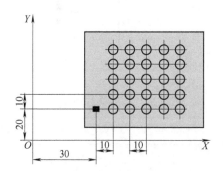

图 3.74　矩阵排列孔加工实例

N10	R10 = 0；	定义基准平面
N20	R11 = 5；	定义返回平面
N30	R12 = 2；	定义安全间隙，确定 R 点参考平面
N40	R13 = -20；	定义钻孔深度
N50	R14 = 30；	定义参考点 X 轴坐标
N60	R15 = 20；	定义参考点 Y 轴坐标
N70	R16 = 0；	定义 X 轴到线性孔中心点连线的角度
N80	R17 = 10；	定义第一孔到参考点距离
N90	R18 = 10；	定义孔间距
N100	R19 = 5；	定义每行孔数量
N110	R20 = 5；	定义孔行数
N120	R21 = 0；	行计数
N130	R22 = 10；	定义行间距
N140	G54　G17　G90　M3　S500　T2　D1；	确定工艺参数
N150	G0　X10　Y10　Z50；	回到出发点
N160	MCALL　CYCLE82 (R11, R10, R12, R13, , 1)；	模态调用钻孔循环
N170	AB1：HOLES1 (R14, R15, R16, R17, R18, R19)；	调用线性孔排列
N180	R15 = R15 + R22　R21 = R21 + 1；	确定新的参考点，行计数
N190	IF　R21 < R20　GOTO　B　AB1；	当满足条件时返回到 AB1
N200	MCALL；	取消调用钻孔循环

N210	G0 G90 X10 Y10 Z50;	回到出发点位置
N220	M30;	程序结束

8. 圆周孔排列加工 HOLES2

格式：HOLES2（CPA，CPO，RAD，STA1，INDA，NUM）

说明：HOLES2 指令使刀具加工圆周排列孔，孔的类型由已被调用的孔加工循环决定。HOLES2 的循环参数说明见表 3-10 和图 3.75 所示。

表 3-10 HOLES2 的循环参数说明

参　数	含义及其数值范围
CPA	圆周孔中心点的第一轴（如 G17 平面 X 轴）坐标，绝对值输入
CPO	圆周孔中心点的第二轴（如 G17 平面 Y 轴）坐标，绝对值输入
RAD	圆周孔的半径，无符号输入
STA1	第一坐标轴（如 G17 平面 X 轴）到第一个加工孔的角度。$-180° <$ STA1 $\leq 180°$
INDA	圆周孔中任意两孔间的夹角，无符号输入。INDA = 0，系统按均布孔自动计算夹角
NUM	孔的数量

9. 铣矩形槽 POCKET3

格式：POCKET3（RTP，RFP，SDIS，DP，LENG，WID，CRAD，PA，PO，STA，MID，FAL，FALD，FFP1，FFD，CDIR，VARI，MIDA，AP1，AP2，AD，RAD1，DP1）

说明：

1）POCKET3 指令使刀具加工矩形槽，是一个综合粗加工和精加工的铣削循环。POCKET3 的循环参数说明见表 3-11 和图 3.76 所示。

表 3-11 POCKET3 的循环参数说明

参　数	含义及其数值范围
RTP、RFP、SDIS	参数说明同 CYCLE81
DP、LENG、WID	DP 为槽深，绝对值输入。LENG 为槽长；WID 为槽宽，无符号输入
CRAD	槽拐角半径，无符号输入
PA、PO	PA、PO 为槽中心点第一、二轴（G17 平面的 X、Y 轴）坐标
STA	槽纵向轴和平面第一轴（G17 平面的 X 轴）的角度，$0° \leq$ STA $< 180°$
MID	一次最大进给深度。MID = 0 表示一次切削到槽深 DP，无符号输入
FAL、FALD	FAL 为槽边缘的精加工余量，FALD 为槽底的精加工余量，无符号输入
FFP1、FFD	FFP1 为端面铣削进给速度，FFD 表示深度铣削进给速度
CDIR	CDIR = 0 顺铣，CDIR = 1 逆铣，CDIR = 2 顺时针方向铣削，CDIR = 3 逆时针方向铣削
VARI	加工方式，见说明2)
MIDA	平面连续加工时的最大进给宽度，省略或值为 0，则默认值为铣刀直径的 0.8 倍
AP1、AP2、AD	槽中间空白量，见说明3)，无符号输入
RAD1	螺旋进给半径或者轴摆动铣削进给时的插入角
DP1	螺旋进给时每转进给深度，RAD1 值为螺旋进给半径时有效

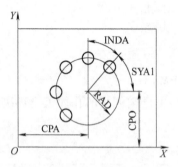

图 3.75　HOLES2 循环参数示意图

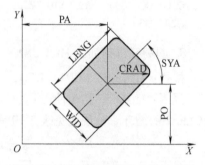

图 3.76　POCKET3 循环参数示意图

2）VARI 为刀具加工矩形槽的方式，由两位数字组成。个位数 1 为粗加工，个位数 2 为精加工。十位数 0 使用 G0 在槽中心垂直进给，十位数 1 使用 G1 在槽中心垂直进给，十位数 2 则在槽中心沿着螺旋半径 RAD1 和每转进给深度 DP1 确定的螺旋状路径进给，十位数 3 使用 G1 在槽中心以插入角 RAD1 和一次最大进给深度 MID 沿槽纵向轴摆动铣削进给。如 VARI = 11，表示刀具进行粗加工，使用 G1 在槽中心垂直进给铣削。

3）AP1、AP2、AD 为槽中间空白量，可以定义此尺寸让刀具不加工槽中间的空白量。一般用于精加工或预先铸出的槽加工。AP1 为槽中间长度空白量，AP2 为槽中间宽度空白量，AD 为距离基准平面的空白槽深，均为无符号输入的增量值。

4）精加工时先加工槽边缘再加工槽底，而且刀具切削一次。精加工边缘时，路径是沿着圆弧进给切入槽边缘，圆弧半径通常是 2mm，但如果空间较小，半径等于拐角半径和铣刀半径的差；精加工槽底时，刀具以 G0 到达槽底中央精加工余量上方的安全间隙处，并从此处垂直进给到槽底。

加工图 3.77 所示矩形槽，槽长 LENG = 60mm，槽宽 WID = 40mm，槽拐角半径 CRAD = 8mm，槽深 DP = 17.5mm，槽中心点 PA = 60mm、PO = 40mm，槽边缘的精加工余量 FAL = 0.75mm，槽底的精加工余量 FALD = 0.2mm，最大进给深度 MID = 4mm，端面铣削进给速度 FFP1 = 100mm/min，深度铣削进给速度 FFD = 40mm/min，插入角 RAD1 = 30°，平面连续加工时的最大进给宽度 MIDA = 7mm，使用 ϕ10mm 带端面齿铣刀加工。编程如下：

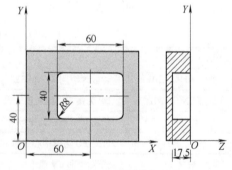

图 3.77　矩形槽加工

N20　G17　G0　X60　Y40　Z5；

N30　POCKET3 (5, 0, 2, −17.5, 60, 40, 8, 60, 40, 0, 4, 0.75, 0.2, 100, 40, 0, 31, 7, , , , , 30)；

10. 铣圆形槽 POCKET4

格式：POCKET4 (RTP, RFP, SDIS, DP, PRAD, PA, PO, MID, FAL, FALD, FFP1, FFD, CDIR, VARI, MIDA, AP1, AD, RAD1, DP1)

说明：

1）POCKET4 指令使刀具加工圆形槽，是一个综合粗加工和精加工的铣削循环。格式中 PRAD 为圆形槽半径，AP1 为圆形槽空白量的半径，其余循环参数同 POCKET3 的说明。

2）VARI 为刀具加工圆形槽的方式，由两位数字组成。个位数 1 为粗加工，个位数 2 为
精加工。十位数 0 使用 G0 在槽中心垂直进给，十
位数 1 使用 G1 在槽中心垂直进刀，十位数 2 则在
槽中心沿着螺旋半径 RAD1 和每转进给深度 DP1 确
定的螺旋状路径进刀。如 VARI＝21，表示刀具进
行粗加工，在槽中心沿着螺旋半径 RAD1 和每转进
给深度 DP1 确定的螺旋状路径进刀。

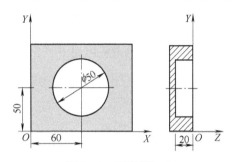

图 3.78　圆形槽加工

采用逆铣加工图 3.78 所示圆形槽，圆槽中心
点坐标（60，50），直径 φ50mm，槽深 20mm，使
用 φ10mm 带端面齿铣刀加工。编程如下：

N20　G17　G0　X60　Y50　Z5;
N30　POCKET4（5，0，2，－20，25，60，50，3，0，0，100，40，1，21，7，0，0，5，3）;

【例 3-12】 如图 3.79 所示工件，半径为
20mm 的圆上均匀分布 4 个矩形槽，相互间成
90°角。矩形槽的长度为 30mm，宽度为 15mm，
深度为 23mm。设安全距离为 1mm，铣削方
向 G2，深度一次最大进给 6mm。用 φ10mm
带端齿铣刀进行粗加工。编程如下：

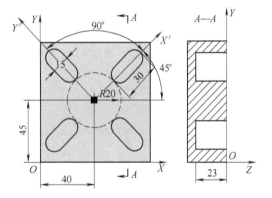

图 3.79　矩形槽工件

N10　G54　G90　T1　D1　M03　S1000;
N20　G0　X40　Y45;
N30　Z50;
N40　TRANS　X40　Y45;
N50　AROT　RPL＝45;
N60　MCALL　POCKET3（5，0，2，－23，30，15，7.5，35，0，0，6，0，0，80，40，2，31，7，，
　　　　　　　　，，10）;
N70　AROT　RPL＝90;
N80　AROT　RPL＝90;
N90　AROT　RPL＝90;
N100　MCALL;
N110　ROT;
N120　G0　Z50;
N130　M30;

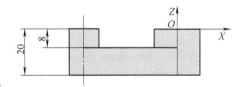

【例 3-13】 某连杆零件如图 3.80 所示，要求
对该连杆的轮廓进行精铣加工，各边加工余量均
为 1mm，试编写加工程序。

1）刀具选择。选择 φ16mm 立铣刀。

2）工艺路线安排。采用刀具半径补偿功能，
由 A 点进刀，再由 B 点退刀加工 φ40mm 的圆；由
C 点进刀，再由 D 点退刀加工 φ24mm 的圆；然后
由 A 点进刀，再由 B 点退刀加工整个轮廓。

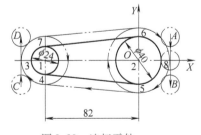

图 3.80　连杆零件

3）数值计算。连杆轮廓的基点坐标计算如下：

点1（－82，0），点2（0，0），点3（－94，0），点4（－83.165，－11.943），点5（－1.951，－19.905），点6（－1.951，19.905），点7（－83.165，11.943），点8（20，0）。

4）数控加工参考程序如下：

N10　G54　G90　T2　D2；	建立工件坐标系、刀具长度补偿
N20　G0　X20　Y25　Z3；	快速移动到 A 点
N30　S1000　M3；	起动主轴旋转
N40　G1　Z－8　F200；	刀具进给至－8mm 处
N50　G41　Y0　D2　F100；	刀具半径左补偿，切向进给至点 8
N60　G2　X20　Y0　I－20　J0；	圆弧插补铣 ϕ40mm 的圆柱
N70　G40　G1　X25　Y－20　D2；	取消刀补，切向退刀至点 B
N80　G0　Z3；	Z 向退刀至安全高度
N90　X－102　Y－20；	快速移动到 C 点
N100　G1　Z－8　F200；	刀具进给至－8mm 处
N110　G41　X－94　Y0　D2　F100；	刀具半径左补偿，切向进刀至点 3
N120　G2　X－94　Y0　I12　J0；	圆弧插补铣 ϕ24mm 的圆
N130　G40　G1　X－102　Y20　D2；	取消刀补，切向退刀至点 D
N140　G0　Z3；	Z 向退刀至安全高度
N150　G0　X20　Y25；	快速移动到 A 点
N160　G1　Z－21　F200；	刀具进给至－21mm 处
N170　G41　Y0　D2　F100；	刀具半径左补偿，切向进刀至点 8
N180　G2　X－1.951　Y－19.905　I－20　J0；	圆弧插补至点 5
N190　G1　X－83.165　Y－11.943；	直线插补至点 4
N200　G2　Y11.943　CR＝12；	圆弧插补至点 7
N210　G1　X－1.951　Y19.905；	直线插补至点 6
N220　G2　X20　Y0　CR＝20；	圆弧插补至点 8
N230　G40　G1　X25　Y－20　D2；	取消刀补，切向退刀至点 B
N240　G0　Z50　M5；	Z 向退刀至安全高度，主轴停止
N250　M30；	程序结束

3.4　加工中心加工程序的编制

加工中心（Machining Center，MC），是从数控铣床发展而来的，与数控铣床的最大区别在于增加了刀库和自动换刀装置。通过在刀库上安装不同用途的刀具，可在一次装夹中通过自动换刀装置改变主轴上的加工刀具，实现钻、铣、镗、扩、铰、攻螺纹、切槽等多种加工功能，故适合于小型板类、盘类、壳体类、模具等零件的多品种小批量加工。

图 3.81 所示为 QM-40S 型立式加工中心卸掉防护罩后的外观图，数控系统是 FANUC 18i。床身 10 顶面的横向导轨支承着滑座 9，滑座沿床身导轨的运动方向为 Y 轴方向。工作台 8 沿滑座导轨的纵向运动方向为 X 轴方向。主轴箱 5 沿立柱导轨的上下移动方向为 Z 轴方向。1 为 X 轴的伺服电动机。换刀机械手 2 位于主轴和刀库之间。盘式刀库 4 能储存 16 把刀具。数控柜 3 和驱动电源柜 7 分别位于机床立柱的左右两侧。6 是机床的编程与操作面板。

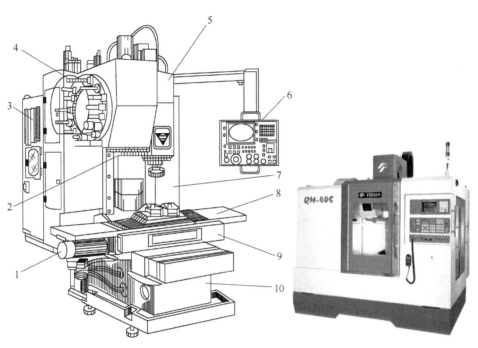

图 3.81　QM-40S 型立式加工中心卸掉防护罩后的外观图

1—伺服电动机　2—换刀机械手　3—数控柜　4—盘式刀库　5—主轴箱
6—机床的编程与操作面板　7—驱动电源柜　8—工作台　9—滑座　10—床身

3.4.1　加工中心的 G 功能指令

FANUC 18i 系统的 G 功能指令见表 3-12。

表 3-12　FANUC 18i 系统的 G 功能指令

G 代码	组别	功　　能	G 代码	组别	功　　能
G00	01	快速点定位	G20	06	寸制输入
* G01		直线插补	G21		米制输入
G02		顺时针圆弧插补	* G22	04	存储行程限位有效
G03		逆时针圆弧插补	G23		存储行程限位无效
G04	00	暂停（延时）	G27	00	返回参考点检验
G05.1		AI 先行控制	G28		自动返回参考点
G08		先行控制	G29		由参考点返回
G09		准确停止检验	G30		返回第 2、3、4 参考点
G10		可编程数据输入	G31		跳转功能
G11		可编程数据输入方式取消	G33	01	螺纹切削
G15	17	极坐标指令取消	G37	00	自动刀具长度测量
G16		极坐标指令	G39		拐角偏置圆弧插补
* G17	02	XY 平面选择	* G40	07	取消刀具半径补偿
G18		ZX 平面选择	G41		刀具半径补偿（左）
G19		YZ 平面选择	G42		刀具半径补偿（右）

（续）

G 代码	组别	功　能	G 代码	组别	功　能
G43	08	刀具长度补偿（+）	G62	15	自动拐角倍率
G44		刀具长度补偿（-）	G63		攻螺纹方式
* G49		取消刀具长度补偿	* G64		切削进给方式
G45	00	刀具位置偏移增加	G65	00	宏指令简单调用
G46		刀具位置偏移减少	G66	12	宏指令模态调用
G47		刀具位置偏移两倍增加	G67		宏指令模态调用取消
G48		刀具位置偏移两倍减少	G68	16	坐标系旋转方式建立
* G50	11	比例缩放取消	G69		坐标系旋转方式取消
G51		比例缩放有效	G73 ~ G89	09	孔加工固定循环
G50. 1	22	可编程镜像取消	* G90	03	绝对值编程
* G51. 1		可编程镜像有效	G91		增量值编程
G52	00	局部坐标系设定	G92	00	坐标系设定
G53		选择机床坐标系	G92. 1		工件坐标系预置
* G54	14	选择工件坐标系 1	* G94	05	每分钟进给
G54. 1		选择附加工件坐标系	G95		每转进给
G55 ~ G59		选择工件坐标系 2 ~ 6	* G98	10	固定循环返回到初始点
G60	00	单向定位	G99		固定循环返回到 R 点
G61	15	精确停校验方式	—	—	—

注：1. "00"组 G 代码是非模态 G 代码，其他各组代码均为模态 G 代码。

2. 同组中，有 * 标记的 G 代码是在电源接通时或按下复位键时就立即生效的 G 代码。

3. 不同组 G 代码可以在同一个程序段中被规定并有效。但当一个程序段中，指定了两个以上属于同组的 G 代码时，则仅最后一个被指定的 G 代码有效。

4. 在固定循环方式中，如果规定了 01 组中的任何 G 代码，固定循环功能就被自动取消，系统处于 G80 状态，而且 01 组 G 代码不受任何固定循环 G 代码的影响。

3.4.2　加工中心的坐标系指令

1. 工件坐标系设定指令 G92

格式：G92　X ＿　Y ＿　Z ＿；

说明：

1）G92 是确定工件坐标系坐标原点的指令，工件坐标系原点又称为程序原点。执行 G92 指令时，机床并不动作，系统根据 G92 指令中的 X、Y、Z 值从刀具起始点反向推出工件坐标系原点。

2）坐标值 X、Y、Z 均不得省略，否则对未被设定的坐标轴将按以前的记忆执行，这样刀具在运动时，可能达不到预期的位置，甚至会造成事故。

3）以图 3.82 所示为例说明建立工件坐标系的方法。在加工工件前，用手动或自动的方式使机床返回机床零点，当机床执行"G92　X-10.0　Y-10.0　Z0.0"后，就建立工件坐标系 $X_{工件}OY_{工件}$，O 为工件坐标系的原点。

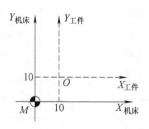

图 3.82　G92 建立工件坐标系

2. 工件坐标系指令 G54 ~ G59

格式：G54/G55/G56/G57/G58/G59；

说明：

1）若在工作台上同时加工多个零件时，可以设定不同的程序零点，如图 3.83 所示。与 G54 ~ G59 相对应的工件坐标系，分别称为第 1 ~ 第 6 工件坐标系，其中 G54 坐标系是机床一开机并返回参考点后就有效的坐标系。

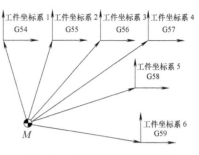

图 3.83　设定不同的程序零点

2）G54 ~ G59 不像 G92 那样需要在程序段中给出坐标值。只要操作者事先测量在机床坐标系下工件坐标系原点的位置，然后写入工件坐标偏置存储器中，编程时只写入 G54 ~ G59 就可以了。如图 3.84 所示，使用 G54 编程，并要求刀具运动到工件坐标系中 X = 100、Y = 50、Z = 200 的位置，编程为：G90　G54　G00　X100.　Y50.　Z200.　。

3）由 G54 ~ G59 设定的工件坐标系，可以通过 G92 指令来移动。若出现 6 个工件坐标系仍不够用的情况，也可以用 G10 指令来移动它们。如图 3.85 所示编程为：

N10　G54　G90　G00　X200.　Y150. ;
N20　G92　X100.　Y100. ;
N30　G54　G00　X0　Y0;

执行上述程序后，刀具不是运动到旧工件坐标系的原点 O，而是运动到 O′ 点。

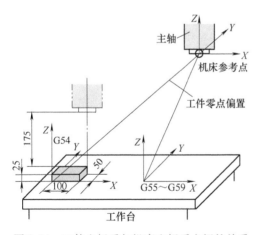

图 3.84　工件坐标系与机床坐标系之间的关系

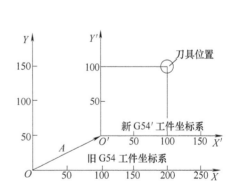

图 3.85　用 G92 移动 G54 ~ G59 工件坐标系

3. 局部坐标系指令 G52

格式：G52　X __ 　Y __ 　Z __；设定局部坐标系

　　　　G52　X0　Y0　Z0；取消局部坐标系

说明：为了方便编程，可以在工件坐标系（G54 ~ G59）中用 G52 指令设定子坐标系。子坐标系又称为局部坐标系。格式中的 X、Y、Z 为局部坐标系原点在工件坐标系中的位置。当系统执行局部坐标系后，工件将在局部坐标系中移动。G52　X0　Y0　Z0 为取消局部坐标系并返回到原工件坐标系中。

4. 坐标系旋转 G68、G69

格式：G68　X＿　Y＿　R＿；
　　　 G69；

说明：G68 指令以给定 X、Y 为旋转中心，将坐标系旋转 R 角，如果 X、Y 值省略，则以工件坐标原点为旋转中心。例如："G68　R60；"表示以工件坐标原点为旋转中心，将坐标系逆时针旋转 60°。"G68　X15.　Y15.　R60.；"表示以坐标（15，15）为旋转中心将坐标系逆时针旋转 60°。G69 为坐标系旋转取消指令，它与 G68 成对出现。

5. 绝对尺寸指令 G90 和增量尺寸指令 G91

G90 为绝对尺寸指令编程，它表示程序段中的尺寸字为绝对坐标值，即从编程零点开始的坐标值。G91 为增量尺寸指令编程，它表示程序段中的尺寸字为增量坐标值，即刀具运动的终点相对于起点坐标值的增量。

6. 极坐标指令 G16 和 G15

格式：G16　X＿　Y＿；
　　　 G15；

说明：终点的坐标值也可以用极坐标输入。格式中 G16 为极坐标指令，X 为极径，Y 为极角；G15 为取消极坐标指令。极角的正向是所选平面的第 1 坐标轴（第 1 坐标轴规定见表 3-4）沿逆时针转动的方向，而负向是沿顺时针转动的方向。极径和极角均可以用绝对值指令或增量值指令（G90、G91）指定。

7. 坐标平面指令 G17、G18、G19

坐标平面指令 G17、G18、G19 同数控铣床，见表 3-4 和图 3.48 所示。

3.4.3　基本编程指令

本系统坐标值有两种类型的表示法：计算器型和标准型。当使用计算器型小数点表示法时，无论是带小数点还是不带小数点其数值单位均为毫米、英寸或度。当使用标准型小数点表示法时，带小数点的数值单位为毫米、英寸或度；不带小数点的数值单位被认为是最小输入增量单位。使用参数可以选择计算器型或标准型小数点。在一个程序中，数值可以使用小数点指定，也可以不用小数点指定。当输入距离、时间或速度时也可以使用小数点。

1. 快速点定位 G00

格式：G00　X＿　Y＿　Z＿；
说明：

1）G00 指令使刀具以点位控制方式，从当前点以最快的速度移动到目标点，移动速度可以通过控制面板修调。X、Y、Z 为目标点坐标。G00 可简写成 G0。

2）当用绝对坐标 G90 时，X、Y、Z 为目标点在工件坐标系中的坐标；当用增量坐标 G91 时，X、Y、Z 为目标点相对于起始点的增量值，不运动的坐标可以不写。

3）当刀具远离工作台时，Z 轴先运动，然后 X、Y 轴运动；当刀具接近工作台时，X、Y 轴先运动，然后 Z 轴运动。

2. 直线插补 G01

格式：G01　X ＿＿　Y ＿＿　Z ＿＿　F ＿＿；

说明：G01 指令使刀具以直线插补方式、F 设定的进给速度从当前点移动到目标点。X、Y、Z 为目标点坐标，可用绝对值也可用增量值写入。F 为刀具进给速度（mm/min）。

3. 圆弧插补 G02、G03

在 *XY* 平面上的圆弧插补格式：

$$G17 \begin{Bmatrix} G02 \\ \end{Bmatrix} X\_\_\_ \ Y\_\_\_ \begin{Bmatrix} I\_\_ & J\_\_ \\ R\_\_ \end{Bmatrix} F\_\_;$$

在 *ZX* 平面上的圆弧插补格式：

$$G18 \begin{Bmatrix} G02 \\ G03 \end{Bmatrix} X\_\_\_ \ Z\_\_\_ \begin{Bmatrix} I\_\_ & K\_\_ \\ R\_\_ \end{Bmatrix} F\_\_;$$

在 *YZ* 平面上的圆弧插补格式：

$$G19 \begin{Bmatrix} G02 \\ G03 \end{Bmatrix} Y\_\_\_ \ Z\_\_\_ \begin{Bmatrix} J\_\_ & K\_\_ \\ R\_\_ \end{Bmatrix} F\_\_;$$

说明：

1）G02 为指定平面的顺圆插补，G03 为指定平面的逆圆插补。X、Y、Z 为圆弧终点坐标值，可以用绝对值，也可以用增量值，由 G90 和 G91 决定。在 G91 下圆弧终点坐标是相对于圆弧起点的增量值。I、J、K 表示圆弧圆心相对于圆弧起点在 *X*、*Y*、*Z* 轴方向上的增量值，与前面定义的 G90 或 G91 无关，I、J、K 为零时可以省略。F 为切削进给速度。

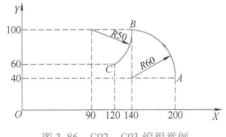

图 3.86　G02、G03 编程举例

下面以图 3.86 所示为例，说明 G02、G03 的编程方法，设刀具从 *A* 点开始沿 *A*、*B*、*C* 切削。

用绝对值尺寸指令编程：

N10　G90　G03　X140.　Y100.　I - 60.　J0.　F100；或 G90　G03　X140.　Y100.　R60.　F100；
N20　G02　X120.　Y60.　I - 50.　J0.；或 G02　X120.　Y60.　R50.；

用增量尺寸指令编程：

N10　G91　G03　X - 60.　Y60.　I - 60.　J0.　F100；或 G91　G03　X - 60.　Y60.　R60.　F100；
N20　G02　X - 20.　Y - 40.　I - 50.　J0.；或 G02　X - 20.　Y - 40.　R50.；

2）整圆编程时不可以使用 R，只能使用 I、J、K。图 3.87 所示为一整圆，刀具从 *O* 点快速移到 *A* 点，然后按逆时针方向加工整圆。

用绝对尺寸编程：　　　　　　　　　　用增量尺寸编程：

N10　G90　G00　X30.　Y0；　　　　　N10　G91　G00　X30.　Y0；
N20　G03　I - 30.　J0　F100；　　　　N20　G03　I - 30.　J0　F100；

3）在用 R 的圆弧插补中，同一圆弧半径 *R* 的圆弧可能有两个，如图 3.88 所示，圆弧段 1 和圆弧段 2。为了区别两者，特规定圆心角 *α* ≤ 180° 的圆弧（圆弧段 1）用 + R 编程；圆心角 *α* > 180° 的圆弧（圆弧段 2）用 - R 编程。如图 3.88 所示，圆弧段 1 和圆弧段 2 编程为：

圆弧段1：G90　G02　X40.　Y−30.　R50.　F100；或　G91　G02　X80.　Y0.　R50.　F100；

圆弧段2：G90　G02　X40.　Y−30.　R−50.　F100；或 G91　G02　X80.　Y0.　R−50.　F100；

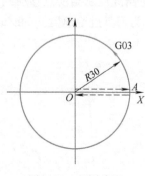

图3.87　整圆编程

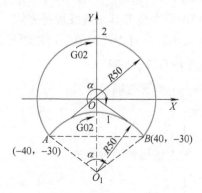

图3.88　圆弧用R编程

4. 暂停指令 G04

格式：G04　X＿；或 G04　P＿；

说明：G04指令使刀具作短暂的无进给光整加工，一般用于镗平面、锪孔等场合，X或P为暂停时间，其中X后面可用带小数点的数，单位为秒（s），如 G04　X5. 表示刀具进给暂停5s以后，才执行下一段程序。P后面不允许用小数点，单位为毫秒（ms）。如 G04　P1000 表示暂停1000ms，即1s。G04指令要求单独一个程序段。

5. 返回参考点校验指令 G27

格式：G27　X＿　Y＿　Z＿；

说明：

1）G27指令用来检验刀具是否准确定位到参考点上，X、Y、Z分别为参考点在工件坐标系中的坐标值。执行该指令后，如果刀具准确定位到参考点上，则相应轴的参考点指示灯亮。

2）若不要求每次执行该程序时，应在该指令前加上"/"跳过该程序段。

3）在未取消刀补时使用该指令，刀具到达的位置将是加上补偿量的位置，此时刀具将不能准确到达参考点，指示灯也不亮，因此执行该指令前，应先取消刀补。

6. 自动返回参考点指令 G28

格式：G28　X＿　Y＿　Z＿；

说明：

1）G28指令使刀具以点位方式经中间点快速返回到参考点，中间点的位置由该指令后面的X、Y、Z坐标值决定，其坐标值可以用绝对值也可以用增量值。设置中间点是为防止刀具返回参考点时与工件或夹具发生干涉。

2）同G27一样，在编程该指令前，应先取消刀具半径补偿和刀具长度补偿。

7. 返回第2、3、4参考点指令 G30

格式：G30　P2　X＿　Y＿　Z＿；返回第2参考点（P2可以省略）

　　　　G30　P3　X＿　Y＿　Z＿；返回第3参考点

　　　　G30　P4　X＿　Y＿　Z＿；返回第4参考点

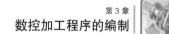
说明：在没有绝对位置检测器的系统中，只有在执行过自动返回参考点（G28）或手动返回参考点之后，方可使用返回第 2、3、4 参考点功能。通常，当刀具自动交换（ATC）位置与第 1 参考点不同时，使用 G30 指令。格式中的 X、Y、Z 为指定中间点的位置（绝对值/增量值指令）。

3.4.4 刀具补偿指令

1. 刀具长度补偿 G43、G44、G49

格式：G43 Z __ H __;

　　　G44 Z __ H __;

　　　G49 Z __;

说明：

1）刀具长度补偿指令一般用于刀具轴向（Z 向）的补偿，它使刀具在 Z 方向上的实际位移量比程序给定值增加或减少一个偏置量。G43 为刀具长度正补偿"＋"。G44 为刀具长度负补偿"－"。Z 为目标点坐标。H 为刀具长度补偿代号，补偿量存入由 H 代码指定的存储器中。若指令 G00 G43 Z100. H01，并在 H01 中存入"－200."，则执行该指令时，将用 Z 坐标值 100. 与 H01 中所存"－200."进行"＋"运算，即 100. ＋（－200.）＝ －100.，并将所求结果作为 Z 轴实际移动值。G49 用来取消刀具长度补偿，其功能与"G43/G44 Z __ H00"等效。

2）当刀具在长度方向的尺寸发生变化时，可以在不改变程序的情况下，通过改变偏置量，加工出所要求的零件尺寸。以图 3.89 所示钻孔为例，图 3.89a 表示钻头开始运动位置，图 3.89b 表示钻头正常工作进给的起始位置和钻孔深度，这些参数都在程序中加以规定，图 3.89c 表示钻头经刃磨后长度方向上尺寸减小（1.2mm），如按原程序运行，钻头工作进给的起始位置将成为图 3.89c 所示位置，而钻进深度也随之减小（1.2mm）。要改变这一状况，一方面可通过改变程序，另一方面可用长度补偿的方法。图 3.89d 表示使用长度补偿后，钻头工作进给的起始位置和钻孔深度。在程序运行中，让刀具实际的位移量比程序给定值多运行一个偏置量（1.2mm），而不用修改程序即可以加工出程序中规定的孔深。

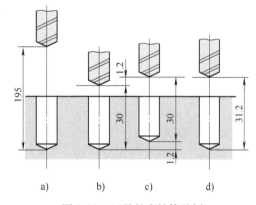

图 3.89　刀具长度补偿示例

【例 3-14】图 3.90 所示为用 G43 编程的实例，图中 A 为程序起点，加工路线为①→②→…→⑨。由于某种原因，刀具实际起始位置为 B 点，与编程的起点偏离了 3mm，现按相对坐标编程，偏置量 3mm 存入地址为 H01 的存储器中。程序如下：

O00001；程序名，命名规则同 FANUC － 0T 系统

N010 G91 G00 X70. Y45. S800 M03；

N020 G43 Z－22. H01；

N030 G01 Z－18. F100 M08；

N040　G04　X5. ;
N050　G00　Z18. ;
N060　X30. 　Y－20. ;
N070　G01　Z－33. 　F100;
N080　G00　G49　Z55. 　M09;
N090　X－100. 　Y－25. ;
N100　M30;

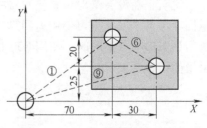

2. 刀具半径补偿 G41、G42、G40

格式:

$$\text{G00（或 G01）} \begin{Bmatrix} \text{G41} \\ \text{G42} \end{Bmatrix} \text{D} \_\_ \text{ X} \_\_ \text{ Y} \_\_ \text{ （F} \_\_\text{）;}$$

说明: G00（或 G01）G40　X　Y　（F　）;

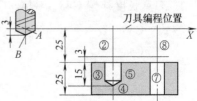

1) G41 为刀具半径左补
偿, G42 为刀具半径右补
偿, G40 为取消刀具半径补偿, 如图 3.63 所示。由于
刀具半径补偿的建立和取消必须在运动的程序段中完成,
因此格式中写入了 G00（或 G01）。D 为刀具半径补偿代
号, 刀具半径值预先寄存在 D 指令的存储器中。X、Y 为
目标点坐标。F 为进给速度（G00 编程时 F 省略）。

图 3.90　G43 编程实例

2) 刀具半径补偿的过程分三步, 即刀补的建立、刀
补执行和刀补取消。如图 3.91 所示, OB 为建立刀补段,
OC 段为取消刀补段, B→C 段为刀补的进行。

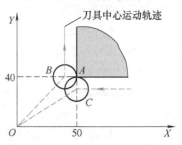

图 3.91　刀具半径补偿的过程

【例3-15】如图 3.92 所示, 用 φ10mm 立铣刀铣削该零件的轮廓, 零件的编程原点为 O,
加工路线为①→②→…→⑭。刀具半径补偿代号 D01。程序如下:

O0001;
N010　G17　G80　G54;
N020　G90　G00　X－60.0　Y－60.0　S800;
N030　G43　Z10.0　H01　M03;
N040　Z－24.0　M08;
N050　G41　G01　Y－30.0　D01　F100;
N060　Y0;
N070　G02　X－30.0　Y30.0　R30.0;
N080　G01　X30.0　Y30.0;
N090　G02　X30.0　Y－30.0　R30.0;
N100　G01　X－30.0　Y－30.0;
N110　G02　X－60.0　Y0　R30.0;
N120　G01　X－60.0　Y30.0;
N130　G40　G00　X－60.0　Y60.0　M09;
N140　Z20.0;
N150　X0　Y0;
N160　M30;

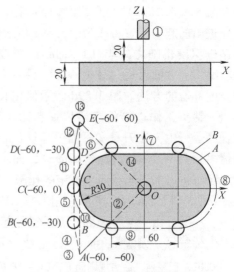

图 3.92　刀具半径补偿应用案例

3）刀具补偿功能给数控加工带来了方便，简化了编程工作。编程人员不但可以直接按零件轮廓编程，而且还可以用同一个加工程序，对零件轮廓进行粗、精加工，如图 3.93 所示，当按零件轮廓编程以后，在粗加工零件时可以把偏置量设为 D，$D = R + \Delta$，其中 R 为铣刀半径，Δ 为精加工前的加工余量，那么零件被加工完成以后将得到一个比零件轮廓 $ABC\text{-}DEF$ 各边都大 Δ 的零件 $A'B'C'D'E'F'$。在精加工零件时，设偏置量 $D = R$，这样零件被加工完后，将得到零件的实际轮廓。

此外，可以使用刀具补偿功能，利用同一个程序，加工同一个公称尺寸的内、外两个型面。如图 3.94a 所示，粗实线为零件的轮廓线，在编程时，设当偏置量为 $+D$ 时，刀具中心将沿轨迹 A 在轮廓外侧切削，那么当偏置量为 $-D$ 时，刀具中心将沿轨迹 B 在工件轮廓内侧切削。这就相当于图 3.94b 所示的模具，即按轨迹 A 加工模具的凸模，按轨迹 B 加工模具的凹模。

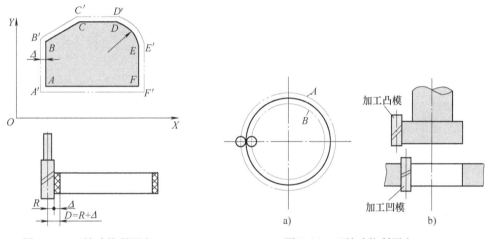

图 3.93　刀补功能利用之一　　　　　图 3.94　刀补功能利用之二

3.4.5　固定循环功能指令

加工中心配备的固定循环功能，主要用于孔加工，包括钻孔、镗孔、攻螺纹等。使用一个程序段就可以完成一个孔加工的全部动作。继续加工孔时，如果孔加工的动作无需变更，则程序中所有模态的数据可以不写，因此可以大大简化程序。固定循环功能指令见表 3-13。

表 3-13　固定循环功能指令

G 代码	孔加工动作（-Z 方向）	在孔底的动作	刀具返回方式（+Z 方向）	用　途
G73	间歇进给	—	快速	高速深孔往复排屑钻
G74	切削进给	暂停 - 主轴正转	切削进给	攻左旋螺纹
G76	切削进给	主轴定向停止 - 刀具移位	快速	精镗孔
G80	—	—	—	取消固定循环
G81	切削进给	—	快速	钻孔
G82	切削进给	暂停	快速	锪孔、镗阶梯孔
G83	间歇进给	—	快速	深孔往复排屑钻
G84	切削进给	暂停 - 主轴反转	切削进给	攻右旋螺纹
G85	切削进给	—	切削进给	精镗孔

（续）

G 代码	孔加工动作（ – Z 方向）	在孔底的动作	刀具返回方式（ + Z 方向）	用　途
G86	切削进给	主轴停止	快速	镗孔
G87	切削进给	主轴停止	快速返回	反镗孔
G88	切削进给	暂停 – 主轴停止	手动操作	镗孔
G89	切削进给	暂停	切削进给	精镗阶梯孔

1. 固定循环功能指令的动作

孔加工固定循环通常由以下 6 个动作组成。

动作 1——X 轴和 Y 轴定位。使刀具快速定位到孔加工的位置。

动作 2——快进到 R 点。刀具自起始点快速进给到 R 点。

动作 3——孔加工。以切削进给的方式执行孔加工的动作。

动作 4——在孔底的动作。包括暂停、主轴准停、刀具移位等动作。

动作 5——返回到 R 点。继续孔的加工而又可以安全移动刀具时选择 R 点。

动作 6——快速返回到起始平面。

图 3.95 所示为固定循环功能指令的动作，图中用虚线表示的是快速进给，用实线表示的是切削进给。

1）初始平面（又称返回平面）。初始平面到零件表面的距离可以任意设定在一个较高的安全高度上，当使用同一把刀具加工若干孔时，只有孔间存在障碍需要跳跃或全部孔加工完成时，才使用 G98 指令使刀具返回到初始平面上。

2）R 点平面（参考平面）。这个平面是刀具下刀时自快速进给转为切削进给的平面，距工件上表面一安全距离（又称刀具切入距离），该平面主要考虑工件表面情况，一般取 2 ~ 5mm。使用 G99 编程时刀具将返回到该平面上的 R 点。

3）基准平面。工件基准平面是确定其他参数的面，一般设为工件的上表面。

4）数据形式。固定循环指令中 R 与 Z 的数据指定与 G90 或 G91 的方式选择有关，图 3.96 所示为 G90 或 G91 的坐标计算方法。选择 G90 方式（图 3.96a）时 R 与 Z 一律取其终点坐标值，选择 G91 方式（图 3.96b）时则 R 是指自起始点到 R 点的距离，Z 是指 R 点到孔底 Z 点的距离。

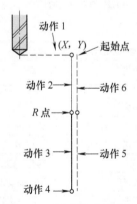

图 3.95　固定循环的动作

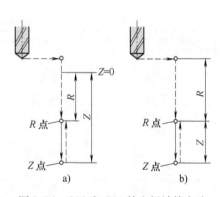

图 3.96　G90 和 G91 的坐标计算方法

2. 钻孔循环 G81

格式：G81　G ___　X ___　Y ___　Z ___　R ___　F ___；

说明：

1）G81 指令一般用于加工孔深小于 5 倍直径的孔。X、Y 为孔的位置，Z 为孔的深度，F 为进给速度（mm/min），R 为参考平面的高度。G 可以是 G98 或 G99，G98 和 G99 指令控制孔加工循环结束后刀具是返回初始平面还是参考平面，G98 返回初始平面（默认值），G99 返回参考平面。

2）编程时可以用绝对坐标 G90 或相对坐标 G91 编程，建议采用绝对坐标编程。

3）其动作过程为：钻头快速定位到孔加工循环起始点（X，Y），然后钻头沿 Z 方向快速运动到参考平面 R，进行钻孔加工，进给结束后钻头快速退回到参考平面 R 或快速退回到初始平面。

3. 锪孔循环 G82

格式：G82　G ___　X ___　Y ___　Z ___　R ___　P ___　F ___；

说明：该指令使刀具在孔底做进给暂停动作，即当锪刀加工到孔底位置时，刀具不做进给运动，并保持旋转状态，使孔底更光滑。G82 一般用于扩孔和沉头孔加工。格式中 P 为锪刀在孔底的暂停时间，单位为 ms（毫秒），其余各参数同 G81。

4. 高速深孔钻循环 G73

格式：G73　G ___　X ___　Y ___　Z ___　R ___　Q ___　F ___；

说明：

1）G73 指令加工孔深大于 5 倍直径孔。由于是深孔加工，不利于排屑，故采用间歇进给（分多次进给），每次进给深度为 Q，最后一次进给深度 ≤Q，退刀量为 d（由系统参数设定），直到孔底为止，如图 3.97a 所示。格式中 Q 指每次进给深度，其余各参数的意义同 G81。

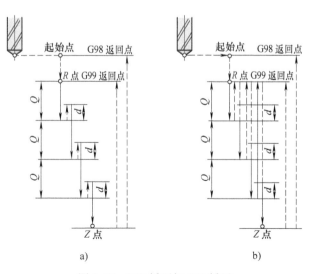

图 3.97　G73 循环与 G83 循环

2）其动作过程为：钻头快速定位到孔加工循环起始点（X，Y），然后钻头沿 Z 方向快

速运动到参考平面 R 进行钻孔加工，进给深度为 Q；退刀，退刀量为 d。重复以上步骤，直至要求的加工深度；最后钻头快速退回到参考平面 R 或快速退回到初始平面。

5. 深孔往复排屑钻 G83

格式：G83　G＿　X＿　Y＿　Z＿　R＿　Q＿　F＿；

说明：G83 指令孔加工的动作如图 3.97b 所示，与 G73 略有不同的是，每次刀具间歇进给后回退至 R 点平面。此处的 "d" 表示刀具间断进给每次下降时由快速转为工进的那一点至前一次切削进给下降的点之间的距离，该距离由系统参数来设定。当要加工的孔较深时可采用此方式。其余参数同 G73。

6. 右螺旋攻螺纹循环 G84

格式：G84　G＿　X＿　Y＿　Z＿　R＿　F＿；

说明：

1）攻螺纹过程要求主轴转速 S 与进给速度 F 成严格的比例关系，因此，编程时要求根据主轴转速计算进给速度，进给速度 F = 主轴转速 × 螺纹螺距，且需用刚性攻牙 M29　S＿。其余各参数的意义同 G81。

2）使用 G84 攻螺纹进给时主轴正转，退出时主轴反转。与钻孔加工不同的是，攻螺纹结束后的返回过程不是快速运动，而是以进给速度反转退出。该指令执行前，甚至可以不起动主轴，当执行该指令时，数控系统将自动起动主轴正转。

3）其动作过程为：主轴正转，丝锥快速定位到螺纹加工循环起始点（X，Y），然后丝锥沿 Z 方向快速运动到参考平面 R 进行攻螺纹加工，最后主轴反转，丝锥以进给速度反转退回到参考平面，若用 G98 指令时，丝锥快速退回到初始平面。

7. 左螺旋攻螺纹循环 G74

格式：G74　G＿　X＿　Y＿　Z＿　R＿　F＿；

说明：G74 与 G84 的区别是，进给时主轴反转，退出时正转。参数的意义同 G84。

8. 镗孔加工循环 G85

格式：G85　G＿　X＿　Y＿　Z＿　R＿　F＿；

说明：G85 各参数的意义同 G81。G85 指令主要适用于精镗孔等情况。其动作过程为：镗刀快速定位到镗孔循环起始点（X，Y），然后镗刀沿 Z 方向快速运动到参考平面 R 进行镗孔加工，最后镗刀以进给速度退回到参考平面 R 或初始平面。

9. 镗孔加工循环 G86

格式：G86　G＿　X＿　Y＿　Z＿　R＿　F＿；

说明：G86 与 G85 的区别是，在到达孔底位置后，主轴停止，并快速退出。各参数的意义同 G85。其动作过程为：镗刀快速定位到镗孔加工循环起始点（X，Y），然后镗刀沿 Z 方向快速运动到参考平面 R 进行镗孔加工，最后主轴停，镗刀快速退回到参考平面 R 或初始平面。

10. 精镗阶梯孔加工循环 G89

格式：G89　G＿　X＿　Y＿　Z＿　R＿　P＿　F＿；

说明：G89 与 G85 的区别是，在到达孔底位置后，进给暂停。P 为暂停时间（ms），其

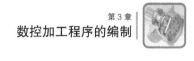

余参数的意义同 G85。其动作过程为：镗刀快速定位到镗孔加工循环起始点（X，Y）；然后镗刀沿 Z 方向快速运动到参考平面 R 进行镗孔加工，进给暂停，最后镗刀以进给速度退回到参考平面 R 或初始平面。

11. 精镗循环 G76

格式：G76　G ＿＿　X ＿＿　Y ＿＿　Z ＿＿　R ＿＿　P ＿＿　Q ＿＿　F ＿＿;

说明：G76 在孔底有三个动作——进给暂停、主轴准停（定向停止）、刀具沿刀尖的反向偏移 Q 值，然后快速退出。这样保证刀具不划伤孔的表面。P 为暂停时间（ms），Q 为偏移值，其余参数的意义同 G85。如图 3.98 所示，其动作过程为：镗刀快速定位到镗孔加工循环起始点（X，Y），然后镗刀沿 Z 方向快速运动到参考平面 R 镗孔加工，进给暂停、主轴准停、刀具沿刀尖的反向偏移 Q，最后镗刀快速退出到参考平面 R 或初始平面。

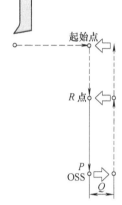

图 3.98　G76 循环

12. 反镗孔循环 G87

格式：G87　G ＿＿　X ＿＿　Y ＿＿　Z ＿＿　R ＿＿　Q ＿＿　F ＿＿;

说明：各参数的意义同 G76。如图 3.99 所示，其动作过程为：镗刀快速定位到镗孔加工循环起始点（X，Y），然后主轴准停（OSS）、刀具沿刀尖的反向偏移 Q，快速运动到孔底位置，刀尖正方向偏移 Q 到加工位置，主轴正转，刀具向上进给到参考平面 R（Z 点），主轴准停、刀具沿刀尖的反向偏移 Q 值，最后镗刀快速退出到初始平面，沿刀尖正方向偏移。

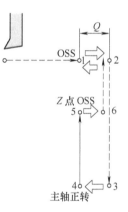

图 3.99　G87 循环

13. 主轴停镗孔 G88

格式：G88　G ＿＿　X ＿＿　Y ＿＿　Z ＿＿　R ＿＿　P ＿＿　F ＿＿;

说明：G88 指令使刀具到达孔底后延时，主轴停止且系统进入进给保持状态，在此情况下可以执行手动操作，但为了安全起见应当先把刀具从孔中退出，为了再启动加工，手动操作后应再转换到存储器方式，按循环启动按钮，刀具快速返回到 R 点（G99）或初始点（G98），然后主轴正转。其余参数的意义同 G85。

14. 取消孔加工循环 G80

格式：G80;

说明：G80 为取消孔加工循环指令，它与其他孔加工循环指令成对使用。

3.4.6　辅助功能指令

辅助功能（M 功能）指令在一个程序段中最好只规定一个，当在一个程序段中出现了两个或以上的 M 指令时，则只有最后一个 M 代码有效。各系统的 M 功能指令含义大致相同。FANUC 18i 系统 M 功能指令及其含义见表 3-14。

表 3-14 中 M 功能指令的格式同数控车床，本节不作详细介绍，下面仅介绍 M06、M98、M99。

表 3-14　FANUC 18i 系统 M 功能指令及其含义

M 指令	功　能	简　要　说　明	备注
M00	程序停止	程序停止时，所有模态指令不变，按循环启动（CYCLE START）按钮可以再启动	D
M01	选择停止	功能与 M00 相似，不同之处就在于程序是否停止取决于机床操作面板上的选择停止（OPTIONAL STOP）开关所处的状态，"ON"程序停止；"OFF"程序继续执行	D
M02	程序结束	程序结束后不返回到程序开头的位置	D
M03	主轴正转	从主轴前端向主轴尾端看时为逆时针	
M04	主轴反转	从主轴前端向主轴尾端看时为顺时针	
M05	主轴停止	执行该指令后，主轴停止转动	D
M06	自动换刀	主轴刀具与刀库上位于换刀位置的刀具交换，该指令中同时包含了 M19 指令，执行时先完成主轴准停的动作，然后才执行换刀动作	
M08	切削液开	执行该指令时，应先使切削液开关位于 AUTO 的位置	
M09	切削液关		D
M13	M3 + M8	主轴正转的同时切削液打开	
M14	M4 + M8	主轴反转的同时切削液打开	
M18	主轴解除	用于解除因 M19 引起的主轴准停状态	
M19	主轴准停	主轴停止时被定位在一个确定的角度，以便于换刀	
M25	第四轴加紧	在加工中第四轴不需要旋转时，将其加紧	
M26	第四轴放松	在第四轴旋转前使之放松	
M29	刚性攻牙		
M30	程序结束	程序结束后自动返回到程序开头的位置	D
M70	刀具资料初始化	用于产生严重乱刀时，使刀具表重新排列	
M95	换刀故障排除	用于卡刀故障排除	
M98	子程序调用	程序段中用 P 表示子程序地址及调用次数	
M99	子程序返回		

注："D"表示该指令在同一个程序段中其他指令执行以后或进给结束以后才开始执行。

1. 自动换刀指令 M06

M06 指令用于主轴上的刀具与刀库上位于换刀位置的刀具进行交换。加工中心都有固定的换刀点，主轴只有移动到换刀位置，机械手才会执行换刀动作。该指令中同时包含了主轴准停 M19 指令，执行时先完成主轴准停的动作，然后才执行换刀动作。QM-40S 型立式加工中心的刀库容量为 24 把刀，换刀点在第 2 参考点处。

换刀程序如下：

N20　G91　G30　X0　Y0　Z0；　　　机床返回第 2 参考点
N30　T01；　　　　　　　　　　T 为寻刀指令，T01 表示把刀库中的 1 号刀旋转到待换刀位
N40　M06；　　　　　　　　　　执行换刀，把主轴上的刀和刀库中待换刀位的刀交换

2. 子程序调用 M98、子程序返回 M99

FANUC 18i 系统子程序的格式、用法和 FANUC 0T 系统完全一样，下面仅作简要说明。

调用子程序格式：M98　P　×××　××××；

　　　　　　　　　　　　　　　　　子程序名
　　　　　　　　　　　　　　　调用子程序次数

子程序返回格式：M99；

说明：

1）如果在子程序的返回指令程序段中加入 Pn（即格式变成 M99 Pn，n 为主程序中的顺序号），则子程序在返回时将返回到主程序中顺序号为 n 的那个程序段，但这种情况只用于存储器工作方式而不能用于纸带方式。

2）如果在主程序中执行 M99，则程序将返回到程序开头的位置并继续执行程序，为了让程序能够停止或继续执行后面的程序，这种情况下通常是写成"/M99；"，以便在不需要重复执行时，跳过这程序段。也可以在主程序（或子程序）中插入"/M99 Pn；"，其执行过程如前述。还可以在使用 M99 的程序段前写入/M02 或/M03 以结束程序的调用。

【例 3-16】如图 3.100 所示，用 ϕ8mm 键槽铣刀加工，使用半径补偿，每次 Z 轴下刀 2.5mm，试利用子程序编写加工程序。

程序如下：

O100；（主程序）
N010　G40　G80；
N020　G90　G54　X－4.5　Y－10.　S800；
N030　G43　Z10.　H01　M13；
N040　Z0；
N050　M98　P41100；
N060　G90　G00　Z20.　M05；
N070　X0　Y0　M09；
N080　M30；

O1100；（子程序）
N010　G91　G00　Z－2.5；
N020　M98　P41200；
N030　G00　X－76.　M99；

O1200；（子程序）
N010　G91　G00　X19.0；
N020　G41　D21　X4.5；
N030　G01　Y75.　F100；
N040　X－9.；
N050　Y－75.；
N060　G40　G00　X4.5　M99；

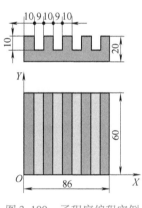

图 3.100　子程序编程实例

3.4.7　用户宏程序

如上所述，采用子程序对相同重复要素编程可以简化程序，提高工作效率。用户宏程序由于允许使用变量、算术和逻辑运算及条件转移和循环等，使得编制同样的加工程序更简便、更灵活，而且还可以完成子程序无法实现的一些特殊功能，例如，型腔加工宏程序、固定加工循环宏程序、球面加工宏程序、锥面加工宏程序等。宏指令既可以在主程序体中使用，也可以当作子程序来调用，也可以利用宏程序功能进行二次开发，如开发固定循环。

用户宏程序有 A、B 两种，B 类宏程序直观通俗，应用较为方便。下面介绍 B 类宏程序的使用方法。

1. 变量

普通加工程序直接用数值指定 G 代码和移动距离，而使用用户宏程序时，数值可以直接指定，也可以用变量指定。当用变量时，变量值可用程序或用 MDI 面板操作改变。

（1）变量的表示　变量用变量符号（#）和后面的变量号指定。FANUC 系统的变量表示形式为变量符号#后跟 1~4 位数字。例如：#1。表达式可以用于指定的变量号，此时，表达式必须封闭在括号中。例如：# [#1 + #2 - 12]。

（2）变量的类型　变量根据变量号可以分成四种类型。变量的类型见表 3-15。

表 3-15　变量的类型

变 量 号	变量类型	功 　能
#0	空变量	空变量，该变量总是空，没有任何值能赋给该变量
#1 ~ #33	局部变量	局部变量只能用在宏程序中存储数据，例如，运算结果。当断电时，局部变量被初始化为空。调用宏程序时，自变量对局部变量赋值
#100 ~ #199 #500 ~ #999	公共变量	公共变量在不同的宏程序中的意义相同。当断电时，变量#100 ~ #199 初始化为空。变量#500 ~ #999 的数据保存，即使断电也不丢失
#1000 ~	系统变量	系统变量用于读和写 CNC 的各种数据，例如，刀具的当前位置和补偿值

（3）变量值的范围　局部变量和公共变量可以为 0 值或 $-10^{47} ~ -10^{-29}$ 值或 $10^{-29} ~ 10^{47}$ 值。如果计算结果超出有效范围，则发出 P/S 报警 No. 111。

（4）变量的引用　在地址后指定变量号可引用其变量值。当用表达式指定变量时，要把表达式放在括号中。例如：G01　X [#1 + #2] F#3。

被引用变量的值根据地址的最小设定单位自动地舍入。例如：当系统的最小输入增量为 1/1000mm 单位，指令 G00　X#1，并将 12.3456 赋值给变量#1，实际指令值为 G00　X12.346。

改变引用变量值的符号，要把负号（-）放在#的前面。例如：G00　X - #1。

当引用未定义的变量时，变量及地址字都被忽略。例如：当变量#1 的值是 0，并且变量#2 的值是空时，G00　X#1　Y#2 的执行结果为 G00　X0。

当在程序中定义变量值时，小数点可以省略。例如：当定义#1 = 123，变量#1 的实际值是 123.000。

注意：程序号、顺序号和任选程序段跳转号不能使用变量。

（5）未定义的变量　当变量值未定义时，这样的变量成为"空"变量。变量#0 总是空变量。它不能写，只能读。变量值为零不完全等于"空"变量。空变量的应用见表 3-16。

表 3-16　空变量的应用

空变量的引用		空变量的运算		空变量的条件表达式	
#1 = <空>	#1 = 0	#1 = <空>	#1 = 0	#1 = <空>	#1 = 0
G00　X#1Y#2	G00　X#1Y#2	#2 = #1→#2 = <空>	#2 = #1→#2 = 0	#1 EQ#0 成立	#1 EQ#0 不成立
↓	↓	#2 = #1 * 5→#2 = 0	#2 = #1 - 5→#2 = 0	#1 NE#0 成立	#1 NE#0 不成立

（续）

空变量的引用		空变量的运算		空变量的条件表达式	
G00　Y0	G00　X0　Y0	#2 = #1 + #1→#2 = 0	#2 = #1 + #1→#2 = 0	#1 GE#0 成立	#1 GT#0 不成立
—	—	—	—	#1 GT#0 不成立	#1 GT#0 不成立

2. 变量的运算

用户宏程序的变量可以进行算术和逻辑运算，见表3-17。运算符右边的表达式可包含常量和由函数或运算符组成的变量，表达式中的变量#j 和#k 可以用常数赋值。运算的优先顺序依次排列为 [　]、函数、乘除（ * 、/、AND、MOD）、加减（ + 、 − 、OR、XOR）。

表 3-17　变量的算术和逻辑运算

功　能	格　式	功　能	格　式	说　明
定义	#i = #j	BCD 转为 BIN BIN 转为 BCD	#i = BIN [#j] #i = BCD [#j]	用于与 PMC 的信号交换
加法 减法 乘法 除法	#i = #j + #k #i = #j − #k #i = #j * #k #i = #j/#k	或 异或 与	#i = #j OR #k #i = #j XOR #k #i = #j AND #k	逻辑运算一位一位的按二进制数执行
平方根 绝对值 舍入 上取整 下取整 自然对数 指数函数	#i = SQRT [#j] #i = ABS [#j] #i = ROUND [#j] #i = FIX [#j] #i = FUP [#j] #i = LN [#j] #i = EXP [#j]	正弦 反正弦 余弦 反余弦 正切 反正切	#i = SIN [#j] #i = ASIN [#j] #i = COS [#j] #i = ACOS [#j] #i = TAN [#j] #i = ATAN [#j]	角度以度指定，如 90°30′表示为 90.5°

3. 控制指令

在程序中可以使用控制语句控制程序的流向。控制语句有转移和循环两大类。

（1）控制语句的转移

1）无条件转移语句（GOTO 语句）。

格式：GOTO　n；

说明：该语句控制转移到 n 指定的程序段。格式中 n 为顺序号（1 ~ 99999），当指定 1 ~ 99999 以外的顺序号时报警。n 也可以用表达式指定。如 GOTO　10、GOTO　#10。

2）条件转移语句（IF 语句）。

格式1：IF [条件表达式] GOTO　n；

说明：当指定的条件表达式满足时，转移到标有顺序号 n 的程序段，如果指定的条件表达式不满足时，执行下个程序段。

格式2：IF [条件表达式] THEN；

说明：当指定的条件表达式满足时，执行预先决定的宏程序语句。只执行一个宏语句。例如，IF [#1 EQ #2] THEN #3 = 0（如果#1 和#2 的值相同，0 赋给#3）。

以上两个语句的条件表达式必须包括运算符。运算符插在两个变量中间或变量和常数中间，并且用括号 ［］ 封闭。运算符由两个字母组成，用于两个值的比较。条件表达式使用的运算符见表 3-18。

表 3-18　条件表达式使用的运算符

运　算　符	含　　义	运　算　符	含　　义	运　算　符	含　　义
EQ	等于	GT	大于	LT	小于
NE	不等于	GE	大于或等于	LE	小于或等于

（2）控制语句的循环（WHILE 语句）

格式：
$$\left.\begin{array}{l} \text{WHILE ［条件表达式］ DO } m; \\ \cdots \\ \text{END } m; \end{array}\right.$$

说明：

1）当 WHILE 指定的条件满足时，执行从 DO 到 END 之间的程序。否则，转而执行 END 之后的程序段。DO 后的数 m 和 END 后的数 m 为指定程序执行范围的标号，标号值为 1、2、3。若用 1、2、3 以外的值会产生报警。

2）在 DO 至 END 循环中的标号（1~3）可根据需要多次使用，称为嵌套。但是，当程序有交叉重复循环（DO 范围重叠）时，出现 P 报警。循环语句嵌套规则见表 3-19。

表 3-19　循环语句嵌套规则

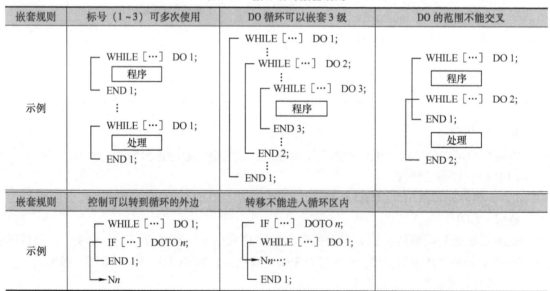

【例 3-17】计算数值 1~10 的总和。

1）采用条件转移程序如下：

```
O9500;
#1 = 0;                              存储和的变量初值
#2 = 1;                              被加数变量的初值
N1  IF ［#2 GT 10］ GOTO 2;          当被加数大于 10 时转移到 N2
#1 = #1 + #2;                         计算和
```

#2 = #2 + #1;	下一个被加数
GOTO 1;	转到 N1
N2　M30;	程序结束

2）采用循环程序如下：

O0001;	
#1 = 0;	和变量初值
#2 = 1;	被加数变量初值
WHILE［#2 LE 10］　DO 1;	当被加数小于等于 10 时执行 DO1 到 END1 间程序段
#1 = #1 + #2;	计算和
#2 = #2 + #1;	下一个被加数
END1;	
M30;	程序结束

4. 宏程序的调用 G65、G66

宏程序可以用模态调用（G65）、非模态调用（G66）或 G 代码和 M 代码等来调用。

（1）G65、G66 与 M98 的区别　宏程序调用不同于子程序调用（M98），具体区别如下：

1）用 G65 可以指定自变量（数据传送到宏程序），M98 没有该功能。

2）当 M98 程序段包含另一个 NC 指令（例如，G01　X100.0　M98　Pp）时，在指令执行之后调用子程序。相反，G65 无条件地调用宏程序。

3）当 M98 程序段包含另一个 NC 指令（例如，G01　X100.0　M98　Pp）时，在单程序段方式中，机床停止。相反，G65 机床不停止。

4）用 G65 改变局部变量的级别，用 M98 不改变局部变量的级别。

（2）非模态调用 G65

格式：G65　Pp　Ll < 自变量指定 >;

说明：格式中 p 为要调用的程序号；l 为调用次数（默认为 1，范围 1 ~ 9999）。当指定 G65 时，以地址 P 指定的用户宏程序被调用。数据（自变量）能传递到用户宏程序体中。宏程序调用的一般格式流程见表 3-20。

表 3-20　宏程序调用的一般格式流程

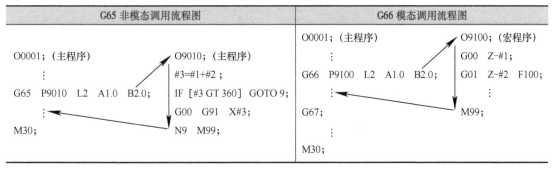

（3）模态调用 G66

格式：G66　Pp　Ll < 自变量指定 >;

　　　G67;（取消模态调用）

说明：

1）G66 为指定模态调用，即在指定轴移动的程序段后调用宏程序。G67 取消模态调用。格式中 p、l、自变量指定同 G65。其一般的格式流程见表 3-20。

2）调用可以嵌套 4 级，如图 3.101 所示，包括非模态调用（G65）和模态调用（G66）；宏程序嵌套时，局部变量也分别从 0 级到 4 级嵌套，主程序为 0 级。

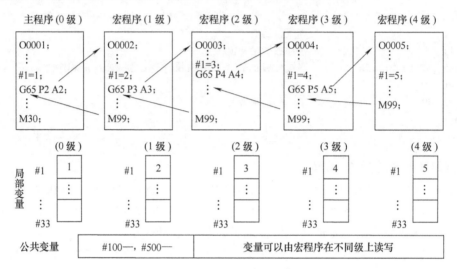

图 3.101　宏程序调用嵌套

3）在只有辅助功能但无移动指令的程序段中不能调用宏程序。

（4）自变量赋值　使用自变量指定时，其值被赋值到相应的局部变量。所谓自变量，就是由用户宏指令调出的程序本体中，可给所用变量赋予的实际值。自变量可用两种形式来指定。

表 3-21 中自变量指定 I，除了使用 G、L、O、N 和 P 以外的字母，每个字母指定一次。表 3-21 中自变量指定 II，使用字母 A、B、C，以及 Ii、Ji 和 Ki（i 为 1～10）。根据使用的字母，自动决定自变量指定的类型。除 I、J、K 外，地址不需要按字母顺序指定。系统根据使用的字母自动决定自变量指定的类型。任何自变量必须先指定 G65。

表 3-21　自变量指定

自变量指定形式	地址	变量号	地址	变量号	地址	变量号	地址	变量号
自变量指定 I	A	#1	H	#11	R	#18	X	#24
	B	#2	I	#4	S	#19	Y	#25
	C	#3	J	#5	T	#20	Z	#26
	D	#7	K	#6	U	#21		
	E	#8	M	#13	V	#22		
	F	#9	Q	#17	W	#23		
自变量指定 II	A	#1	I3	#10	I6	#19	I9	#28
	B	#2	J3	#11	J6	#20	J9	#29
	C	#3	K3	#112	K6	#21	K9	#30
	I1	#4	I4	#13	I7	#22	I10	#31
	J1	#5	J4	#14	J7	#23	J10	#32
	K1	#6	K4	#15	K7	#24	K10	#33

（续）

自变量指定形式	地址	变量号	地址	变量号	地址	变量号	地址	变量号
	I2	#7	I5	#16	I8	#25		
自变量指定 Ⅱ	J2	#8	J5	#17	J8	#26		
	K2	#9	K5	#18	K8	#27		

（5）自定义 G 代码调用　在参数（No. 6050 ~ No. 6059）中设置调用用户宏程序（O9010 ~ O9019）的 G 代码号（从 1 ~ 9999），调用用户宏程序的方法与 G65 相同。

例如，设置参数 No. 6050 = 81，由 G81 调用宏程序 O9010，不用修改加工程序，就可以调用由用户宏程序编制的加工循环，如图 3. 102 所示。

说明：G×× ＜自变量赋值＞等同于 G65 P ×××× ＜自变量赋值＞，×× 可以从 1 ~ 9999 中选取 10 个代码值，×××× 对应调用的宏程序号（9010 ~ 9019）。参数号与宏程序号的对应关系见表 3-22。

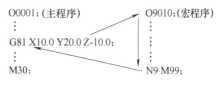

图 3. 102　宏程序 G 代码调用

表 3-22　参数号和宏程序号的对应关系

程序号	O9010	O9011	O9012	O9013	O9014	O9015	O9016	O9017	O9018	O9019
参数号	6050	6051	6052	6053	6054	6055	6056	6057	6058	6059

【例 3-18】圆周分布孔的加工如图 3. 103 所示，在半径 I = 120mm 的圆周上分布钻削 H = 5 个孔，孔深 20mm。已知第一孔的起始角为 A = 0°，相邻两孔间的角度增量为 B = 45°，圆的中心是（50，150）。指令可以用绝对值或增量值指定。顺时针方向钻孔时 B 应指定负值。

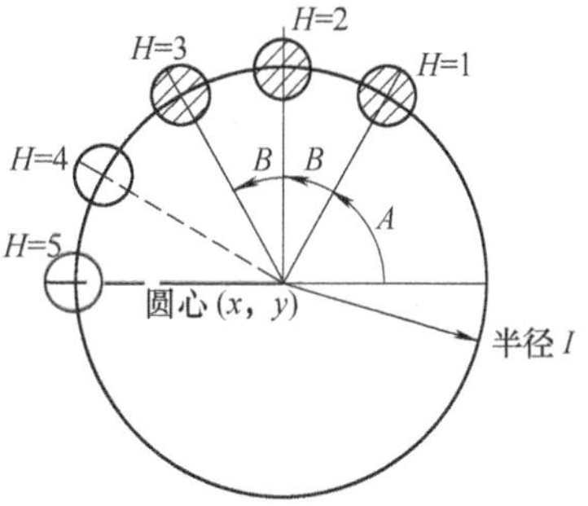

图 3. 103　圆周分布孔的加工

```
O1000;（主程序）
N010   #24 = 50.0;      圆心的 X 坐标（绝对值或增量值指定）
N020   #25 = 150.0;     圆心的 Y 坐标（绝对值或增量值指定）
N030   #26 = - 20.0;    孔深（Z 坐标）
N040   #18 = 5;         钻孔循环 R 点坐标
N050   #9 = 80.0;       切削进给速度 F
N060   #4 = 120.0;      圆半径 I
N070   #1 = 0;          第一孔的角度 A
N080   #2 = 45.0;       增量角（指定负值时为顺时针）B
N090   #11 = 5;         孔数 H
N100   G90 G54 G00 X0 Y0 Z100;
N110   M03 S800;
N120   G65 P9100 X50. Y150. R5. Z - 20. F80. I120. A0 B45. H5;
N130   G00 X0 Y0 Z100. ;
N140   M30;
O9100;   （宏程序，被调用的程序）
N010   WHILE ［#11GT0］ DO1;
N020   #5 = #24 + #4 * COS ［#1］;    计算 X 轴上的孔位
```

121

N030   #6 = #25 + #4 * SIN［+1］;   计算 Y 轴上的孔位

N040   G99 G81 X#5 Y#6 Z#26 R#18 F#9 L0;   钻孔循环，移动到目标位置之后执行钻孔

N050   #1 = #1 + #2;   更新角度

N060   #11 = #11 − 1;   孔数减 1

N070   END1;

N080   M99;

【例 3-19】 在加工中心上加工图 3.104 所示的壳体零件，材料为 HT200。零件底面、圆孔及孔止口面已加工完成，现要求：铣顶面保证尺寸 $60^{+0.2}_{0}$ mm，铣槽 $10^{+0.1}_{0}$ mm，攻 $4 \times M10$ 螺纹孔及孔口倒角。

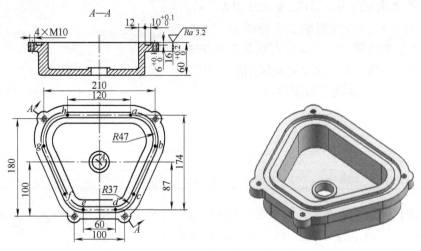

图 3.104   壳体零件

该零件以底面孔和圆孔为主定位面，侧面采用定位螺钉作为辅助定位，圆孔止口面为夹紧面。一次装夹后完成所有的加工内容。加工工艺与刀具见表 3-23、表 3-24 和图 3.105 所示。

工件坐标系设在工件中心，且离工件底面上方 70.1mm 处。内轮廓各点的坐标为：a $(60, 87)$、b $(102.77, 20.52)$、c $(63.67, -65.34)$、d $(30, -87)$、e $(-30, -87)$、f $(-63.67, -65.34)$、g $(-102.77, 20.52)$、h $(-60, 70)$。

表 3-23   数控加工工序卡

（单位）	数控加工工序卡	产品名称	产品代号	零件名称	零件图号
				壳体	
		工序号	工序名称	设备名称	
				加工中心	
		夹具编号	夹具名称	设备型号	
			专用夹具	QM-40S	
	（工序图略）	材料名称	材料牌号	切削液	
		铸铁	HT200	乳化液	
		程序编号	工时	车间	
		O1002			

（续）

工步号	工步内容	刀具号	刀具规格	主轴转速/（r·min⁻¹）	切削速度/（m·min⁻¹）	进给速度/（mm·min⁻¹）	背吃刀量/mm	备注
1	精铣顶面	T01	φ80mm	300	75	60	0.2	
2	钻 4×M10 螺纹中心孔	T02	φ5mm	1200	20	100		
3	钻螺纹底孔	T03	φ8.5mm	600	16	60		
4	螺纹孔倒角	T04	φ10mm	600	18	60		
5	铣槽	T05	φ10mm	400	13	40	6	
6	攻螺纹孔	T06	M10×1.5	60	2	90		
			设计	日期	校对	日期	审核	日期 共1页
标记	处数	更改文件号	签字	日期				第1页

表 3-24　数控加工刀具卡

（单位）	数控加工刀具卡		产品名称	产品代号	零件名称	零件图号
					壳体	
设备名称	加工中心	设备型号 QM-40S	工序号	工序名称	程序编号	O1002
工步	刀具号	刀具名称	刀柄型号	刀具规格		刀片		备注

工步	刀具号	刀具名称	刀柄型号	直径	长度/mm	牌号	材料	备注
1	T01	面铣刀		φ80mm				
2	T02	中心钻		φ5mm				
3	T03	钻头		φ8.5mm				
4	T04	孔倒角刀		φ10mm				
5	T05	立铣刀		φ10mm				
6	T06	丝锥		M10×1.5				
			设计	日期	校对	日期	审核	日期 共1页
标记	处数	更改文件号	签字	日期				第1页

面铣刀　　　　　　钻头　　　　　　丝锥　　　　　　立铣刀　　　中心钻和孔倒角刀

图 3.105　壳体加工用刀具

加工程序如下：

O1002；
N010　G40　G80　G17；
N020　G91　G30　X0　Y0　Z0　T01；
N030　M06；换面铣刀

N040　G00　G90　G54　X0　Y0　S300;

N050　G43　Z0　H01　M03　T02;

N060　G01　Z－10.0　F30;

N070　Y87.0　F60;

N080　M98　P0001;

N090　G00　Z100.0;

N100　G91　G30　X0　Y0　Z0;

N110　M06;换中心钻

N120　G00　G90　G54　X50.0　Y－100.0　S1250;

N130　G43　H02　Z100.0　M03　T03;

N140　G99　G81　Z－15.0　R－7.0　F100;

N150　X105.0　Y90.0;

N160　X－105.0;

N170　G98　X－50.0　Y－100.0;

N180　G80;

N190　G91　G30　X0　Y0　Z0;

N200　M06;换φ8.5mm 钻头

N210　G00　G90　G54　X50.0　Y－100.0　S600;

N220　G43　Z100.0　H03　M03　T04;

N230　G99　G81　Z－30.0　R－7.0　F60;

N240　X105.0　Y90.0;

N250　X－105.0;

N260　G98　X－50.0　Y－100.0;

N270　G80;

N280　G91　G30　X0　Y0　Z0;

N290　M06;换孔倒角刀

N300　G00　G90　G54　X50.0　Y－100.0　S300;

N310　G43　Z100.0　H04　M03　T05;

N320　G99　G82　Z－16.0　R－7.0　P500　F60;

N330　X105.0　Y90.0;

N340　X－105.0;

N350　G98　X－50.0　Y－100.0;

N360　G80;

N370　G91　G30　X0　Y0　Z0;

N380　M06;换φ10mm 立铣刀

N390　G00　G90　G54　X0　Y0　S400;

N400　G43　Z0　H05　M03　T06;

N410　G00　X0　Y87.0;

N420　G01　Z－16.15　F40;

N430　M98　P0001;

N440　G00　Z100.0;

N450　G91　G30　X0　Y0　Z0;

N460　M06;换丝锥

N470　G00　G54　G90　X50.0　Y－100.0　S60;

N480　G43　Z100.0　H06　M03;

N490　M29　S60;

N500　G99　G84　Z-30.0　R-7.0　F90;
N510　X105.0　Y90.0;
N520　X-105.0;
N530　G98　X-50.0　Y-100.0;
N540　G80;
N550　G91　G30　X0　Y0　Z0;
N560　M30;

O0001;子程序
N010　G01　X60.0　Y87.0;
N020　G02　X102.77　Y20.52　R47.0;
N030　G01　X63.67　Y-65.34;
N040　G02　X30.0　Y-87.0　R37.0;
N050　G01　X-30.0;
N060　G02　X-63.67　Y-65.34　R37.0;
N070　G01　X-102.77　Y20.52;
N080　G02　X-60.0　Y87.0　R47.0;
N090　G01　X0;
N100　M99;

小　结

　　本章内容主要包括数控机床编程基础、数控车削加工程序编制、数控铣削加工程序编制和加工中心加工程序的编制等。

　　数控机床编程基础主要介绍了数控机床编程的步骤与方法、字符与代码、数控机床的坐标系、程序段与程序格式等。

　　数控车削加工程序编制，以配置 FANUC 0T 系统的 MJ-460 数控车床为例，主要介绍了数控车床的编程特点、工件坐标系的设定、基本编程指令、车削加工循环指令、刀具补偿指令、辅助功能指令等。

　　数控铣削加工程序编制，以配置西门子 SINUMERIK 802D 系统的 XK5032 数控铣床为例，主要介绍了数控铣床的功能指令、程序名和坐标系指令、基本编程指令、刀具补偿指令、子程序与调用、计算参数和程序跳转、加工循环指令等。

　　加工中心加工程序的编制，以配置 FANUC 18i 系统的 QM-40S 型立式加工中心为例，主要介绍了加工中心的 G 功能指令、加工中心的坐标系指令、基本编程指令、刀具补偿指令、固定循环功能指令、辅助功能指令、用户宏程序等。

思考题与习题

1. 简述题

1）要编写出合理的数控加工程序，其内容与步骤是什么？

2）程序校验与首件试切有何作用？程序校验常有哪些方法？

3）数控加工程序编制方法有哪几种？它们分别适用什么场合？

4）什么是右手笛卡儿直角坐标系？简述数控机床坐标系及运动方向的规定。

5）什么是刀具相对运动的原则？数控机床坐标轴确定的顺序是什么？

6）数控车床和立式数控铣床的坐标轴及运动的正方向是如何规定的？

7）数控机床坐标系的原点与参考点是如何确定的？

8）在哪些情况下数控系统会失去对机床参考点的记忆？

9）G00 和 G01 理论轨迹和实际轨迹有什么不同？

10）在恒线速度控制车削过程中，为什么要限制主轴的最高转速？

11）螺纹车削有哪些指令？为什么螺纹车削时要留有切入量和切出量？

12）为什么要进行刀具轨迹的补偿？刀具补偿的实现分哪三大步骤？

13）FANUC 数控系统功能代码 M00、M01 和 G04 在使用上有何不同？各适用在什么场合？

14）数控铣床与加工中心相比，在结构和功能上有何不同？

15）平面选择功能指令有哪些？它们分别对应哪些平面？其第一坐标轴是哪一个？

16）何谓极点和极径？定义极点功能指令有哪些？

17）写出西门子 802D 数控系统深孔钻削功能指令格式，并解释各参数的含义。

18）何谓正补偿和负补偿？刀具长度补偿有什么作用？

19）FANUC 18i 数控系统固定循环功能指令的动作主要分哪几步？

20）何谓用户宏程序？使用用户宏程序有什么意义？

2. 计算题

1）如图 3.106 所示，刀具起始点在 $X'O'Z'$ 坐标系中的位置为 $X' = 200$，$Z' = 350$，若以工件右端面 O 点为编程原点。试：①写出 G50 设置中的 X、Z 值；②计算 B、C 点的坐标值；③若毛坯直径为 $\phi170mm$，刀具的切削速度 $v = 150m/min$，则主轴转速应为多少？

2）顺铣加工某工件外部轮廓，采用 G41 补偿，用 $\phi12mm$ 铣刀加工，刀具半径补偿值为 $-1mm$，若采用 $\phi20mm$ 铣刀 G42 补偿加工，计算刀具半径补偿值应为多少？

3）如图 3.107 所示的两把刀具，若采用长度补偿进行工件加工时，T01 的长度补偿值为 90.2mm，则 T02 的长度补偿值应为多少？若用 T01 号刀加工 10mm 深的槽，由于对刀等误差，加工后实测深度为 9.87mm，则需要修改 T01 的长度补偿值为多少？

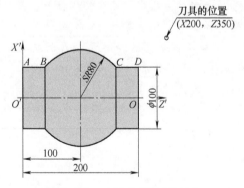

图 3.106　工件坐标系设置图

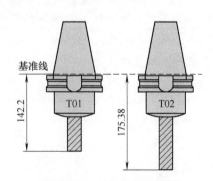

图 3.107　刀具长度补偿图

3. 编程题

1）已知毛坯 $ABCDEFG$ 轮廓有 1mm（直径量）的加工余量，材料为 45 钢，一号刀为涂层硬质合金外圆车刀（T0101），要求一次车到零件尺寸。试编写图 3.108 所示零件的加工程序。已知切削速度 $v = 150\mathrm{m/min}$，进给量 $f = 0.3\mathrm{mm/r}$。

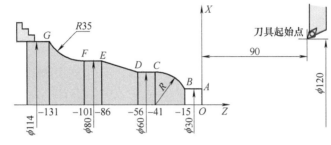

图 3.108　外圆车削

2）已知毛坯为 $\phi 50\mathrm{mm} \times 80\mathrm{mm}$，材料为 45 钢，T0101 为 55°菱形涂层硬质合金刀片外圆车刀。用 G90 循环指令编写图 3.109 所示零件的加工程序。

3）试编写图 3.110 所示零件内孔的加工程序，毛坯材料为 45 钢。要求：①钻 $\phi 10\mathrm{mm}$ 内孔；②车 $\phi 14\mathrm{mm}$ 内孔。每次背吃刀量 $a_\mathrm{p} \leqslant 1\mathrm{mm}$。

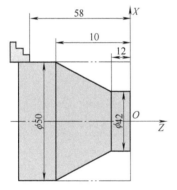

图 3.109　循环指令外圆车削

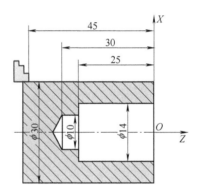

图 3.110　内孔加工

4）如图 3.111a、b 所示零件，毛坯为 $\phi 30\mathrm{mm}$ 棒料，材料为 45 钢。T0101 为 55°菱形涂层硬质合金刀片外圆车刀，T0202 为刀尖宽 3mm 的涂层硬质合金刀片切断刀。试采用调用子程序指令的方法编写加工程序。

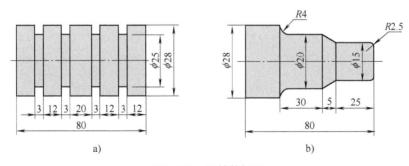

a)　　　　　　　　　　　　　　　　b)

图 3.111　短轴件加工

5）手柄零件图如图 3.112 所示。毛坯为 $\phi 20\mathrm{mm} \times 61\mathrm{mm}$ 铝棒，T0101 为 35°菱形涂层硬质合金刀片外圆车刀，刀尖半径 $r = 0.8\mathrm{mm}$。试：①计算零件基点坐标；②采用粗、精车循环指令编写零件加工程序。

128

6）已知毛坯为 $\phi50mm \times 120mm$，材料为 45 钢，T0101 为 55°菱形刀片外圆车刀，T0202 为刀尖宽 3mm 的切断刀，T0303 为 60°外螺纹车刀，刀片材料均为涂层硬质合金。试编写图 3.113 所示螺纹件的加工程序。

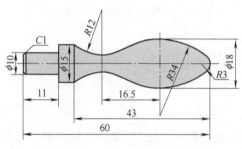

图 3.112　手柄件加工

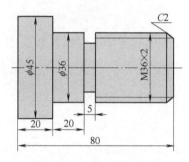

图 3.113　螺纹件加工

7）试采用坐标系旋转和调子程序指令编写图 3.114 所示图样 1、2（按图示轨迹进给）的加工程序。

8）加工图 3.115 所示环形槽，刀心轨迹为 $A \to B \to C \to D \to A$ 顺序，槽深 6mm，槽宽 8mm，要求用 $\phi8mm$ 键槽铣刀铣削，每次背吃刀量为 2mm，试编写加工程序。

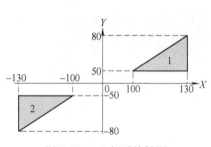

图 3.114　坐标系旋转图

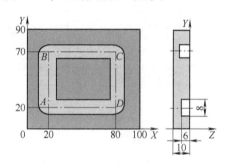

图 3.115　环形槽加工

9）如图 3.116 所示的平板零件，材料为 45 钢，调质处理，若零件的上下平面和 2 × $\phi20mm$ 孔均已加工，并用其进行定位，零件四周加工余量均为 1mm。现用 $\phi20mm$ 硬质合金立铣刀进行加工，试编写其加工程序。

10）加工图 3.117 所示模具凹槽。若其他表面均已加工，模具材料为 GCr15，刀具为 $\phi10mm$ 的整体硬质合金，试编写其加工程序。

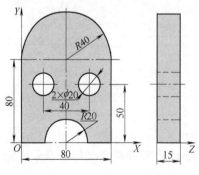

图 3.116　平板加工

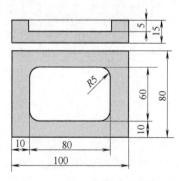

图 3.117　模具凹槽加工

11）试编写用数控铣床或加工中心加工图 3.118 所示零件孔的加工程序。

12）试编写用计算参数或宏程序加工图 3.119 所示零件孔的加工程序。

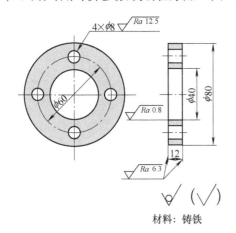

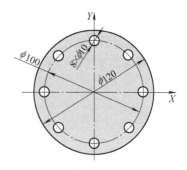

图 3.118　轴套孔加工　　　　　　　　　　图 3.119　参数和宏程序编程图

13）如图 3.120 所示的端盖，材料为 HT200，端盖各平面均已加工，且孔 ϕ60H7 已加工到 ϕ58mm，各孔加工工艺、所用刀具及规格参考表 3-25，试完成表 3-25 中各孔加工的参数，并编写各孔加工程序。

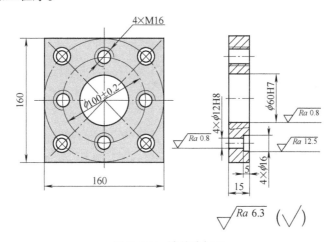

图 3.120　端盖孔加工

表 3-25　刀具及其规格表

工　步	工步内容	刀　号	刀具规格	主轴转速/ ($r \cdot min^{-1}$)	切削速度/ ($m \cdot min^{-1}$)	进给速度/ ($mm \cdot min^{-1}$)
1	半精镗 ϕ60H7 至 ϕ59.95mm	T01	ϕ59.95mm			
2	精镗 ϕ60H7 孔至尺寸	T02	ϕ60H7			
3	钻 4×ϕ12H8、4×M16 中心孔	T03	ϕ3mm			
4	钻 4×ϕ12H8 至 ϕ10mm	T04	ϕ10mm			
5	扩 4×ϕ12H8 至 ϕ11.85mm	T05	ϕ11.85mm			
6	锪 4×ϕ16mm 至尺寸	T06	ϕ16mm			
7	铰 4×ϕ12H8 至尺寸	T07	ϕ12H8			

（续）

工　　步	工步内容	刀　　号	刀具规格	主轴转速/ (r·min⁻¹)	切削速度/ (m·min⁻¹)	进给速度/ (mm·min⁻¹)
8	钻4×M16底孔至 φ14mm	T08	φ14mm			
9	倒4×M16底孔端角	T09	φ18mm			
10	攻4×M16螺纹孔	T10	M16			

14) 图3.121所示为墙板零件图及加工要求，其毛坯为160mm×120mm×17mm的HT250铸铁材料，试编写该零件的加工工艺及加工程序。

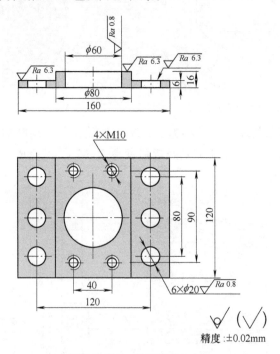

图3.121　墙板零件加工

知识拓展

超高速加工技术

超高速加工（Super High Speed Machining）技术是指采用超硬材料的刃具，通过极大地提高切削速度和进给速度来提高材料切除率、加工精度和加工质量的现代加工技术。超高速加工包括超高速切削和超高速磨削。根据1992年国际生产工程研究会（CIRP）年会主题报告的定义，超高速切削通常指切削速度超过传统切削速度5～10倍的切削加工。

超高速切削速度是个相对的概念，同样受加工工序、材料和机床等因素的影响。目前，一般认为，超高速切削各种材料的切削速度范围为：铝合金超过1600m/min，铸铁为1500m/min，超耐热镍合金达300m/min，钛合金达150～1000m/min，纤维增强塑料为 2000 ~ 9000m/min。各种切削工艺的切削速度范围为：车削 700 ~ 7000m/min，铣削 300 ~ 6000m/min，钻削 200 ~ 1100m/min，磨削 250m/s 以上等。

1924 ~ 1929 年间，德国切削物理学家萨洛蒙（Carl. J. Salomon）博士进行了超高速模拟试验，在很宽的速度范围内对不同的材料做了很多高速切削实验。图 3.122 所示是对应于一些金属材料的切削温度和切削速度曲线，它们各自有一个切削温度的转折点。Salomon 博士据此提出可以在切削温度下降区进行高速切削加工，1929 年申请了德国专利（Machine with high cutting speeds），1931 年 4 月根据实验曲线，提出著名的"Salomon 曲线"和高速切削理论。并提出这样一个假设："实验结果在以切削速度为横轴、切削温度为纵轴的坐标系下可以绘制出这样一条曲线，起初该曲线持续上升，随着切削速度不断提高，温度会达到峰值，继而下降，且不同材料对应不同的温度峰值点。"按照他的假设，在具有一定速度的高速区进行切削加工，会有比较低的切削温度和较小的切削力，这就是著名的高速切削状态下切削温度的死谷理论（Dead Volley）。但这一模型预言的曲线至今仍没有精确的令人信服的实验可以证实。图 3.123 所示是 Salomon 曲线中切削温度和切削速度的关系曲线，左侧阴影部分是传统常规切削区 A，右侧是 Salomon 博士提出的超高速切削区 C，他认为在此区域内切削温度会降低，刀具磨损会减小。然而，由于第二次世界大战的缘故，Salomon 实验的许多资料和数据都遗失了，而参加这项研究的人也没有一个活到战后，这使得后人对 Salomon 假设实验条件和推导过程的深入研究变得非常困难，但也激发了人们探索的兴趣。关于 Salomon 实验，Z. Palmai 根据自己的实验结果认为当时所进行的是铣削加工；关于刀具和材料，我国艾兴院士认为 Salomon 是用大直径圆锯片对铝、铜和青铜等有色金属进行铣削；J. E. Wyatt 推测只有有色金属的曲线是根据实验数据绘制的，而其他曲线则是根据理论研究外推得到的。由此可见学术界尚未形成统一的说法。也正是因为实验细节已不为人知晓，加上缺乏可靠的理论解释，以致 Salomon 假设自提出之日起，一直在学术界饱受争议，支持者与反对者兼而有之。

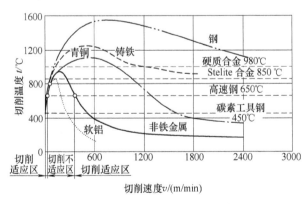

图 3.122 切削温度与切削速度曲线

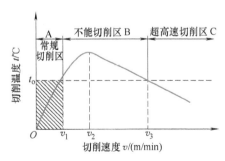

图 3.123 切削速度和切削温度的关系曲线

历史上，国内外学者进行了大量实验，试图验证 Salomon 的理论。1958 ~ 1960 年间，美国洛克希德飞机公司（Lock head Corporation）的工程师沃汉（Robert L. Vanghn）采用弹射切削的方法，即用枪炮打出一个工件，以 4500 ~ 11000m/min 的速度使一个单

刃刀具通过工件，从而模拟高速切削过程，再用摄像机拍摄切削过程的照片以提供分析依据。这种弹射实验得出了很多规律性的结论，例如高速切削条件下，材料的切削机理将发生变化；切屑将由带状、片状演化成碎屑；而切削温度会随着切削速度的提高（达到73000m/min）而上升，并保持在高位。20世纪70年代中期，美国科学家罗伯特·金（Robert L. King）和麦克唐纳（Mcdonaid. J）用美国Bryant Grinder公司提供的高速铣床（主轴转速20000r/min、功率15kW）进行高速切削研究。根据实验结果，切削温度"没有Salomon曲线所显示的下降趋势而是保持在铝合金的熔点附近"。另外，与King同时代的Mc Gee在对铝合金进行了切削实验之后，也得出了相似结论。我国艾兴院士收集了一些切削热和切削温度实验的例子，这些实验采用不同的刀具和工件材料，得出了许多条速度−温度曲线，但均没有成功地复制Salomon曲线，而是和Mc Gee的曲线类似。然而，西北工业大学和成都飞机工业集团的研究人员用红外热像仪对铣削过程进行了温度动态测量，得出了符合Salomon假设的温度曲线。各国学者虽然在高速切削加工的切削温度研究方面做了大量的工作，进行了很多有益尝试和研究，也得出了一些令人感兴趣的结果，但对该研究还没有达到成熟和完善。

工业发达国家对超高速加工机床的研究起步早，水平高。在此项技术中，处于领先地位的国家主要有德国、日本、美国、意大利等。1976年美国沃特（Vought）飞机工业公司研制了一台超高速铣床，最高转速达到了20000r/min。特别引人注目的是，联邦德国Darmstadt工业大学生产工程与机床研究所（PTW）从1978年开始系统地进行超高速切削机理研究，对各种金属和非金属材料进行高速切削试验，联邦德国组织了几十家企业并提供了2000多万马克支持该项研究工作，自20世纪80年代中后期以来，商品化的超高速切削机床不断出现，超高速机床从单一的超高速铣床发展成为超高速车铣床、钻铣床乃至各种高速加工中心等。瑞士、日本也相继推出自己的超高速机床。日本日立精机HG400III型加工中心主轴最高转速36000~40000r/min，工作台快移速度为36~40m/min。瑞士米克朗（MIKRON）公司生产的HSM600U五轴联动数控加工中心，电主轴最高转速42000r/min，主轴功率13kW，采用直线电动机控制的工作台最高进给速度40m/min，定位精度0.008mm，重复定位精度0.005mm，如图3.124所示。在超高速磨削方面，德国居林（Guehring）公司在1983年制造出了当时世界第一台最具威力的60kW强力CBN砂轮磨床，磨削速度达到140~160m/s；美国Conneticut大学磨削研究中心，1996年研制的无心外圆高速磨床上，最高砂轮磨削速度达250m/s。现在工业上实用磨削速度已达到了150~250m/s，实验室中，日本精工精机（Seiko-Seiki）磨削用电主轴达到260000r/min，意大利Camfior加工中心用电主轴达到75000r/min。

超高速加工是21世纪的一项高新技术，它以高效率、高精度和高表面质量为基本特征，在航天、汽车、模具制造、光电工程和仪器仪表等行业中获得越来越广泛的应用，并已取得了重大的技术经济效益，是当代先进制造技术的重要组成部分。目前，据统计，在美国和日本，大约有30%的公司已经使用高速加工，在德国这个比例高于40%。在飞机制造业中，高速切削已经普遍用于零件的加工。

高速切削之所以得到工业界越来越广泛的应用，是因为它相对传统加工具有显著的优越性，具体说来有以下特点：

1）加工时间短，效率高。高速切削的材料去除率通常是常规的 5 倍以上。

2）刀具切削状况好，切削力小，主轴轴承、刀具和工件受力均小。由于切削速度高，吃刀量很小，剪切变形区窄，变形系数 ξ 减小，切削力降低 30%～90%。同时，由于切削力小，让刀也小，提高了加工质量。

3）刀具和工件受热影响小。切削产生的热量大部分被高速流出的切屑所带走，故工件和刀具热变形小，有效地提高了加工精度。

4）工件表面质量好。首先背吃刀量小，工件表面粗糙度值小，其次切削线速度高，机床激振频率远高于工艺系统的固有频率，因而工艺系统振动很小，十分容易获得好的表面质量。

5）高速切削刀具热硬性好，且切削热量大部分被高速流动的切屑所带走，可进行高速干切削，不用切削液，减少了对环境的污染，能实现绿色加工。

6）可完成高硬度材料和硬度高达 40～62HRC 淬硬钢的加工。如采用 TiAlN 涂层硬质合金刀具，在高速、大进给和小切削量的条件下，完成高硬度材料和淬硬钢的加工，不仅效率高出电加工的 3～6 倍，而且可获得十分高的表面质量（$Ra0.4\mu m$），基本上不用抛光。

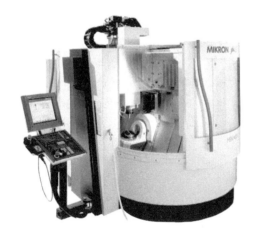

图 3.124　HSM600U 五轴联动数控加工中心

"两弹一星"功勋科学家：王希季

SZD-003

第**4**章

计算机数控装置

计算机数控（Computer Number Control，CNC）装置是一种位置控制系统，简称 CNC 装置。其本质是对输入的零件加工程序数据段进行相应的处理，然后插补出理想的刀具运动轨迹，最后将插补结果通过伺服系统输出到执行部件，使刀具加工出所需要的零件。

CNC 装置主要由硬件和软件组成，通过系统软件配合系统硬件，合理地组织管理数控系统的输入、数据处理、插补和输出信息，控制执行部件，使数控机床按照操作者的要求，有条不紊地工作。

了解数控装置的基本知识，熟悉数控装置的软件、硬件结构，熟悉可编程序逻辑控制器（PLC）在数控机床上的应用等，重点熟悉数控装置的插补原理。

4.1 概述

4.1.1 数控系统的组成

现代数控系统，即 CNC 系统，是由输入/输出设备、数控装置和伺服系统组成，其核心是数控装置。图 4.1 所示为 CNC 系统的一般结构框图。数控装置通过系统软件配合系统硬件，合理地组织管理数控系统的输入、数据处理、插补和输出信息，控制执行部件，使数控机床按照操作者的要求进行自动加工。

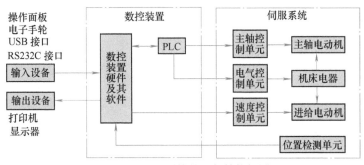

图 4.1　CNC 系统的一般结构框图

4.1.2　数控装置的工作过程

1. 输入

输入数控装置的通常有零件加工程序、机床参数和刀具补偿参数等。机床参数一般在机床出厂时或在用户安装调试时已经设定好，所以输入数控装置的主要是零件加工程序和刀具补偿参数。输入方式有操作面板上的键盘输入、电子手轮输入、USB 接口输入、RS232C 接口输入、DNC 接口输入、网络接口输入等。

2. 译码

译码以零件程序的一个程序段为单位进行处理，把其中零件的轮廓信息（起点、终点、直线或圆弧等），F、S、T、M 等信息按一定的语法规则解释（编译）成计算机能够识别的数据形式，并以一定的数据格式存放在指定的内存专用区域。编译过程中还要进行语法检查，发现错误立即报警。

3. 刀具补偿

刀具补偿包括刀具半径补偿和刀具长度补偿。为了方便编程人员编制零件加工程序，编程时零件程序是以零件轮廓轨迹来编程的，与刀具尺寸无关。程序输入和刀具参数输入分别进行。刀具补偿的作用是把零件轮廓轨迹按系统存储的刀具尺寸数据自动转换成刀位点相对于工件的移动轨迹。

4. 进给速度处理

数控加工程序给定刀具移动速度是在各个坐标轴上合成的运动速度，即 F 代码的指令值。速度处理首先要进行的工作是将合成的运动速度分解成各坐标轴进给运动速度，为插补时计算各进给坐标的行程量作准备；另外，对于机床允许的最低和最高速度限制，以及自动加、减速等也在这里处理。

5. 插补

零件加工程序段中的指令行程信息是有限的。如对于加工直线的程序段仅给定直线的起点和终点坐标；对于加工圆弧的程序段仅给定其起点和终点坐标，以及圆心坐标或圆弧半径。要进行轨迹加工，必须从已知起点和终点的曲线上自动进行"数据点密化"工作，这就是插补。插补在规定的插补周期内进行，即在每个插补周期内，按指令进给速度计算出一个微小的直线数据段，经过若干个插补周期后，插补完一个程序段的加工，也就完成了从程序段起点到终点的"数据点密化"工作。

6. 位置控制

位置控制装置位于伺服系统的位置环上，其原理如图4.2所示。它的主要工作是在每个采样周期内，将插补计算出的理论位置值与实际反馈位置值进行比较，用其差值控制进给电动机运动。位置控制可由软件完成，也可由硬件完成。在位置控制中通常还要完成位置回路的增益调整、坐标方向的螺距误差补偿和反向间隙补偿等，以提高机床的定位精度。

图 4.2 位置控制的原理

7. 输入/输出处理

数控装置的输入/输出（I/O）处理是 CNC 系统与机床之间的信息传递和变换的通道。其作用一方面是将机床运动过程中的有关参数输入到 CNC 系统中；另一方面是将 CNC 系统的输出命令（如换刀、主轴变速换挡、加切削液等）变为执行机构的控制信号，实现对机床的控制。

8. 显示

数控装置的显示主要是为操作者提供方便，显示装置有 LED 显示器、CRT 显示器和 LCD 显示器，一般位于机床的控制面板上。通常有零件程序显示、参数显示、刀具位置显示、机床状态显示、报警信息显示等。有的数控装置还有图形显示，以及刀具加工轨迹的静态和动态模拟显示等。

综上所述，数控装置的工作流程如图4.3所示。

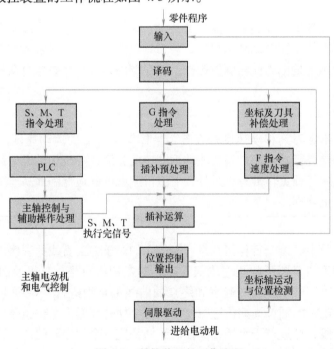

图 4.3 数控装置的工作流程

4.2 数控装置的硬件结构

随着大规模集成电路技术和表面安装技术的发展，数控装置硬件模块及安装方式不断改进。从数控装置的总体安装结构看，有整体式结构和分体式结构两种。

所谓整体式结构是把 CRT 和 MDI 面板、操作面板以及功能模块板组成的电路板等安装在同一机箱内。这种方式的优点是结构紧凑，便于安装，但有时可能造成某些信号连线过长。分体式结构通常把 CRT 和 MDI 面板、操作面板等做成一个部件，而把功能模块组成的电路板安装在一个机箱内，两者之间用导线或光纤连接。许多 CNC 机床把操作面板也单独作为一个部件，这是由于所控制机床的要求不同，操作面板也应相应地改变，做成分体式有利于更换和安装。

从组成数控装置的电路板的结构特点来看，有两种常见的结构，即大板式结构和模块化结构。大板式结构是一个装置一般都有一块大板，称为主板。主板上装有主 CPU 和各轴的位置控制电路等。其他相关的子板（完成一定功能的电路板），如 ROM 板、零件程序存储器 RAM 板和 PLC 板都直接插在主板上面，组成数控装置的核心部分。由此可见，大板式结构紧凑，体积小，可靠性高，价格低，有很高的性价比，也便于机床的一体化设计，大板结构虽有上述优点，但它的硬件功能不易变动，不利于组织生产。模块化结构是将 CPU、存储器、输入输出控制分别做成插件板，称为硬件模块。硬件、软件模块形成一个特定的功能单元，称为功能模块。功能模块间有明确定义的接口，接口是固定的，成为工厂标准或工业标准，彼此可以进行信息交换。这种模块化结构的数控装置设计简单，有良好的适应性和扩展性，试制周期短，调整维护方便，效率高。

从数控装置使用的 CPU 及结构来分，数控装置的硬件结构一般分为单 CPU 和多 CPU 结构两大类。初期的数控装置和现在一些经济型数控装置一般采用单 CPU 结构，而多 CPU 结构可以满足数控机床高进给速度、高加工精度和许多复杂功能的要求，适应于柔性制造系统（FMS）和计算机集成制造系统（CIMS）运行的需要，从而得到了迅速的发展，也反映了当今数控系统的新水平。

4.2.1 单 CPU 硬件结构

单 CPU 结构数控装置的基本结构包括：CPU、总线、I/O 接口、存储器、串行接口和 CRT/MDI 接口等，还包括数控装置控制单元部件和接口电路，如位置控制单元、PLC 接口、主轴控制单元、速度控制单元、USB 接口和 RS232C 接口以及其他接口等。图 4.4 所示为一种单 CPU 结构的数控装置框图。

CPU 主要完成控制和运算两方面的任务。CPU 内部控制主要是对零件加工程序的输入/输出控制，对机床加工现场状态信息的记忆控制等。运算任务是完成一系列的数据处理工作，如译码、刀具补偿计算、运动轨迹计算、插补运算和位置控制的给定值与反馈值的比较运算等。在经济型 CNC 系统中，常采用 8 位微处理器芯片或 8 位、16 位的单片机芯片。中高档的 CNC 系统通常采用 16 位、32 位甚至 64 位的微处理器芯片。

单 CPU 结构的数控装置通常采用总线结构。总线是微处理器赖以工作的物理导线，按

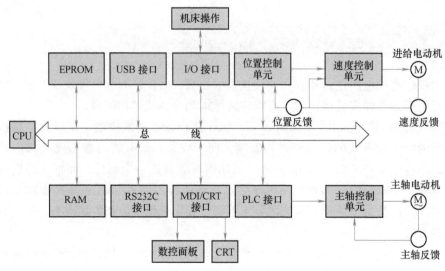

图 4.4   单 CPU 结构数控装置框图

其功能可以分为三组总线，即数据总线（DB）、地址总线（AB）和控制总线（CB）。

数控装置中的存储器包括只读存储器（ROM）和随机存储器（RAM）两种。系统程序存放在可擦除可编程只读存储器（EPROM）中，由生产厂家固化，即使断电，程序也不会丢失。系统程序只能由 CPU 读出，不能写入。运算的中间结果，需要显示的数据，运行中的状态、标志信息等存放在 RAM 中。它可以随时读出和写入，断电后，信息就消失。加工的零件程序、机床参数、刀具参数等存放在有后备电池的 CMOS RAM 中，或者存放在磁泡存储器中，这些信息在这种存储器中能随机读出，还可以根据操作需要写入或修改，断电后，信息仍然保留。

数控装置中的位置控制单元主要对机床进给运动的坐标轴位置进行控制。位置控制的硬件一般采用大规模专用集成电路位置控制芯片或控制模板实现。

数控装置接收指令信息的输入有多种形式，如磁盘、USB、RS232C 等计算机通信接口形式，以及利用数控面板上的键盘操作的手动数据输入（MDI）和机床操作面板上手动按钮、开关量信息的输入。所有这些输入都要有相应的接口来实现。而数控装置的输出也有多种，如字符与图形显示的显示器输出、位置伺服控制和机床强电控制指令的输出等，同样要有相应的接口来实现。

单 CPU 结构数控装置的特点是：数控装置的所有功能都是通过一个 CPU 进行集中控制、分时处理来实现的；该 CPU 通过总线与存储器、I/O 控制元件等各种接口电路相连，构成数控装置的硬件，结构简单，易于实现；由于只有一个 CPU 的控制，功能受字长、数据宽度、寻址能力和运算速度等因素的限制。

4.2.2　多 CPU 硬件结构

多 CPU 硬件结构是指在数控装置中有两个或两个以上的 CPU 能控制系统总线或主存储器进行工作的系统结构。

现代的数控装置大多采用多 CPU 结构。在这种结构中，每个 CPU 完成系统中规定的一部分功能，独立执行程序，它与单 CPU 结构相比，提高了计算机的处理速度。多 CPU 结构的数控装置采用模块化设计，模块间有明确的符合工业标准的接口，彼此间可以进行信息交换。采用这样的模块化结构，缩短了数控装置设计与制造周期，并且具有良好的适应性和扩展性，结构紧凑。多 CPU 结构的数控装置由于每个 CPU 分管各自的任务，形成若干个模块，如果某个模块出了故障，其他模块仍能照常工作，并且插件模块更换方便，可以使故障对系统的影响减少到最低程度，提高了可靠性，性价比高，适合于多轴控制、高进给速度、高精度的数控机床。

多 CPU 硬件结构可分为共享总线结构和共享存储器结构，通过共享总线或共享存储器，来实现各模块之间的互联和通信。

1. 共享总线结构

在总线共享结构的数控装置中，只有主模块有权控制系统总线，且在某一时刻只能有一个主模块占有总线，如有多个主模块同时请求使用总线会产生竞争总线问题。为了解决这一矛盾，系统设有总线仲裁电路。按照每个主模块负担的任务的重要程度，预先安排各自的优先级别顺序。总线仲裁电路在多个主模块争用总线而发生冲突时，能够判别出发生冲突的各个主模块的优先级别的高低，最后决定由优先级高的主模块优先使用总线。其结构框图如图 4.5 所示。

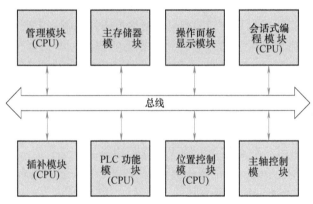

图 4.5　共享总线多 CPU 硬件结构框图

共享总线结构中由于多个主模块共享总线，易引起冲突，使数据传输效率降低；总线一旦出现故障，会影响整个 CNC 装置的性能。但由于其结构简单、系统配置灵活、实现容易等优点而被广泛采用。

2. 共享存储器结构

共享存储器结构通常采用多端口存储器来实现各 CPU 之间的连接与信息交换，由多端口控制逻辑电路解决访问冲突，其结构框图如图 4.6 所示。在这种结构中各个主模块都有权控制使用系统存储器。即便是多个主模块同时请求使用存储器，只要存储器容量有空闲，一般不会发生冲突。在各模块请求使用存储器时，由多端口的控制逻辑电路来控制。

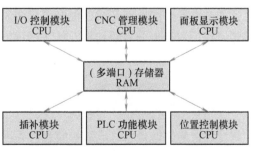

图 4.6　共享存储器多 CPU 硬件结构框图

共享存储器结构中多个主模块共享存储器时，引起冲突的可能较小，数据传输效率较高，结构也不复杂，所以也被广泛采用。

4.2.3 开放式数控装置

前述的数控装置是由厂商专门设计和制造的，其特点是专用性强，布局合理，是一种专用的封闭系统，但是没有通用性，硬件之间彼此不能交换。各个厂家的产品之间不能互换，与通用计算机不能兼容，并且维修、升级困难，费用较高。

虽然专用封闭式数控装置在很长时期内占领了国际市场，但是随着计算机技术的不断发展，人们对数控装置提出了新的要求，这种封闭式的专用系统严重制约着数控技术的发展。针对这种情况，开放式数控装置的概念应运而生，国内外正在大力研究开发开放式数控装置，有的已经进入实用阶段。

开放式数控装置是一种模块化的、可重构的、可扩充的通用数控装置，它以工业 PC 机作为 CNC 装置的支撑平台，再由各专业数控厂商根据需要装入自己的控制卡和数控软件构成相应的 CNC 装置。由于工业 PC 机大批量生产，成本很低，因而也就降低了 CNC 装置的成本，同时工业 PC 机维护和升级均很容易。

开放式数控装置采用系统、子系统和模块的分布式控制结构，各模块相互独立，各模块接口协议明确，可移植性好。根据用户的需要可方便地重构和编辑，实现一个系统的多种用途。

以工业 PC 机为基础的开放式数控装置，很容易实现多轴、多通道控制，实时三维实体图形显示和自动编程等，利用 Windows 工作平台，使得开发工作量大大减少，而且可以实现数控装置三种不同层次的开放。

(1) CNC 装置的开放　CNC 装置可以直接运行各种应用软件，如工厂管理软件、车间控制软件、图形交互编程软件、刀具轨迹校验软件、办公自动化软件、多媒体软件等，这大大改善了 CNC 的图形显示、动态仿真、编程和诊断功能。

(2) 用户操作界面的开放　用户操作界面的开放使 CNC 装置具有更加友好的用户接口，并具备一些特殊的诊断功能，如远程诊断。

(3) CNC 内核的深层次开放　通过执行用户自己用 C 或 C++ 语言开发的程序，就可以把应用软件加到标准 CNC 的内核中，称为编译循环。CNC 内核系统提供已定义的出口点，机床制造厂商或用户把自己的软件连接到这些出口点，通过编译循环，将其知识、经验、诀窍等专用工艺集成到 CNC 系统中去，形成独具特色的个性化数控机床。

这样三个层次的全部开放，能满足机床制造厂商和最终用户的种种需求，这种控制技术的柔性，使用户能十分方便地把 CNC 应用到几乎所有应用场合。

4.3 数控装置的软件结构

数控装置的软件是为完成数控装置的各项功能而专门设计和编制的，是数控加工系统的一种专用软件，又称为系统软件（系统程序）。数控装置软件的管理作用类似于计算机的操作系统。不同的 CNC 装置，其功能和控制方案也不同，因而各 CNC 装置软件在结构上和规模上差别较大，各厂家的软件互不兼容。现代数控机床的功能大都采用软件来实现，所以，

CNC 装置软件的设计及功能是 CNC 装置的关键。

数控装置是按照事先编制好的控制程序来实现各种控制的，而控制程序是根据用户对数控装置所提出的各种要求进行设计的。在设计 CNC 系统软件之前必须细致地分析被控制对象的特点和对控制功能的要求，决定采用哪一种计算方法。在确定好控制方式、计算方法和控制顺序后，将其处理顺序用框图描述出来，使系统设计者在头脑中对所设计的系统有一个明确而又清晰的轮廓。

在数控装置中，软件和硬件在逻辑上是等价的，即由硬件完成的工作原则上也可以由软件来完成。但是它们各有特点：硬件处理速度快，造价相对较高，适应性差；软件设计灵活、适应性强，但是处理速度慢。因此，CNC 装置中软、硬件的分配比例是由性价比决定的。这也在很大程度上涉及软、硬件的发展水平。一般说来，软件结构首先要受到硬件的限制，软件结构才有独立性。对于相同的硬件结构，可以配备不同的软件结构。实际上，现代数控装置中软、硬件功能界面并不是固定不变的，而是随着软、硬件的水平和成本，以及数控装置所具有的性能不同而发生变化的。图 4.7 所示为不同时期和不同产品中的三种典型的数控装置软、硬件功能界面。

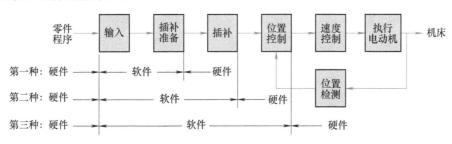

图 4.7 数控装置中三种典型的软、硬件功能界面

4.3.1 数控装置的软件结构特点

1. 数控装置的多任务性

数控装置多任务性表现在它的管理软件必须完成系统管理和系统控制两大任务。其中系统管理软件包括输入、I/O 处理、通信、显示、诊断以及加工程序的编制管理等程序。系统控制软件包括译码、刀具补偿、速度处理、插补和位置控制等程序。数控装置的任务分解如图 4.8 所示。

同时，数控装置的这些任务必须协调完成。也就是说在许多情况下，管理软件和控制软件的某些工作必须同时进行。例如，为了便于操作人员能及时掌握数控系统的工作状态，管理软件中的

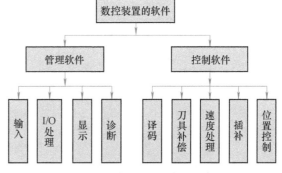

图 4.8 数控装置的任务分解

显示模块必须与控制模块同时运行。当数控系统处于数控工作方式时，管理软件中的零件程序输入模块必须与控制模块同时运行。而控制模块运行时，其中一些处理模块也必须同时运行。如为了保证加工过程的连续性，即刀具在各程序段间不停刀，译码、刀具补偿和速度处

理模块必须与插补模块同时运行，而插补又必须要与位置控制同时进行等。数控装置的任务与并行处理关系如图4.9所示。

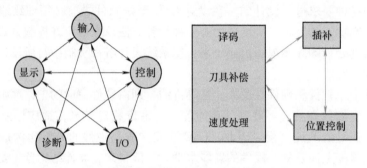

图 4.9　数控装置的任务与并行处理关系

事实上，数控装置是一个专用的实时多任务计算机系统，其软件必然会融合现代计算机软件技术中的许多先进技术，其中最突出的是多任务并行处理和多重实时中断处理技术。

2. 并行处理

并行处理是指计算机在同一时刻或同一时间间隔内完成两种或两种以上性质相同或不相同的工作。并行处理的优点是提高了运行速度。

并行处理分为"资源重复"法、"资源分时共享"法和"时间重叠流水处理"法等。目前，在数控装置的硬件结构中，广泛使用"资源重复"的并行处理技术，如采用多CPU的体系结构来提高系统的速度。而在数控装置的软件中，主要采用"资源分时共享"法和"时间重叠流水处理"法。

（1）资源分时共享法　在单CPU结构的数控装置中，各个任务何时占用CPU及各个任务占用CPU时间的长短，是首先要解决的两个时间分配的问题。资源分时共享法就是各任务占用CPU的问题采用循环轮流和中断优先相结合的办法来解决。图4.10所示为一个典型的数控装置各任务分时共享CPU的时间分配。

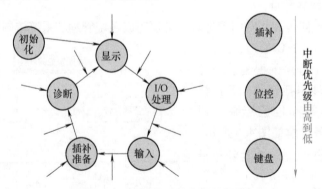

图 4.10　CPU 分时共享并行处理

系统在完成初始化任务后自动进入时间分配循环中，在环中依次轮流处理各任务。而对于系统中一些实时性很强的任务则按优先级排队，作为环外任务，环外任务可以随时中断环内各任务的执行，每个任务允许占用CPU的时间受到一定的限制。对于某些占用CPU时间较长的任务，如插补准备（包括译码、刀具半径补偿和速度处理等），可以在其中的某些地方设置断点，当程序运行到断点处时，自动让出CPU，等到下一个运行时间自动跳到断点处继续运行。

（2）时间重叠流水处理法　当数控装置在自动加工工作方式时，其数据的转换过程将由零件程序输入、插补准备、插补、位置控制四个子过程组成。如果每个子过程的处理时间分别为 Δt_1、Δt_2、Δt_3、Δt_4，那么一个零件程序段的数据转换时间将是 $t = \Delta t_1 + \Delta t_2 + \Delta t_3 + \Delta t_4$。如果以顺序方式处理每个零件的程序段，则第一个零件程序段处理完以后再处理第二个程序段，依次类推。图 4.11a 表示了这种顺序处理时的时间－空间关系。从图 4.11a 中可以看出，两个程序段的输出之间将有一个时间为 t 的间隔。这种时间间隔反映在电动机上就是电动机的时停时转，反映在刀具上就是刀具走一走、停一停，这在加工工艺上是不允许的。

消除这种间隔的方法是用时间重叠流水处理法。采用时间重叠流水并行处理后的时间－空间关系如图 4.11b 所示。流水并行处理的关键是时间重叠，即在一段时间间隔内不是处理一个子过程，而是处理两个或更多的子过程。从图 4.11b 中可以看出，经过流水并行处理以后，从时间 Δt_4 开始，每个程序段的输出之间不再有间隔，从而保证了刀具移动的连续性。时间重叠流水并行处理要求处理每个子过程的运算时间相等，然而数控装置中每个子过程所需的处理时间都是不同的，解决的方法是取最长的子过程处理时间为流水并行处理时间间隔。这样在处理时间间隔较短的子过程时，处理完后就进入等待状态。

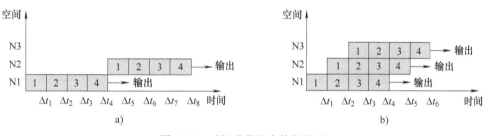

图 4.11　时间重叠流水并行处理

在单 CPU 结构的数控装置中，流水并行处理的时间重叠只有宏观上的意义。即在一段时间内，CPU 处理多个子过程，但从微观上看，每个子过程是分时占用 CPU 时间。

3. 实时中断处理

数控装置系统软件结构的另一个特点是实时中断处理。数控装置系统程序以零件加工为对象，每个程序段中有许多子程序，它们按照预定的顺序反复执行，各个步骤间关系十分密切，有许多子程序的实时性很强，这就决定了中断成为整个系统不可缺少的重要组成部分。数控装置系统的中断管理主要由硬件完成，而系统的中断类型决定了软件结构。其中断类型如下。

（1）外部中断　主要有外部监控中断（如急停、限位开关等）和键盘及操作面板输入中断（如复位、暂停或进给保持等）。前两种中断的实时性要求很高，将它们放在较高的中断优先级上，而键盘和操作面板的输入中断则放在较低的中断优先级上，在有些系统中，甚至用查询的方式来处理它。

（2）内部定时中断　主要有插补周期定时中断和位置采样定时中断。在有些系统中将两种定时中断合二为一。但是在处理时，总是先处理位置控制，然后处理插补运算。

（3）硬件故障中断　它是各种硬件故障检测装置发出的中断。如存储器出错、定时器出错、插补运算超时等。

（4）程序性中断　它是程序中出现异常情况时的报警中断。如各种溢出、除零等。

4.3.2　数控装置的软件结构模式

数控装置的软件结构决定于系统采用的中断结构。在常规的数控装置中，有中断型和前后台型两种结构模式。

1. 中断型结构模式

中断型结构模式的特点是除了初始化程序之外，整个系统软件的各种功能模块分别安排在不同级别的中断服务程序中，整个软件就是一个大的中断系统。其管理的功能主要通过各级中断服务程序之间的相互通信来实现。

一般在中断型结构模式中，控制显示器显示的模块为低级中断（0级中断），只要系统中没有其他中断请求，总是执行0级中断，即系统进行显示器显示。其他程序模块，如译码处理、刀具中心轨迹计算、键盘控制、I/O信号处理、插补运算、终点判别、伺服系统位置控制等处理，分别具有不同的中断优先级别。开机后，首先进入初始化程序，进行初始化状态的设置、ROM检查等工作。初始化后，系统转入0级中断显示器显示处理。此后系统就进入各种中断的处理，整个系统的管理是通过每个中断服务程序之间的通信来实现的。

2. 前后台型结构模式

该结构模式的软件分为前台程序和后台程序。前台程序是指实时中断服务程序，实现插补、伺服、机床监控等实时功能，这些功能与机床的动作直接相关。后台程序是一个循环运行程序，完成管理功能和输入、译码、数据处理等非实时性任务，也叫背景程序，管理软件和插补准备在这里完成。后台程序运行中，实时中断程序不断插入，与后台程序相配合，共同完成零件加工任务。这种前后台型的软件结构一般适合单处理器集中式控制，对CPU的性能要求较高。程序启动后先进行初始化，再进入后台程序环，同时开放实时中断程序，每隔一定的时间中断发生一次，执行一次中断服务程序，此时后台程序停止运行，实时中断程序执行完成后，再返回后台程序。

4.4　数控装置的可编程序逻辑控制器

4.4.1　数控机床中PLC实现的功能

可编程序逻辑控制器（Programmable Logic Controller，PLC）是一类以微处理器为基础的通用型自动控制装置。它一般以顺序控制为主，回路调节为辅，能够完成逻辑、顺序、计时、计数和算术运算等功能，既能控制开关量，也能控制模拟量。

在数控机床上采用PLC代替继电器控制，能使数控机床结构更紧凑，功能更丰富，响应速度和可靠性大大提高。在数控机床、加工中心等自动化程度高的加工设备和生产制造系统中，PLC是不可缺少的控制装置。在数控机床中PLC实现的功能如下。

1. M、S、T功能

M、S、T功能可以由数控加工程序来指定，也可以在机床的操作面板上进行控制。PLC

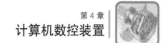
根据不同的 M 功能，可控制主轴的正转、反转和停止，主轴准停，切削液的开、关，卡盘的夹紧、松开，以及换刀机械手的取刀、还刀等动作。S 功能在 PLC 中可以容易地用四位代码直接指定转速。数控装置送出 S 代码值到 PLC，PLC 将十进制数转换为二进制数后送到 D – A 转换器，转换成相对应的输出电压，作为转速指令来控制主轴的转速。数控机床通过 PLC 可管理刀库，进行刀具的自动交换。处理的信息包括刀库选刀方式、刀具累计使用次数、刀具剩余寿命和刀具刃磨次数等。

2. 机床外部开关量信号控制功能

机床的开关量有各类控制开关、行程开关、接近开关、压力开关和温控开关等，将各开关量信号送入 PLC，经逻辑运算后，输出给控制对象。

3. 输出信号控制功能

PLC 输出的信号经强电柜中的继电器、接触器，通过机床侧的液压或气动电磁阀，对刀库、机械手和回转工作台等装置进行控制，另外还对冷却泵电动机、润滑泵电动机及电磁制动器等进行控制。

4. 伺服控制功能

通过驱动装置，驱动主轴电动机、伺服进给电动机和刀库电动机等。

5. 报警处理功能

PLC 收集强电柜、机床侧和伺服驱动装置的故障信号，将报警标志区中的相应报警标志位置位，数控系统便发出报警信号或显示报警文本以方便故障诊断。

6. 其他介质输入装置互联控制

有些数控机床用计算机软盘读入数控加工程序，通过控制软盘驱动装置，实现与数控系统进行零件程序、机床参数和刀具补偿等数据的传输。

4.4.2 PLC 在数控机床上的应用

1. 数控机床用 PLC

数控机床用 PLC 可分为两类：一类是专为实现数控机床顺序控制而设计制造的内装型（built-in type）PLC，另一类是 I/O 信号接口技术规范、I/O 点数、程序存储容量以及运算和控制功能等均能满足数控机床控制要求的独立型（stand-alone type）PLC。

（1）内装型 PLC　内装型 PLC（或称内含型 PLC、集成式 PLC）从属于数控装置，PLC 与 NC 间的信号传送在数控装置内部即可实现。PLC 与机床之间则通过数控装置 I/O 接口电路实现信号传送。图 4.12 所示为具有内装型 PLC 的数控机床系统框图。

内装型 PLC 有如下特点：

1）内装型 PLC 实际上是 CNC 装置带有的 PLC 功能，一般作为一种基本的或可选择的功能提供给用户。

2）内装型 PLC 的性能指标（如 I/O 点数、程序最大步数、每步执行时间、程序扫描周期、功能指令数目等）是根据所从属的 CNC 系统的规格、性能、适用机床的类型等确定的。其硬件和软件部分是被作为 CNC 系统的基本功能或附加功能与 CNC 系统其他功能一起统一设计、制造的。因此，系统硬件和软件整体结构十分紧凑，且 PLC 所具有的功能针对性强，

技术指标也较合理、实用，尤其适用于单机数控设备的应用场合。

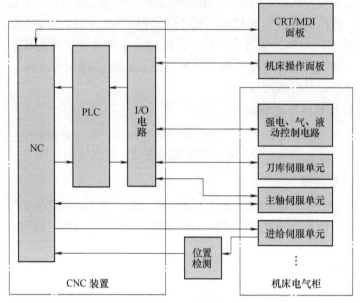

图 4.12　具有内装型 PLC 的数控机床系统框图

3）在系统的具体结构上，内装型 PLC 可与 CNC 系统共用 CPU，也可以单独使用一个 CPU。硬件控制电路可与 CNC 系统其他电路制作在同一块印制电路板上，也可以单独制成一块附加板，当 CNC 装置需要附加 PLC 功能时，再将此附加板插装到 CNC 装置上，内装型 PLC 一般不单独配置 I/O 接口电路，而是使用 CNC 系统本身的 I/O 电路。PLC 控制电路及部分 I/O 电路（一般为输入电路）所用电源由 CNC 装置提供，不需另备电源。

4）采用内装型 PLC 结构，CNC 系统可以具有某些高级的控制功能。如梯形图编辑和传送功能，在 CNC 系统内部直接处理 NC 窗口的大量信息等。

国内常见外国公司生产的带有内装型 PLC 的系统有：FANUC 公司的 FS-0（PMC-L/M）、FS-0 Mate（PMC-L/M）、FS-3（PLC-D）、FS-6（PLC-A、PLC-B）、FS-10/11（PMC-1）、FS-15（PMC-N），SIEMENS 公司的 SINUMERIK 810、SINUMERIK 820，A-B 公司的 8200、8400、8600 等。

（2）独立型 PLC　独立型 PLC 又称通用型 PLC。独立型 PLC 是独立于 CNC 装置，具有完备的硬件和软件功能，能够独立完成规定控制任务的装置。图 4.13 所示为具有独立型 PLC 的 CNC 机床系统框图。

独立型 PLC 有如下特点：

1）独立型 PLC 具有如下基本的功能结构：CPU 及其控制电路、系统程序存储器、用户程序存储器、I/O 接口电路、与编程机等外部设备通信的接口和电源等（图 4.13）。

2）独立型 PLC 一般采用积木式模块化结构或笼式插板结构，各功能电路多做成独立的模块或印制电路板，具有安装方便，功能易于扩展和变更等优点。例如，可采用通信模块与外部 I/O 设备、编程设备等进行数据交换，采用 D - A 模块可以对外部伺服装置直接进行控制，采用计数模块可以对加工工件数量、刀具使用次数、回转体回转分度数等进行检测和控制，采用定位模块可以直接对刀库、转台等装置进行控制。

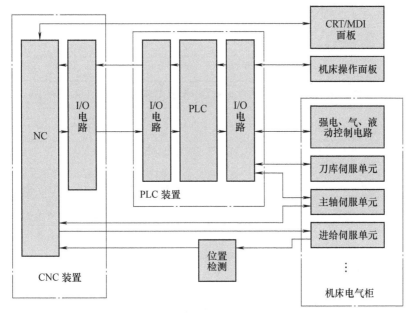

图 4.13　具有独立型 PLC 的 CNC 机床系统框图

3）独立型 PLC 的输入/输出点数可以通过 I/O 模块或插板的增减灵活配置。有的独立型 PLC 还可通过多个远程终端连接器构成有大量输入/输出点的网络，以实现大范围的集中控制。

国内已引进应用的独立型 PLC 有：SIEMENS 公司的 SIMATIC S7 系列产品，A-B 公司的 PLC 系列产品，FANUC 公司的 PMC-J 等。

2. 典型数控机床用 PLC 的指令系统

PLC 是专为工业自动控制而开发的装置，不同厂家的产品采用的编程语言不同，这些编程语言有梯形图、语句表、控制系统流程图等。日本的 FANUC 公司、三菱公司、富士公司等所生产的 PLC 产品，都采用梯形图编程。在用编程器向 PLC 输入程序时，一般编程器都采用编码表输入，大型编程器也可用梯形图直接输入。在众多的 PLC 产品中，由于制造厂家不同，其指令系统的表示方法和语句表中的助记符也不尽相同，但原理是完全相同的。在本书中以 FANUC-PMC-L 为例，对适用于数控机床控制的 PLC 指令作一介绍。

在 FANUC-PMC-L 中有两种指令：基本指令和功能指令。当设计顺序程序时，使用最多的是基本指令，共 12 条；功能指令便于机床特殊运行控制的编程，共 35 条。

在基本指令和功能指令执行中，用一个堆栈寄存器暂存逻辑操作的中间结果，堆栈寄存器有 9 位，如图 4.14 所示，按先进后出、后进先出的原理工作。当前操作结果压入时，堆栈各原状态全部左移一位；相反，取出操作结果时堆栈全部右移一位，最后压入的信号首先恢复读出。

（1）基本指令　基本指令共 12 条，基本指令和处理内容见表 4-1。

基本指令格式如下：

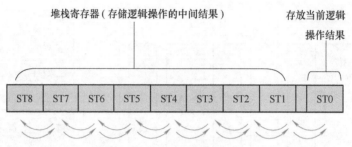

图 4.14 堆栈寄存器操作顺序

表 4-1 基本指令和处理内容

序　号	指　令	处　理　内　容
1	RD	读指令信号的状态，并写入 ST0 中。在一个阶梯开始的是常开节点时使用
2	RD. NOT	将信号的"非"状态读出，送入 ST0 中。在一个阶梯开始的是常开节点时使用
3	WRT	输出运算结果（ST0 的状态）到指定地址
4	WRT. NOT	输出运算结果（ST0 的状态）的"非"状态到指定地址
5	AND	将 ST0 的状态与指定地址的信号状态相"与"后，再置于 ST0 中
6	AND. NOT	将 ST0 的状态与指定地址的"非"状态相"与"后，再置于 ST0 中
7	OR	将指定地址的状态与 ST0 相"或"后，再置于 ST0
8	OR. NOT	将指定地址的"非"状态相"或"后，再置于 ST0
9	RD. STK	堆栈寄存器左移一位，并把指定地址的状态置于 ST0
10	RD. NOT. STK	堆栈寄存器左移一位，并把指定地址的状态取"非"后再置于 ST0
11	AND. STK	将 ST0 和 ST1 的内容执行逻辑"与"，结果存于 ST0，堆栈寄存器右移一位
12	OR. STK	将 ST0 和 ST1 的内容执行逻辑"或"，结果存于 ST0，堆栈寄存器右移一位

下面举一个综合运用基本指令的例子，来说明梯形图与指令代码的应用。图 4.15 所示是梯形图，表 4-2 是针对图 4.15 所示的梯形图用编程器向 PLC 输入的程序编码表和运算结果状态。

（2）功能指令　数控机床所用 PLC 的指令必须满足数控机床信息处理和动作控制的特殊要求。例如，由数控系统输出的 M、S、T 二进制代码信号的译码（DEC），机械运动状态或液压系统动作状态的延时（TMR）确认，加工零件的计数（CTR），刀库、分度工作台沿最短路径旋转和现在位置至目标位置

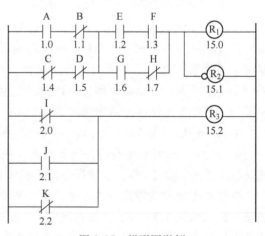

图 4.15 梯形图举例

步数的计算（ROT），换刀时数据检索（DSCH）等。对于上述的译码、定时、计数、最短路径选择，以及比较、检索、转移、代码转换、四则运算、信息显示等控制功能，仅用一位操作的基本指令编程，实现起来将会十分困难。因此要增加一些具有专门控制功能的指令，这些专门指令就是功能指令。功能指令都是一些子程序，应用功能指令就是调用相应的子程序。

表 4-2　图 4.15 所示梯形图的程序编码表和运算结果状态

序　号	指　　令	地址号位数	备　　注	运算结果状态		
				ST2	ST1	ST0
1	RD	1.0	A			A
2	AND. NOT	1.1	B			$A \cdot \bar{B}$
3	RD. NOT. STK	1.4	C		$A \cdot \bar{B}$	$\bar{C}$
4	AND. NOT	1.5	D		$A \cdot \bar{B}$	$\bar{C} \cdot \bar{D}$
5	OR. STK					$A \cdot \bar{B} + \bar{C} \cdot \bar{D}$
6	RD. STK	1.2	E		$A \cdot \bar{B} + \bar{C} \cdot \bar{D}$	E
7	AND	1.3	F		$A \cdot \bar{B} + \bar{C} \cdot \bar{D}$	$E \cdot F$
8	RD. STK	1.6	G	$A \cdot \bar{B} + \bar{C} \cdot \bar{D}$	$E \cdot F$	G
9	AND. NOT	1.7	H	$A \cdot \bar{B} + \bar{C} \cdot \bar{D}$	$E \cdot F$	$G \cdot \bar{H}$
10	OR. STK				$A \cdot \bar{B} + \bar{C} \cdot \bar{D}$	$E \cdot F + G \cdot \bar{H}$
11	AND. STK					$(A \cdot \bar{B} + \bar{C} \cdot \bar{D})$ $(E \cdot F + G \cdot \bar{H})$
12	WRT	15.0	R_1			$(A \cdot \bar{B} + \bar{C} \cdot \bar{D})$ $(E \cdot F + G \cdot \bar{H})$
13	WRT. NOT	15.1	R_2			$(A \cdot \bar{B} + \bar{C} \cdot \bar{D})$ $(E \cdot F + G \cdot \bar{H})$
14	RD. NOT	2.0	I			$\bar{I}$
15	OR	2.1	J			$\bar{I} + J$
16	OR. NOT	2.2	K			$\bar{I} + J + \bar{K}$
17	WRT	15.2	R_3			$\bar{I} + J + \bar{K}$

功能指令和处理内容见表 4-3。

表 4-3　功能指令和处理内容

序号	指　　令			处 理 内 容
	格式 1 （梯形图）	格式 2 （纸带穿孔与程序显示）	格式 3 （程序输入）	
1	END1	SUB1	S1	1 级（高级）程序结束
2	END2	SUB2	S2	2 级程序结束
3	END3	SUB48	S48	3 级程序结束
4	TMR	TMR	T	定时器处理
5	TMRB	SUB24	S24	固定定时器处理
6	DEC	DEC	D	译码
7	CTR	SUB5	S5	计数处理
8	ROT	SUB6	S6	旋转控制
9	COD	SUB7	S7	代码转换
10	MOVE	SUB8	S8	数据"与"后传输
11	COM	SUB9	S9	公共线控制
12	COME	SUB29	S29	公共线控制结束
13	JMP	SUB10	S10	跳转

（续）

序号	指　令			处 理 内 容
	格式1 （梯形图）	格式2 （纸带穿孔与程序显示）	格式3 （程序输入）	
14	JMPE	SUB30	S30	跳转结束
15	PARI	SUB11	S11	奇偶检查
16	DCNV	SUB14	S14	数据转换（二进制—BCD 码）
17	COMP	SUB15	S15	比较
18	COIN	SUB16	S16	符合检查
19	DSCH	SUB17	S17	数据检索
20	XMOV	SUB18	S18	变址数据传输
21	ADD	SUB19	S19	加法运算
22	SUB	SUB20	S20	减法运算
23	MUL	SUB21	S21	乘法运算
24	DIV	SUB22	S22	除法运算
25	NUME	SUB23	S23	定义常数
26	PACTL	SUB25	S25	位置 Mate-A
27	CODE	SUB27	S27	二进制代码转换
28	DCNVE	SUB31	S31	扩散数据转换
29	COMPB	SUB32	S32	二进制数比较
30	ADDB	SUB36	S36	二进制数加
31	SUBB	SUB37	S37	二进制数减
32	MULB	SUB38	S38	二进制数乘
33	DIVB	SUB39	S39	二进制数除
34	NUMEB	SUB48	S40	定义二进制常数
35	DISP	SUB49	S49	在数控系统的 CTR 显示器上显示信息

　　功能指令不能使用继电器的符号，必须使用图 4.16 所示的格式。这种格式包括：控制条件、指令、参数和输出几个部分。

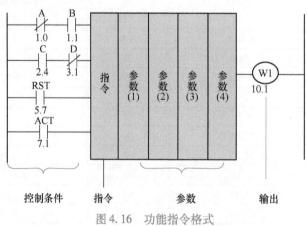

图 4.16　功能指令格式

　　表 4-4 为图 4.16 所示功能指令的程序编码表和运算结果状态。

表 4-4　图 4.16 所示功能指令的程序编码表和运算结果状态

序　号	指　令	地址号位数	备　注	运算结果状态			
				ST3	ST2	ST1	ST0
1	RD. NOT	1. 0	A				$\overline{A}$
2	AND	1. 1	B				$\overline{A} \cdot B$
3	RD. STK	2. 4	C			$\overline{A} \cdot B$	C
4	AND. NOT	3. 1	D			$\overline{A} \cdot B$	$C \cdot \overline{D}$
5	RD. STK	5. 7	RST		$\overline{A} \cdot B$	$C \cdot \overline{D}$	RST
6	RD. STK	7. 1	ACT	$\overline{A} \cdot B$	$C \cdot \overline{D}$	RST	ACT
7	SUB	○○	指令	$\overline{A} \cdot B$	$C \cdot \overline{D}$	RST	ACT
8	(PRM)	○○○○	参数 1	$\overline{A} \cdot B$	$C \cdot \overline{D}$	RST	ACT
9	(PRM)	○○○○	参数 2	$\overline{A} \cdot B$	$C \cdot \overline{D}$	RST	ACT
10	(PRM)	○○○○	参数 3	$\overline{A} \cdot B$	$C \cdot \overline{D}$	RST	ACT
11	(PRM)	○○○○	参数 4	$\overline{A} \cdot B$	$C \cdot \overline{D}$	RST	ACT
12	WRT	10. 1	W1 输出	$\overline{A} \cdot B$	$C \cdot \overline{D}$	RST	ACT

指令格式中各部分内容说明如下：

（1）控制条件　控制条件的数量和意义随功能指令的不同而变化。控制条件存入堆栈寄存器中，其顺序是固定不变的。

（2）指令　功能指令的种类见表 4-3。指令的三种格式，格式 1 用于梯形图，格式 2 用于纸带穿孔和程序显示，格式 3 是用编程器输入程序时的简化指令。对 TMR 和 DEC 指令在编程器上有其专用指令键，其他功能指令则用 SUB 键和其后的数字键输入。

（3）参数　功能指令不同于基本指令，可以处理各种数据，也就是说数据或存有数据的地址可作为功能指令的参数，参数的数目和含义随指令的不同而不同。

（4）输出　功能指令的执行情况可用一位"1"和"0"表示时，把它输出到 W1 继电器，W1 继电器的地址可随意确定。但有些功能指令不用 W1，如 MOVE、COM、JMP 等。

（5）需要处理的数据　由功能指令管理的数据通常是 BCD 码或二进制数。如四位数的BCD 码数据是按一定顺序放在两个连续地址的存储单元中，分低两位和高两位存放。例如BCD 码 1234 被存放在地址 200 和 201 中，则 200 中存低两位（34），201 中存高两位（12）。在功能指令中只用参数指定低字节的 200 地址。二进制代码数据可以由 1 字节、2 字节、4字节数据组成，同样是低字节存在最小地址，在功能指令中也是用参数指定最小地址。

4.5　典型数控系统简介

国内使用的数控系统品牌较多，如日本的 FANUC 系统、MITSUBISHI（三菱）系统、MAZAK（马扎克）系统、OKUMA（大隈）系统、DASEN（大森）系统，德国的 SIEMENS系统、HEIDENHAIN（海德汉）系统，美国的 HAAS（哈斯）系统，西班牙的 FAGOR（法格）系统，国内的广州 GSK 系统、华中 HNC 系统、北京 KND 系统等。其中使用量最多的是 FANUC 与 SIEMENS 系统。

4.5.1 FANUC 公司的主要数控系统

FANUC 数控系统以其高质量、低成本、高性能、较全的功能、适用于各种机床和生产机械等特点，在市场的占有率较高。主要产品有 0 系列、0i 系列和 16i/18i/21i 系列等。

1. FANUC 0 系列

FANUC 0 系列产品 1985 年开发成功，使用 Intel 80386 芯片，1988 年以后的产品改用 Intel 80486DX2。FANUC 0 系列有 A、B、C、D 四种系列产品，目前在国内使用最多的是普及型 FANUC 0-D 和全功能型 FANUC 0-C 两个系列。其中 0-C 系统采用了多 CPU 方式进行分散处理，已实现了高速连续的切削。

（1）普及型 CNC 0-D 系列 0-TD 用于车床，0-MD 用于铣床及小型加工中心，0-GCD 用于内、外圆磨床，0-GSD 用于平面磨床，0-PD 用于冲床。

（2）全功能型 FANUC 0-C 系列 0-TC 用于车床，0-MC 用于铣床、钻床和加工中心，0-GCC 用于内、外圆磨床，0-GSC 用于平面磨床，0-TTC 用于双刀架 4 轴车床。

2. FANUC 0i 系列

FANUC 0i 系列目前在国内已成为主流产品，各机床生产厂家已大量采用。系统的结构为模块化结构，其集成度比 0 系列产品更高。系统的界面、操作、参数等与 18i、16i、21i 基本相同。而且，系统具有高速矢量响应（High-speed Respons Vector，HRV）功能，伺服增益设定比 0-MD 系统高一倍，理论上可使轮廓加工误差减少一半。反向间隙补偿效果比 0 系列产品更为理想。结合预读控制及前馈控制等功能的应用，可减少轮廓加工误差。FANUC 0i 系列中 0i-MB/MA 用于加工中心和铣床，具有 4 轴 4 联动；0i-TB/TA 用于车床，具有 4 轴 2 联动；0i-mate MA 用于铣床，具有 3 轴 3 联动；0i-mate TA 用于车床，具有 2 轴 2 联动。

3. FANUC 16i/18i/21i 系列

FANUC 16i/18i/21i 系列产品比 0i 系统体积进一步缩小，将液晶显示器与 CNC 控制部分合为一体，实现了超小型化和超薄型化。而且，通过纳米插补和高响应伺服 HRV 控制的高增益伺服系统，以及高分辨率的脉冲编码器可实现高速、高精度加工；利用光导纤维将 CNC 控制单元和多个伺服放大器之间连接起来的高速串行总线，可以实现高速度的数据通信并减少连接电缆；通过因特网对数控系统可进行远程诊断；CNC 与 Windows 2000 对应，可以使用多种应用软件，不仅支持机床个性化和智能化，而且还可以与终端用户自身的个性化相对应。该系列产品中 16i 最大可控 8 轴 6 联动，18i 最大可控 6 轴 4 联动，21i 最大可控 4 轴 4 联动。

4.5.2 SIEMENS 公司的主要数控系统

SINMENS 数控系统，以较好的稳定性和较优的性能价格比，在我国数控机床行业被广泛应用，主要包括 802、810、840 等系列产品。

1. SINUMERIK 802 系列

SINUMERIK 802 系列主要包括 802S、802C 和 802D 等。802S/C 用于车床、铣床等，可控制 3 个进给轴和 1 个主轴。其中 802S 适于步进电动机驱动，802C 适于伺服电动机驱动；802D 用于车床、铣床、加工中心等，可控制 4 个进给轴和 1 个主轴，属于普及型数控系统，

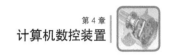

与 802S、802C 相比，其结构、性能有了较大地提高。

2. SINUMERIK 810 系列

SINUMERIK 810 系列主要是 810D，810D 是 840D 的简化版，最多可控制 6 轴，分为 M、T、G 型，其中 M 型用于铣床、镗床及加工中心，T 型用于车床，G 型用于磨床。

3. SINUMERIK 840 系列

SINUMERIK 840 系列主要有 840C、840D 等，其中 840D 系统是 20 世纪 90 年代中期设计的数控系统。系统采用 32 位微处理器，可完成 CNC 连续轨迹控制以及内部集成式 PLC 控制，最多可控制 31 个进给轴和主轴。此外，系统还提供了多语种的显示功能，提供有标准的 PC 软件、硬盘、奔腾处理器，可在 Windows 98/2000 下开发自定义的界面。与西门子 611D 伺服驱动模块及西门子 S7-300 PLC 模块构成全数字化数控系统，可实现钻削、车削、铣削、磨削等控制功能，也能应用于剪切、冲压、激光加工等数控加工领域。目前，802D 和 840D 数控系统已被大量机床生产厂所采用。

4.6 CNC 装置的插补原理

所谓插补是指数据点密化的过程。在对数控系统输入有限坐标点（例如起点、终点）的情况下，计算机根据线段的特征（直线、圆弧、椭圆等），运用一定的算法，自动地在有限坐标点之间生成一系列的坐标数据，从而自动地对各坐标轴进行脉冲分配，完成整个线段的轨迹运行，使机床加工出所要求的轮廓曲线。大多数 CNC 装置都具有直线和圆弧插补功能。对于非直线或圆弧组成的轨迹，可以用小段的直线或圆弧来拟合。只有在某些要求较高的系统装置中，才具有抛物线插补、螺旋线插补、渐开线插补、正弦线插补和样条曲线插补等功能。对于轮廓控制系统来说，插补是最重要的计算任务，插补程序的运行时间和计算精度影响着整个 CNC 系统的性能指标，可以说插补是整个 CNC 系统控制软件的核心。目前普遍应用的插补算法可分为两大类：一类是基准脉冲插补，另一类是数据采样插补。

4.6.1 基准脉冲插补

基准脉冲插补又称脉冲增量插补或行程标量插补。该插补算法主要为各坐标轴进行脉冲分配计算。其特点是每次插补的结束仅产生一个行程增量，以一个个脉冲的方式输出给步进电动机。基准脉冲插补在插补计算过程中不断向各个坐标发出相互协调的进给脉冲，驱动各坐标轴的电动机运动。脉冲当量 δ 是脉冲分配的基本单位，按机床设计的加工精度选定。普通精度的机床取 $\delta = 0.01\text{mm}$，较精密的机床取 $\delta = 0.001\text{mm}$ 或 0.005mm。基准脉冲插补的方法很多，如逐点比较法、数字积分法、比较积分法、数字脉冲乘法器法、最小偏差法、矢量判别法、单步追踪法、直接函数法等。其中应用较多的是逐点比较法和数字积分法。基准脉冲插补适用于以步进电动机为驱动装置的开环数控系统。

1. 逐点比较法插补

逐点比较法又称代数运算法或醉步法，是早期数控机床开环系统中广泛采用的一种插补方法，可实现直线插补、圆弧插补，也可用于其他非圆二次曲线（如椭圆、抛物线和双曲

线等）的插补，其特点是运算直观，最大插补误差不大于一个脉冲当量，脉冲输出均匀，调节方便。

逐点比较法的基本原理是每次仅向一个坐标轴输出一个进给脉冲，每进给一步都要将加工点的瞬时坐标与理论的加工轨迹相比较，判断实际加工点与理论加工轨迹的偏移位置，通过偏差函数计算两者之间的偏差，从而决定下一步的进给方向。每进给一步都要完成偏差判别、坐标进给、新偏差计算和终点判别四个工作节拍。

（1）逐点比较法直线插补

1）逐点比较法的直线插补原理。在图 4.17 所示 xy 平面第一象限内有直线段 OE，以原点为起点，以 E (x_e, y_e) 为终点，直线 OE 的方程为

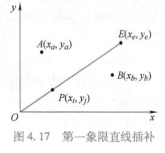

图 4.17　第一象限直线插补

$$\frac{y_j}{x_i} = \frac{y_e}{x_e}$$

可改写为

$$x_e y_j - y_e x_i = 0$$

在第一象限，当加工点 P 位于直线上方 A 点，则有

$$x_e y_j - y_e x_i > 0$$

当加工点位于直线下方 B 点，则有

$$x_e y_j - y_e x_i < 0$$

令 $F_{i,j} = x_e y_j - y_e x_i$ 为"直线插补偏差判别式"或"偏差判别函数"，$F_{i,j}$ 的数值称为"偏差"。则有：当加工点 P 在直线上时，$F_{i,j} = 0$；当加工点 P 在直线上方时，$F_{i,j} > 0$；当加工点 P 在直线下方时，$F_{i,j} < 0$。

按照"靠近曲线，指向终点"的插补进给原则，依次控制刀具的进给方向。且规定 $F_{i,j} = 0$ 和 $F_{i,j} > 0$ 情况一同考虑。

① 当 $F_{i,j} \geq 0$ 时，加工点向 $+x$ 方向进给一个脉冲当量，到达新的加工点 P (x_{i+1}, y_j)，此时 $x_{i+1} = x_i + 1$，则新加工点 P (x_{i+1}, y_j) 的偏差判别函数 $F_{i+1,j}$ 为

$$
\begin{aligned}
F_{i+1,j} &= x_e y_j - y_e x_{i+1} \\
&= x_e y_j - y_e (x_i + 1) \\
&= F_{i,j} - y_e
\end{aligned}
\tag{4-1}
$$

② 当 $F_{i,j} < 0$ 时，加工点向 $+y$ 方向进给一个脉冲当量，到达新的加工点 P (x_i, y_{j+1})，此时 $y_{j+1} = y_j + 1$，则新加工点 P (x_i, y_{j+1}) 的偏差判别函数 $F_{i,j+1}$ 为

$$
\begin{aligned}
F_{i,j+1} &= x_e y_{j+1} - y_e x_i \\
&= x_e (y_j + 1) - y_e x_i \\
&= F_{i,j} + x_e
\end{aligned}
\tag{4-2}
$$

根据式（4-1）及式（4-2）可以看出，新加工点的偏差值完全可以用前一点的偏差递推出来。

2）节拍控制。由以上可知，逐点比较法直线插补的全过程，每走一步要进行以下四个节拍。

第一节拍——偏差判别：判别刀具当前位置相对于给定直线的偏离情况，以此决定刀具移动方向。

第二节拍——坐标进给：根据偏差判别结果，控制刀具向某一坐标方向进给一步，到达新位置。

第三节拍——偏差计算：计算出刀具当前新位置的新偏差，为下一次判别作准备。

第四节拍——终点判别：判别刀具是否已到达给定直线终点。若已到达终点，则停止插补；若未到达，则继续插补。如此不断重复上述四个节拍就可以加工出所要求的直线。系统在处理时，每插补一次总步数减 1，直到总步数为 0，即到达直线插补终点，插补结束。总步数 n 存入系统终点判别寄存器内。总步数 $n = |x_e| + |y_e|$。

3）不同象限的直线插补。对第二象限，只要将式（4-2）中用 $|x|$ 取代 x，就可以变换到第一象限，至于输出驱动，应使 x 轴向步进电动机反向旋转，而 y 轴步进电动机仍为正向旋转。

同理，第三、四象限的直线也可以变换到第一象限。插补运算时，在式（4-1）、式（4-2）中用 $|x|$ 和 $|y|$ 代替 x、y。输出驱动则是：在第三象限，点在直线上方，向 $-y$ 方向进给，点在直线下方，向 $-x$ 方向进给；在第四象限，点在直线上方，向 $-y$ 方向进给，点在直线下方，向 $+x$ 方向进给。直线插补在四个象限中的进给方向如图 4.18 所示。

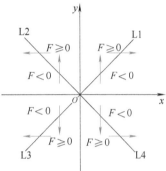

图 4.18 直线插补在四个象限中的进给方向

现将直线插补四种情况的偏差计算及进给方向列于表 4-5 中，其中用 L 表示直线，四个象限分别用数字 1、2、3、4 标注。

表 4-5 xy 平面内直线插补的进给与偏差计算

线 型	偏 差	偏 差 计 算	进给方向与坐标
L1，L4	$F \geqslant 0$	$F \leftarrow F - |y_e|$	$+x$
L2，L3	$F \geqslant 0$		$-x$
L1，L2	$F < 0$	$F \leftarrow F + |x_e|$	$+y$
L3，L4	$F < 0$		$-y$

4）直线插补举例。

【例 4-1】设欲加工处在第一象限的直线 OE，终点坐标为 $x_e = 5$，$y_e = 3$，试用逐点比较法进行插补。

解：总步数

$$n = |x_e| + |y_e| = 5 + 3 = 8$$

开始时刀具在直线起点，即在直线上，故 $F_0 = 0$。表 4-6 列出了直线插补运算过程，插补轨迹如图 4.19 所示。

表 4-6 直线插补运算过程

序 号	偏 差 判 别	坐 标 进 给	偏 差 计 算	终 点 判 别
0			$F_0 = 0$	$n = 5 + 3 = 8$
1	$F_0 = 0$	$+X$	$F_1 = F_0 - y_e = 0 - 3 = -3$	$n = 8 - 1 = 7$

（续）

序　号	偏差判别	坐标进给	偏差计算	终点判别
2	$F_1 < 0$	+Y	$F_2 = F_1 + x_e = -3 + 5 = 2$	$n = 7 - 1 = 6$
3	$F_2 > 0$	+X	$F_3 = F_2 - y_e = 2 - 3 = -1$	$n = 6 - 1 = 5$
4	$F_3 < 0$	+Y	$F_4 = F_3 + x_e = -1 + 5 = 4$	$n = 5 - 1 = 4$
5	$F_4 > 0$	+X	$F_5 = F_4 - y_e = 4 - 3 = 1$	$n = 4 - 1 = 3$
6	$F_5 > 0$	+X	$F_6 = F_5 - y_e = 1 - 3 = -2$	$n = 3 - 1 = 2$
7	$F_6 < 0$	+Y	$F_7 = F_6 + x_e = -2 + 5 = 3$	$n = 2 - 1 = 1$
8	$F_7 > 0$	+X	$F_8 = F_7 - y_e = 3 - 3 = 0$	$n = 1 - 1 = 0$

（2）逐点比较法圆弧插补

1）逐点比较法的圆弧插补原理。逐点比较法圆弧插补过程与直线插补过程类似，每进给一步也都要完成四个工作节拍。但是，圆弧插补是以加工点距圆心的距离大于还是小于圆弧半径来作为偏差判别的依据。如加工图 4.20 所示的第一象限逆时针走向的圆弧 AB，半径为 R，以原点为圆心，起点坐标为 $A(x_0, y_0)$，在 xy 坐标平面第一象限中，点 $P(x_i, y_j)$ 的加工偏差有以下三种情况。

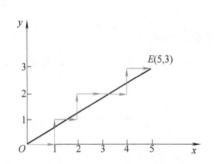

图 4.19　逐点比较法第一象限直线插补轨迹

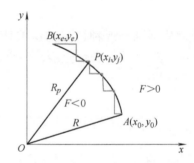

图 4.20　逐点比较法圆弧插补

若加工点 $P(x_i, y_j)$ 正好落在圆弧上，则

$$x_i^2 + y_j^2 = x_0^2 + y_0^2 = R^2 \text{ 或 } x_i^2 + y_j^2 - R^2 = 0$$

若加工点 $P(x_i, y_j)$ 落在圆弧外侧，则 $R_p > R$，即

$$x_i^2 + y_j^2 > R^2 \text{ 或 } x_i^2 + y_j^2 - R^2 > 0$$

若加工点 $P(x_i, y_j)$ 落在圆弧内侧，则 $R_p < R$，即

$$x_i^2 + y_j^2 < R^2 \text{ 或 } x_i^2 + y_j^2 - R^2 < 0$$

令偏差判别函数为

$$F_{i,j} = x_i^2 + y_j^2 - R^2$$

按照"靠近曲线，指向终点"的插补进给原则，若点 $P(x_i, y_j)$ 在圆弧上或圆弧外侧，即满足 $F_{i,j} \geq 0$ 时，系统向 x 轴发出一负向运动的进给脉冲；若点 $P(x_i, y_j)$ 在圆弧内侧，即满足 $F_{i,j} < 0$ 时，则向 y 轴发出一正向运动的进给脉冲。

① 当 $F_{i,j} \geq 0$ 时，加工点 $P(x_i, y_j)$ 在圆弧上或圆弧外，加工点向 $-x$ 方向进给一个脉冲当量，即向趋近圆弧的圆内方向进给，到达新的加工点 $P_{i-1,j}$，此时 $x_{i-1} = x_i - 1$，则新加工点 $P_{i-1,j}$ 的偏差判别函数 $F_{i-1,j}$ 为

$$F_{i-1,j} = x_{i-1}^2 + y_j^2 - R^2$$
$$= (x_i - 1)^2 + y_j^2 - R^2$$
$$= (x_i^2 + y_j^2 - R^2) - 2x_i + 1$$
$$= F_{i,j} - 2x_i + 1 \tag{4-3}$$

② 当 $F_{i,j} < 0$ 时，加工点 $P(x_i, y_j)$ 在圆弧内，加工点向 $+y$ 方向进给一个脉冲当量，即向趋近圆弧的圆外方向进给，到达新的加工点 $P_{i,j+1}$，此时 $y_{j+1} = y_j + 1$，则新加工点 $P_{i,j+1}$ 的偏差判别函数 $F_{i,j+1}$ 为

$$F_{i,j+1} = x_i^2 + y_{j+1}^2 - R^2$$
$$= x_i^2 + (y_j + 1)^2 - R^2$$
$$= (x_i^2 + y_j^2 - R^2) + 2y_j + 1$$
$$= F_{i,j} + 2y_j + 1 \tag{4-4}$$

同理可推出插补第一象限顺圆弧偏差判别函数。

① 当 $F_{i,j} \geq 0$ 时，加工点 $P(x_i, y_j)$ 在圆弧上或圆弧外，加工点向 $-y$ 方向进给一个脉冲当量，即向趋近圆弧的圆内方向进给，到达新的加工点 $P_{i,j-1}$，此时 $y_{j-1} = y_j - 1$，则新加工点 $P_{i,j-1}$ 的偏差判别函数 $F_{i,j-1}$ 为

$$F_{i,j-1} = F_{i,j} - 2y_j + 1 \tag{4-5}$$

② 当 $F_{i,j} < 0$ 时，加工点 $P(x_i, y_j)$ 在圆弧内，加工点向 $+x$ 方向进给一个脉冲当量，即向趋近圆弧的圆外方向进给，到达新的加工点 $P_{i+1,j}$，此时 $x_{i+1} = x_i + 1$，则新加工点 $P_{i+1,j}$ 的偏差判别函数为 $F_{i+1,j}$

$$F_{i+1,j} = F_{i,j} + 2x_i + 1 \tag{4-6}$$

根据式 (4-3) ~ 式 (4-6) 可以看出，新加工点的偏差值可以用前一点的偏差值递推出来。递推法把圆弧偏差运算式由平方运算化为加法和乘 2 运算，而对二进制来说，乘 2 运算是容易实现的。

圆弧插补运算每进给一步也需要进行偏差判别、坐标进给、偏差计算、终点判断四个工作节拍。插补总步数 $n = |x_e - x_0| + |y_e - y_0|$。

2）圆弧插补举例。

【例 4-2】设有第一象限逆圆弧 AB，起点为 $A(5, 0)$，终点为 $B(0, 5)$，试用逐点比较法插补圆弧 AB。

解：总步数

$$n = |0 - 5| + |5 - 0| = 10$$

开始加工时刀具在起点 A，即在圆弧上，$F_0 = 0$，$x_0 = 5$，$y_0 = 0$。圆弧插补运算过程见表 4-7，圆弧插补轨迹如图 4.21 所示。

表 4-7　圆弧插补运算过程

序号	偏差判别	坐标进给	偏差计算		终点判别
0			$F_0 = 0$	$x_0 = 5$，$y_0 = 0$	$n = 10$
1	$F_0 = 0$	$-x$	$F_1 = F_0 - 2x_0 + 1 = 0 - 2 \times 5 + 1 = -9$	$x_1 = 4$，$y_1 = 0$	$n = 10 - 1 = 9$
2	$F_1 < 0$	$+y$	$F_2 = F_1 + 2y_1 + 1 = -9 + 2 \times 0 + 1 = -8$	$x_2 = 4$，$y_2 = 1$	$n = 9 - 1 = 8$

（续）

序号	偏差判别	坐标进给	偏差计算		终点判别
3	$F_2 < 0$	$+y$	$F_3 = F_2 + 2y_2 + 1 = -8 + 2 \times 1 + 1 = -5$	$x_3 = 4,\ y_3 = 2$	$n = 8 - 1 = 7$
4	$F_3 < 0$	$+y$	$F_4 = F_3 + 2y_3 + 1 = -5 + 2 \times 2 + 1 = 0$	$x_4 = 4,\ y_4 = 3$	$n = 7 - 1 = 6$
5	$F_4 = 0$	$-x$	$F_5 = F_4 - 2x_4 + 1 = 0 - 2 \times 4 + 1 = -7$	$x_5 = 3,\ y_5 = 3$	$n = 6 - 1 = 5$
6	$F_5 < 0$	$+y$	$F_6 = F_5 + 2y_5 + 1 = -7 + 2 \times 3 + 1 = 0$	$x_6 = 3,\ y_6 = 4$	$n = 5 - 1 = 4$
7	$F_6 = 0$	$-x$	$F_7 = F_6 - 2x_6 + 1 = 0 - 2 \times 3 + 1 = -5$	$x_7 = 2,\ y_7 = 4$	$n = 4 - 1 = 3$
8	$F_7 < 0$	$+y$	$F_8 = F_7 + 2y_7 + 1 = -5 + 2 \times 4 + 1 = 4$	$x_8 = 2,\ y_8 = 5$	$n = 3 - 1 = 2$
9	$F_8 > 0$	$-x$	$F_9 = F_8 - 2x_8 + 1 = 4 - 2 \times 2 + 1 = 1$	$x_9 = 1,\ y_9 = 5$	$n = 2 - 1 = 1$
10	$F_9 > 0$	$-x$	$F_{10} = F_9 - 2x_9 + 1 = 1 - 2 \times 1 + 1 = 0$	$x_{10} = 0,\ y_{10} = 5$	$n = 1 - 1 = 0$

3）圆弧插补的象限处理与坐标变换。

① 圆弧插补的象限处理。上面仅讨论了第一象限的圆弧插补，实际上圆弧所在的象限不同，顺逆不同，则插补公式和进给方向均不同。圆弧插补有八种情况。圆弧插补在四个象限中的进给方向如图 4.22 所示。

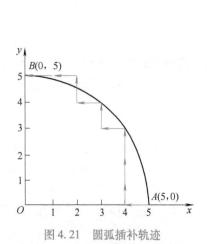

图 4.21　圆弧插补轨迹

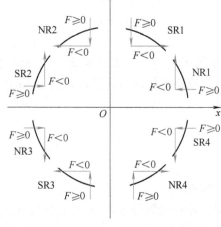

图 4.22　圆弧插补在四个象限中的进给方向

现将 xy 平面内圆弧插补的偏差计算及进给方向列于表 4-8 中，其中用 R 表示圆弧，S 表示顺时针，N 表示逆时针，四个象限分别用数字 1、2、3、4 标注，例如 SR1 表示第一象限顺时针圆弧，NR3 表示第三象限逆时针圆弧。

表 4-8　xy 平面内圆弧插补的偏差计算与进给

线　　型	偏　　差	偏差计算	进给方向与坐标
SR2，NR3	$F \geq 0$	$F \leftarrow F + 2x + 1$	$+x$
SR1，NR4	$F < 0$	$x \leftarrow x + 1$	
NR1，SR4	$F \geq 0$	$F \leftarrow F - 2x + 1$	$-x$
NR2，SR3	$F < 0$	$x \leftarrow x - 1$	
NR4，SR3	$F \geq 0$	$F \leftarrow F + 2y + 1$	$+y$
NR1，SR2	$F < 0$	$y \leftarrow y + 1$	
SR1，NR2	$F \geq 0$	$F \leftarrow F - 2y + 1$	$-y$
NR3，SR4	$F < 0$	$y \leftarrow y - 1$	

② 圆弧自动过象限。所谓圆弧自动过象限，是指圆弧的起点和终点不在同一象限内，如图 4.23 所示。为实现一个程序段的完整功能，需设置圆弧自动过象限功能。

要完成过象限功能，首先应判别何时过象限。过象限有一显著特点，就是过象限时刻正好是圆弧与坐标轴相交的时刻，因此在两个坐标值中必有一个为零，判断是否过象限只要检查是否有坐标值为零即可。

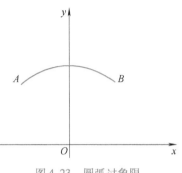

图 4.23　圆弧过象限

过象限后，圆弧线型也改变了，以图 4.23 为例，由 SR2 变为 SR1。但过象限时象限的转换是有一定规律的。当圆弧起点在第一象限时，逆时针圆弧过象限后转换顺序是 NR1→NR2→NR3→NR4→NR1，每过一次象限，象限顺序号加 1，当从第四象限向第一象限过象限时，象限顺序号从 4 变为 1；顺时针圆弧过象限的转换顺序是 SR1→SR4→SR3→SR2→SR1，即每过一次象限，象限顺序号减 1，当从第一象限向第四象限过象限时，象限顺序号从 1 变为 4。

③ 坐标变换。前面所述的逐点比较法插补是在 xy 平面中讨论的。对于其他平面的插补可采用坐标变换方法实现。用 y 代替 x，z 代替 y，即可实现 yz 平面内的直线和圆弧插补；用 z 代替 y，而 x 坐标不变，就可以实现 xz 平面内的直线与圆弧插补。

2. 数字积分法插补

（1）数字积分法的基本原理　数字积分法又称数字微分分析法（Digital Differential Analyzer，DDA）。这种插补方法可以实现一次、二次、甚至高次曲线的插补，也可以实现多坐标联动控制。只要输入不多的几个数据，就能加工出圆弧等形状较为复杂的轮廓曲线。作直线插补时，脉冲分配也较均匀。

从几何概念上来说，函数 $y=f(t)$ 的积分运算就是求函数曲线所包围的面积 S，如图 4.24 所示。

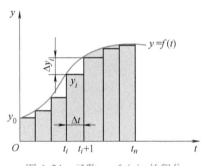

图 4.24　函数 $y=f(t)$ 的积分

$$S = \int_0^t y \mathrm{d}t \tag{4-7}$$

此面积可以看作是许多长方形小面积之和，长方形的宽为自变量 Δt，高为纵坐标 y_i，则

$$S = \int_0^t y \mathrm{d}t = \sum_{i=0}^n y_i \Delta t \tag{4-8}$$

这种近似积分法称为矩形积分法，该公式又称为矩形公式。数学运算时，如果取 $\Delta t = 1$，即一个脉冲当量，式（4-8）可以简化为

$$S = \sum_{i=0}^n y_i \tag{4-9}$$

由此，函数的积分运算变成了变量求和运算。如果所选取的脉冲当量足够小，则用求和运算来代替积分运算所引起的误差一般不会超过允许的数值。

（2）DDA 直线插补

1）DDA 直线插补原理。设 xy 平面内直线 OA 的起点为（0，0），终点为（x_e，y_e），如图 4.25 所示。若以匀速 v 沿 OA 位移，则 v 可分为动点在 x 轴和 y 轴方向的两个速度 v_x、v_y，根据前述积分原理计算公式，在 x 轴和 y 轴方向上微小位移增量 Δx、Δy 应为

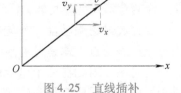

$$\begin{cases} \Delta x = v_x \Delta t \\ \Delta y = v_y \Delta t \end{cases} \qquad (4\text{-}10)$$

对于直线函数来说，则有

$$\frac{v}{L} = \frac{v_x}{x_e} = \frac{v_y}{y_e} = k \qquad (4\text{-}11)$$

图 4.25　直线插补

式中，k 为比例系数；L 为直线段长度。

由式（4-11）可得

$$\begin{cases} v_x = k x_e \\ v_y = k y_e \end{cases} \qquad (4\text{-}12)$$

将式（4-12）代入式（4-10），得坐标轴的位移增量为

$$\begin{cases} \Delta x = k x_e \Delta t \\ \Delta y = k y_e \Delta t \end{cases} \qquad (4\text{-}13)$$

各坐标轴的位移量为

$$\begin{cases} x = \int_0^t k x_e \mathrm{d}t = \sum_{i=1}^n k x_e \Delta t \\ y = \int_0^t k y_e \mathrm{d}t = \sum_{i=1}^n k y_e \Delta t \end{cases} \qquad (4\text{-}14)$$

所以，动点从原点走向终点的过程，可以看作是各坐标轴每经过一个单位时间间隔 Δt，分别以增量 $k x_e$、$k y_e$ 同时累加的过程。据此可以作出 xy 平面直线插补原理图，如图 4.26 所示。

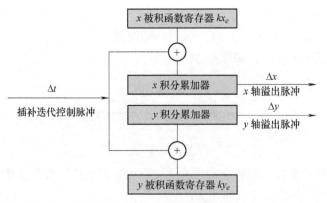

图 4.26　xy 平面直线插补原理图

平面直线插补器由两个数字积分器组成，每个坐标的积分器由累加器和被积函数寄存器组成。终点坐标值存在被积函数寄存器中，Δt 相当于插补控制脉冲源发出的控制信号。每发生一个插补迭代脉冲（即一个 Δt），被积函数 $k x_e$ 和 $k y_e$ 向各自的累加器里累加一次，累加的结果有无溢出脉冲 Δx（或 Δy），取决于累加器的容量和 $k x_e$ 或 $k y_e$ 的大小。

假设经过 n 次累加后（取 $\Delta t = 1$），x 和 y 分别（或同时）到达终点（x_e，y_e），则式（4-14）成立，即

$$\begin{cases} x = \sum_{i=1}^{n} kx_e \Delta t = kx_e n = x_e \\ y = \sum_{i=1}^{n} ky_e \Delta t = ky_e n = y_e \end{cases} \qquad (4\text{-}15)$$

由此得到 $nk = 1$，即 $n = 1/k$。

由于 n 必须是整数，所以 k 一定是小数。k 的选择主要考虑每次增量 Δx 或 Δy 不大于 1，以保证坐标轴上每次分配的进给脉冲不超过一个，即

$$\begin{cases} \Delta x = kx_e < 1 \\ \Delta y = ky_e < 1 \end{cases} \qquad (4\text{-}16)$$

若取寄存器位数为 N 位，则 x_e 及 y_e 的最大寄存器容量为 $2^N - 1$，故有

$$\begin{cases} \Delta x = kx_e = k(2^N - 1) < 1 \\ \Delta y = ky_e = k(2^N - 1) < 1 \end{cases} \qquad (4\text{-}17)$$

所以
$$k < \frac{1}{2^N - 1}$$

一般取
$$k = \frac{1}{2^N}$$

因此，累加次数 n 为

$$n = \frac{1}{k} = 2^N$$

因为 $k = 1/2^N$，对于一个二进制数来说，使 kx_e（或 ky_e）等于 x_e（或 y_e）乘以 $1/2^N$ 是很容易实现的，即 x_e（或 y_e）数字本身不变，只要把小数点左移 N 位即可。所以一个 N 位的寄存器存放 x_e（或 y_e）和存放 kx_e（或 ky_e）的数字是相同的，只是后者的小数点出现在最高位数 N 前面，其他没有差异。

DDA 直线插补的终点判别较简单，因为直线程序段需要进行 2^N 次累加运算，进行 2^N 次累加后就一定到达终点，故可由一个与积分器中寄存器容量相同的终点计数器 J_E 实现，其初值为零。每累加一次，J_E 加 1，当累加 2^N 次后，产生溢出，使 $J_E = n$，完成插补。

2）DDA 直线插补软件流程。用 DDA 进行插补时，x 和 y 两坐标可同时进给，即可同时送出 Δx、Δy 脉冲，同时每累加一次，要进行一次终点判断。DDA 直线插补软件流程如图 4.27 所示，其中 J_{Vx}、J_{Vy} 为积分函数寄存器，J_{Rx}、J_{Ry} 为余数寄存器，J_E 为终点计数器。

3）DDA 直线插补举例。

【例 4-3】设有一直线 OA，起点在坐标原点，终点坐标为（4，6）。采用三位寄存器，试写出直线 OA 的 DDA 插补运算过程，并画出插补轨迹图。

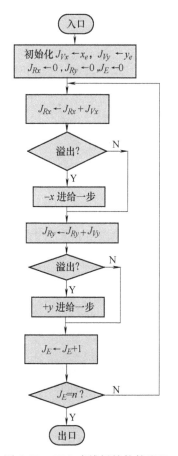

图 4.27　DDA 直线插补软件流程

解: $J_{Vx} = 4$, $J_{Vy} = 6$, 寄存器位数 $N = 3$, 则累加次数 $n = 2^3 = 8$, DDA 直线插补运算过程见表 4-9, DDA 直线插补轨迹如图 4.28 所示。

表 4-9 DDA 直线插补运算过程

累加次数 n	x 积分器 $J_{Rx} + J_{Vx}$	溢出 Δx	y 积分器 $J_{Ry} + J_{Vy}$	溢出 Δy	终点判断 J_E
0	0	0	0	0	0
1	0 + 4 = 4	0	0 + 6 = 6	0	1
2	4 + 4 = 8 + 0	1	6 + 6 = 8 + 4	1	2
3	0 + 4 = 4	0	4 + 6 = 8 + 2	1	3
4	4 + 4 = 8 + 0	1	2 + 6 = 8 + 0	1	4
5	0 + 4 = 4	0	0 + 6 = 6	0	5
6	4 + 4 = 8 + 0	1	6 + 6 = 8 + 4	1	6
7	0 + 4 = 4	0	4 + 6 = 8 + 2	1	7
8	4 + 4 = 8 + 0	1	2 + 6 = 8 + 0	1	8

（3）DDA 圆弧插补

1）DDA 圆弧插补原理。以第一象限为例，设圆弧 AE，半径为 R，起点 A（x_0，y_0），终点 E（x_e，y_e），P（x_i，y_i）为圆弧上的任意动点，动点移动速度为 v，分速度为 v_x 和 v_y，如图 4.29 所示。

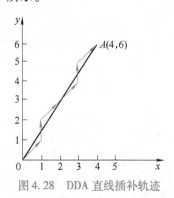

图 4.28 DDA 直线插补轨迹

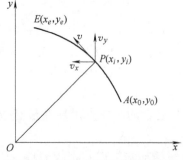

图 4.29 第一象限逆圆 DDA 插补

当 v 恒定不变时，则有

$$\frac{v}{R} = \frac{v_x}{y_j} = \frac{v_y}{x_i} = k \tag{4-18}$$

由式（4-18）可得

$$\begin{cases} v_x = ky_j \\ v_y = kx_i \end{cases} \tag{4-19}$$

当刀具沿圆弧切线方向匀速进给，即 v 为恒定时，可以认为比例常数 k 为常数。

在一个单位时间间隔 Δt 内，x 和 y 方向上的移动距离微小增量 Δx、Δy 应为

$$\begin{cases} \Delta x = V_x \Delta t = ky_j \Delta t \\ \Delta y = V_y \Delta t = kx_i \Delta t \end{cases} \tag{4-20}$$

根据式（4-20），仿照直线插补的方法也用两个积分器来实现圆弧插补，如图 4.30 所示。但必须注意 DDA 圆弧插补与直线插补的区别：

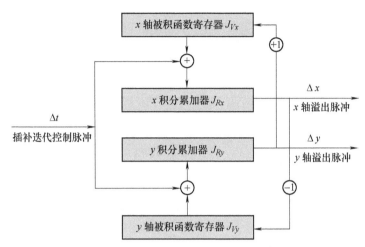

图 4.30 DDA 圆弧插补原理框图

① 坐标值 x_i、y_j 存入被积函数寄存器 J_{V_x}、J_{V_y} 的对应关系与直线不同，恰好位置互调，即 y_j 存入 J_{V_x}，而 x_i 存入 J_{V_y} 中。

② 直线插补时 J_{V_x}、J_{V_y} 寄存的是终点坐标 x_e 或 y_e，是常数；而在圆弧插补时寄存的是动点坐标 x_i 或 y_j，是变量。因此在刀具移动过程中必须根据刀具位置的变化来更改寄存器 J_{V_x}、J_{V_y} 中的内容。在起点时，J_{V_x}、J_{V_y} 分别寄存起点坐标值 y_0、x_0；在插补过程中，J_{R_y} 每溢出一个 Δy 脉冲，J_{V_x} 寄存器应该加"1"；反之，当 J_{R_x} 溢出一个 Δx 脉冲时，J_{V_y} 应该减"1"。减"1"的原因是刀具在作逆圆运动时 x 坐标作负方向进给，动点坐标不断减少。

DDA 圆弧插补时，由于 x、y 方向到达终点的时间不同，需对 x、y 两个坐标分别进行终点判断。实现这一点可利用两个终点计数器 J_{E_x} 和 J_{E_y}，把 x、y 坐标所需输出的脉冲数 $|x_0 - x_e|$、$|y_0 - y_e|$ 分别存入这两个计数器中，x 或 y 积分累加器每输出一个脉冲，相应的减法计数器减 1，当某一个坐标的计数器为零时，说明该坐标已到达终点，停止该坐标的累加运算。当两个计数器均为零时，圆弧插补结束。

2）DDA 圆弧插补举例。

【例 4-4】设有第一象限逆圆弧 AB，起点 A（5，0），终点 B（0，5），设寄存器位数 N 为 3，试用 DDA 插补此圆弧。

解：$J_{V_x} = 0$，$J_{V_y} = 5$，寄存器容量为：$2^N = 2^3 = 8$。DDA 圆弧插补运算过程见表 4-10，DDA 圆弧插补轨迹如图 4.31 所示。

表 4-10 DDA 圆弧插补运算过程

累加次数 n	x 积分器				y 积分器			
	J_{V_x}	J_{R_x}	Δx	J_{E_x}	J_{V_y}	J_{R_y}	Δy	J_{E_y}
0	0	0	0	5	5	0	0	5
1	0	0	0	5	5	5	0	5
2	0	0	0	5	5	8+2	1	4
3	1	1	0	5	5	7	0	4
4	1	2	0	5	5	8+4	1	3
5	2	4	0	5	5	8+1	1	2

（续）

累加次数 n	x 积分器				y 积分器			
	J_{Vx}	J_{Rx}	Δx	J_{Ex}	J_{Vy}	J_{Ry}	Δy	J_{Ey}
6	3	7	0	5	5	6	0	2
7	3	8 + 2	1	4	5	8 + 3	1	1
8	4	6	0	4	4	7	0	1
9	4	8 + 2	1	3	4	8 + 3	1	0
10	5	7	0	3	3	停	0	0
11	5	8 + 4	1	2	3	—	—	—
12	5	8 + 1	1	1	2	—	—	—
13	5	6	0	1	1	—	—	—
14	5	8 + 3	1	0	1	—	—	—
15	5	停	0	0	0	—	—	—

3）不同象限的脉冲分配。不同象限的顺圆、逆圆的 DDA 插补运算过程和原理框图与第一象限逆圆基本一致。其不同点在于，控制各坐标轴的 Δx 和 Δy 的进给脉冲分配方向不同，以及修改 J_{Vx} 和 J_{Vy} 内容时，是"＋1"还是"－1"要由 y 和 x 坐标的增减而定。DDA 圆弧插补时不同象限的脉冲分配方向及坐标修正见表 4-11。

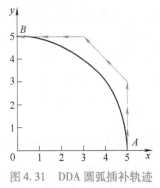

图 4.31　DDA 圆弧插补轨迹

表 4-11　DDA 圆弧插补时不同象限的脉冲分配方向及坐标修正

	SR1	SR2	SR3	SR4	NR1	NR2	NR3	NR4
J_{Vx}	− 1	+ 1	− 1	+ 1	+ 1	− 1	+ 1	− 1
J_{Vy}	+ 1	− 1	+ 1	− 1	− 1	+ 1	− 1	+ 1
Δx	+	+	−	−	−	−	+	+
Δy	−	+	+	−	+	−	−	+

4.6.2　数据采样插补

数据采样插补又称为数据增量插补、时间分割法或时间标量插补。这类插补方法的特点是数控装置产生的不是单个脉冲，而是标准二进制字。插补运算分两步完成。第一步为粗插补，采用时间分割思想，把加工一段直线或圆弧的整段时间细分为许多相等的时间间隔，称为插补周期。在每个插补周期内，根据插补周期 T 和编程的进给速度 F 计算轮廓步长 $l = FT$，将轮廓曲线分割为若干条长度为轮廓步长 l 的微小直线段；第二步为精插补，数控系统通过位移检测装置定时对插补的实际位移进行采样，根据位移检测采样周期的大小，采用直线的基准脉冲插补，在轮廓步长内再插入若干点，即在粗插补算出的每一微小直线段的基础上再作"数据点的密化"工作。一般将粗插补运算称为插补，由软件完成，而精插补可由软件实现，也可由硬件实现。

计算机除了完成插补运算外，还要执行显示、监控、位置采样及控制等实时任务，所以插补周期应大于插补运算时间与完成其他实时任务所需的时间之和。插补周期与采样周期可以相同，也可以不同，一般取插补周期为采样周期的整数倍，该倍数应等于对轮廓步长 l 实时精插补时的插补点数。如美国 A-B 公司的 7300 系列中，插补周期与位置反馈采样周期相同，都是 10.24ms；德国 SIEMENS 公司的 System-7CNC 系统和日本 FANUC 公司的 7M 系统中，插补周期 T 为 8ms，位移反馈采样周期为 4ms，即插补周期为采样周期的两倍，此时，插补程序每 8ms 被调用一次，计算出下一个周期各坐标轴应该行进的增量长度，而位移反馈采样程序每 4ms 被调用一次，将插补程序算好的坐标增量除以 2 后再进行直线段的进一步密化（即精插补）。现代数控系统的插补周期已缩短到 2~4ms，有的已经达到零点几毫秒。

由上述分析可知，数据采样插补算法的核心问题是如何计算各坐标轴的增量 Δx 或 Δy，有了前一插补周期末的动点坐标值和本次插补周期内的坐标增量值，就很容易计算出本次插补周期末的动点指令位置坐标值。对于直线插补来讲，由于坐标轴的脉冲当量很小，再加上位置检测反馈的补偿，可以认为插补所形成的轮廓步长 l 与给定的直线重合，不会造成轨迹误差。而在圆弧插补中，一般将轮廓步长 l 作为内接弦线或割线（又称内外差分弦）来逼近圆弧，因而不可避免地会带来轮廓误差。如图 4.32 所示，设用内接弦线或割线逼近圆弧时产生的最大半径误差为 δ_R，在一个插补周期 T 内逼近弦线 l 所对应的圆心角（角步距）为 θ，圆弧半径为 R，刀具进给速度为 F，则采用弦线对圆弧进行逼近时，由图 4.32a、b 可知

$$R^2 - (R - \delta)^2 = \left(\frac{l}{2}\right)^2$$

$$2R\delta - \delta^2 = \frac{l^2}{4}$$

$$R^2 - (R - \delta)^2 = \left(\frac{l}{2}\right)^2$$

$$2R\delta - \delta^2 = \frac{l^2}{4}$$

舍去高阶无穷小 δ^2，则由上式得

$$\delta = \frac{l^2}{8R} = \frac{(FT)^2}{8R} \tag{4-21}$$

采用割线对圆弧进行逼近时，假设内外差分弦的半径误差相等，即 $\delta_1 = \delta_2 = \delta$，则由图 4.32b 可知

$$(R + \delta)^2 - (R - \delta)^2 = \left(\frac{l}{2}\right)^2$$

$$4R\delta = \frac{l^2}{4}$$

$$\delta = \frac{l^2}{16R} = \frac{(FT)^2}{16R} \tag{4-22}$$

显然，当轮廓步长 l 相等时，内外差分弦的半径误差是内接弦的一半；若令半径误差相等，则内外差分弦的轮廓步长 l 或角步距 θ 是内接弦的 $\sqrt{2}$ 倍。但由于采用割线对圆弧进行逼近时计算复杂，应用较少。

从以上分析可以看出，逼近误差 δ 与进给速度 F、插补周期 T 的平方成正比，与圆弧半径 R 成反比。由于数控机床的插补误差应小于数控机床的分辨率，即应小于一个脉冲当量，所以，在进给速度 F、圆弧半径 R 一定的条件下，插补周期 T 越短，逼近误差 δ 就越小。当 δ 给定及插补周期 T 确定之后，可根据圆弧半径 R 选择进给速度 F，以保证逼近误差 δ 不超

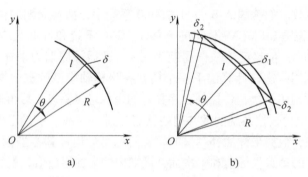

图 4.32 弦线、割线逼近圆弧的径向误差

a) 弦线 b) 割线

过允许值。

以直流或交流电动机为驱动装置的闭环或半闭环系统都采用数据采样插补方法，粗插补在每一个插补周期内计算出坐标实际位置增量值，而精插补则在每一个采样周期反馈实际位置增量值及插补程序输出的指令位置增量值。然后算出各坐标轴相应的插补指令位置和实际反馈位置的偏差，即跟随误差，根据跟随误差算出相应坐标轴的进给速度，输出给驱动装置。

数据采样插补的方法也很多，有直线函数法、扩展数字积分法、二阶递归扩展数字积分法、双数字积分插补法等。其中应用较多的是直线函数法、扩展数字积分法。下面仅介绍直线函数法。

直线函数法又称弦线法，是典型的数据采样插补方法之一。在圆弧插补时，以内接弦进给代替弧线进给，提高了圆弧插补的精度。FANUC-7M 系统就采用了此类插补。

1. 直线函数法直线插补

设要求刀具在 xy 平面内作图 4.33 所示的直线运动，x 和 y 轴的位移增量分别为 Δx 和 Δy。插补时，取增量大的作长轴，增量小的为短轴，要求 x 和 y 轴的速度保持一定的比例，且同时到达终点。

设刀具移动方向与长轴夹角为 α，OA 为一次插补的进给步长 l。根据程序段所提供的终点坐标 $P(x_e, y_e)$，可得到

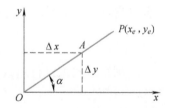

图 4.33 直线函数法直线插补

$$\tan\alpha = \frac{y_e}{x_e}$$

$$\cos\alpha = \frac{1}{\sqrt{1 + \tan^2\alpha}}$$

从而求得本次插补周期内长、短轴的插补进给量分别为

$$\Delta x = l\cos\alpha \qquad (4\text{-}23)$$

$$\Delta y = \frac{y_e}{x_e}\Delta x \qquad (4\text{-}24)$$

2. 直线函数法圆弧插补

如图 4.34 所示，要加工圆心在原点 $O(0, 0)$、半径为 R 的第一象限顺圆弧，在顺

圆弧上的 B 点是继 A 点之后的插补瞬时点，两点的坐标分别为 A (x_i, y_i)、B (x_{i+1}, y_{i+1})，现求在一个插补周期 T 内 x 轴和 y 轴的进给量 Δx、Δy。图中的弦 AB 是圆弧插补时每个插补周期内的进给步长 l，AP 是 A 点的圆弧切线，M 是弦的中点。显然，$ME \perp AF$，E 是 AF 的中点，而 $OM \perp AB$。由此，圆心角具有下列关系

$$\phi_{i+1} = \phi_i + \phi \tag{4-25}$$

式中，ϕ 为进给步长 l 所对应的角增量，称为角步距。

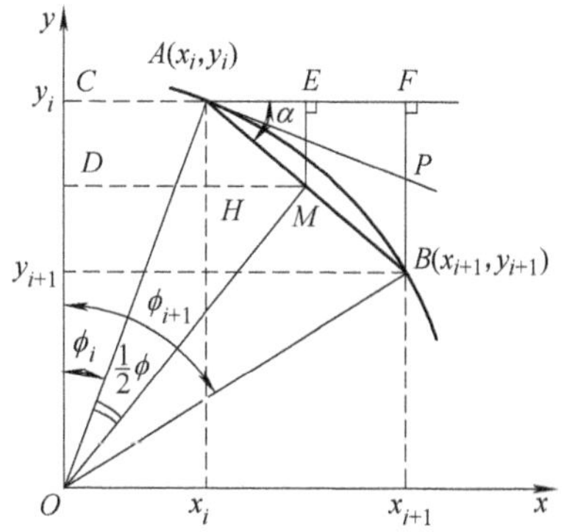

由于 $\triangle AOC$ 与 $\triangle PAF$ 相似，所以

$$\angle AOC = \angle PAF = \phi_i$$

图 4.34　直线函数法圆弧插补

显然

$$\angle BAP = \frac{1}{2} \angle AOB = \frac{1}{2} \phi$$

因此

$$\alpha = \angle PAF + \angle BAP + = \phi_i + \frac{1}{2} \phi$$

在三角形 $\triangle MOD$ 中，有

$$\tan\left(\phi_i + \frac{\phi}{2}\right) = \frac{\overline{DH} + \overline{HM}}{\overline{CO} - \overline{CD}}$$

因为 $\tan\alpha = \dfrac{\overline{FB}}{\overline{FA}} = \dfrac{\Delta y}{\Delta x}$，将 $\overline{DH} = x_i$、$\overline{CO} = y_i$、$\overline{HM} = \dfrac{1}{2}\Delta x = \dfrac{l}{2}\cos\alpha$、$\overline{CD} = \dfrac{1}{2}\Delta y = \dfrac{l}{2}\sin\alpha$ 代入上式，则有

$$\tan\alpha = \tan\left(\phi_i + \frac{\phi}{2}\right) = \frac{\Delta y}{\Delta x} = \frac{x_i + \frac{1}{2}\Delta x}{y_i - \frac{1}{2}\Delta y} = \frac{x_i + \frac{l}{2}\cos\alpha}{y_i - \frac{l}{2}\sin\alpha} \tag{4-26}$$

式中，$\sin\alpha$ 和 $\cos\alpha$ 都是未知数，7M 系统中采用 $\sin45°$ 和 $\cos45°$ 来取代 $\sin\alpha$ 和 $\cos\alpha$ 近似求解 $\tan\alpha$，这样造成的 $\tan\alpha$ 的偏差最小，即

$$\tan\alpha \approx \frac{x_i + \frac{l}{2}\cos45°}{y_i - \frac{l}{2}\sin45°} \tag{4-27}$$

再由关系式

$$\cos\alpha = \frac{1}{\sqrt{1 + \tan^2\alpha}}$$

求得

$$\Delta x = l\cos\alpha \tag{4-28}$$

为使偏差不会造成插补点离开圆弧轨迹，Δy 的计算不能采用 $l\sin\alpha$，而采用由式 (4-26) 得到的下式计算

$$\Delta y = \frac{\left(x_i + \frac{1}{2}\Delta x \right)\Delta x}{y_i - \frac{1}{2}\Delta y} \tag{4-29}$$

因此，可以按下式求出新的插补点坐标

$$\begin{cases} x_{i+1} = x_i + \Delta x \\ y_{i+1} = y_i - \Delta y \end{cases} \tag{4-30}$$

采用近似计算引起的偏差能够保证圆弧插补的每一插补点位于圆弧轨迹上，仅造成每次插补的轮廓步长 l 的微小变化，所造成的进给速度误差小于指令速度的1%，这种变化在加工中是允许的，完全可以认为插补的速度仍然是均匀的。

4.6.3 刀具补偿功能

在轮廓加工中，由于刀具总有一定的半径，刀具中心轨迹并不等于零件轮廓轨迹。应使刀具中心轨迹偏离轮廓一个半径值，这种偏移习惯上称为刀具半径补偿。刀具半径补偿方法主要分为 B 刀具半径补偿和 C 刀具半径补偿。

1. B 刀具半径补偿

B 刀具半径补偿为基本的刀具半径补偿，它根据程序段中零件轮廓尺寸和刀具半径计算出刀具中心的运动轨迹。对于一般的 CNC 装置，所能实现的轮廓控制仅限于直线和圆弧。对直线而言，刀具补偿后的刀具中心轨迹是与原直线相平行的直线，因此刀具补偿计算只要计算出刀具中心轨迹的起点和终点坐标值。对于圆弧而言，刀具补偿后的刀具中心轨迹是一个与原圆弧同心的一段圆弧，因此对圆弧的刀具补偿计算只需要计算出刀具补偿后圆弧的起点和终点坐标值以及刀具补偿后的圆弧半径值。

实际上，当程序编制人员按零件的轮廓编制程序时，各程序段之间是连续过渡的，没有间断点，也没有重合段。但是，当进行了 B 刀具半径补偿后，在两个程序段之间的刀具中心轨迹就可能会出现间断点和交叉点。如图 4.35 所示，粗线为编程轮廓，当加工外轮廓时，会出现间断 $A' \sim B'$；当加工内轮廓时，会出现交叉点 C''。

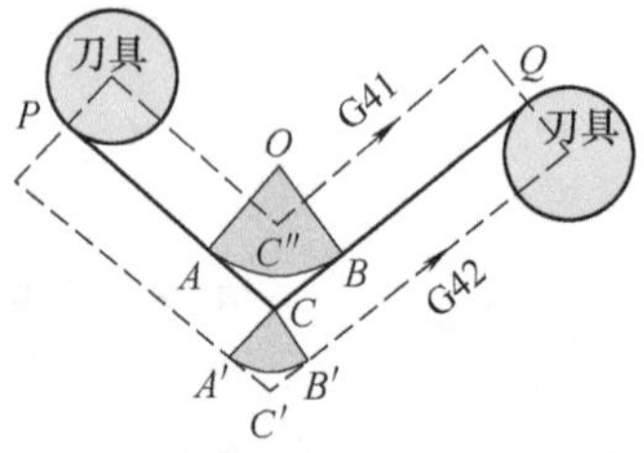

图 4.35　B 刀具半径补偿的
交叉点和间断点

B 刀具半径补偿主要缺点是在确定刀具中心轨迹时，都采用了读一段、算一段、再进给一段的控制方法。编程人员必须事先估计出刀具补偿后可能出现的间断点和交叉点的情况，并进行人为的处理。如遇到间断点时，可以在两个间断点之间增加一个半径为刀具半径的过渡圆弧段 $A'B'$。遇到交叉点时，事先在两程序段之间增加一个过渡圆弧段 AB，圆弧的半径必须大于所使用的刀具的半径。很显然，B 刀具半径补偿对编程人员是很不方便的。

2. C 刀具半径补偿

以前，C' 和 C'' 点不易求得，主要是由于 CNC 装置的运算速度和硬件结构的限制。随着 CNC 技术的发展，系统工作方式、运算速度及存储容量都有了很大的改进和增加，采用直线或圆弧过渡，直接求出刀具中心轨迹交点的刀具半径补偿方法已经能够实现了，这种方法被称为 C 功能刀具半径补偿（简称 C 刀具半径补偿）。也就是说，C 刀具半径补偿则能自动

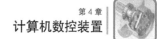

处理两个相邻程序段之间连接（即尖角过渡）的各种情况，并直接求出刀具中心轨迹的转接交点，然后再对原来的刀具中心轨迹作伸长或缩短修正。

图 4.36a 所示是普通 NC 系统的工作方法，程序轨迹作为输入数据送到工作寄存器 AS 后，由运算器进行刀具补偿运算，运算结果送输出寄存器 OS，直接作为伺服系统的控制信号。图 4.36b 所示是改进后的 NC 系统的工作方法。与图 4.36a 相比，增加了一组数据输入的缓冲器 BS，节省了数据读入时间。往往是 AS 中存放着正在加工的程序段信息，而 BS 中已经存放了下一段所要加工的信息。图 4.36c 所示是在 CNC 系统中采用 C 刀具半径补偿方法的原理框图。与从前方法不同的是，CNC 装置内部又设置了一个刀具补偿缓冲区 CS。零件程序的输入参数在 BS、CS、AS 中的存放格式是完全一样的。当某一程序在 BS、CS 和 AS 中被传送时，它的具体参数是不变的。这主要是为了输出显示的需要。实际上，BS、CS 和 AS 各自包括一个计算区域，编程轨迹的计算及刀具补偿修正计算都是在这些计算区域中进行的。当固定不变的程序输入参数在 BS、CS 和 AS 间传送时，对应的计算区域的内容也就跟着一起传送。因此，也可以认为这些计算区域对应的是 BS、CS 和 AS 区域的一部分。

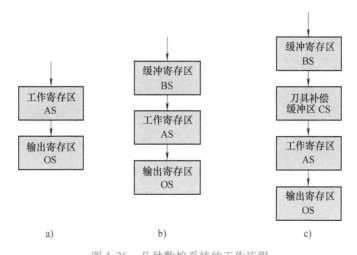

图 4.36　几种数控系统的工作流程
a）一般方法　b）改进后的方法　c）采取 C 刀具半径补偿的方法

这样，在系统启动后，第一段程序先被读入 BS，在 BS 中算得的第一段编程轨迹被送到 CS 暂存后，又将第二段程序读入 BS，算出第二段的编程轨迹。接着，对第一、第二两段编程轨迹的连接方式进行判别，根据判别结果，再对 CS 中的第一段编程轨迹作相应的修正。修正结束后，顺序地将修正后的第一段编程轨迹由 CS 送到 AS，第二段编程轨迹由 BS 送入 CS。随后，由 CPU 将 AS 中的内容送到 OS 进行插补运算，运算结果送伺服驱动装置予以执行。当修正了的第一段编程轨迹开始被执行后，利用插补间隙，CPU 又命令第三段程序读入 BS，随后，又根据 BS、CS 中的第三、第二段编程轨迹的连接方式，对 CS 中的第二段编程轨迹进行修正。可见在刀具补偿工作状态，CNC 装置内部总是同时存有三个程序段的信息。

在具体实现时，为了便于交点的计算以及对各种编程情况进行综合分析，从中找出规律，必须将 C 刀具半径补偿方法所有的编程输入轨迹都当作矢量来看待。显然，直线段本身就是一个矢量。而圆弧在这里意味着要将起点、终点的半径及起点到终点的弦长都看作矢

量，零件刀具半径也作为矢量看待。所谓刀具半径矢量，是指在加工过程中，始终垂直于编程轨迹，大小等于刀具半径值，方向指向刀具中心的一个矢量。在直线加工时，刀具半径矢量始终垂直于刀具移动方向。在圆弧加工时，刀具半径矢量始终垂直于编程圆弧的瞬时切点的切线，它的方向是一直在改变的。

3. 刀具长度补偿的计算

所谓刀具长度补偿，就是把工件轮廓按刀具长度在坐标轴上的补偿分量平移。对于每一把刀具来说，其长度是一定的，它们在某种刀具夹座上的安装位置也是一定的。因此在加工前可预先分别测得装在刀架上的刀具长度在 x 和 z 方向的分量，即 Δx 刀偏和 Δz 刀偏。通过数控装置的手动数据输入工作方式将 Δx 和 Δz 输入到 CNC 装置，从 CNC 装置的刀具补偿表中调出刀偏值进行计算。数控车床需对 x 轴、z 轴进行刀具位置补偿计算，数控铣床或加工中心只需对 z 轴进行刀具长度补偿计算。

小 结

本章首先介绍了 CNC 装置软、硬件结构的分类、结构组成及常见模式，同时简单地介绍了典型数控系统。其次对可编程序逻辑控制器（PLC），主要介绍了其在数控机床上的应用。再次在 CNC 装置的插补原理中，介绍了常见的插补算法及刀具补偿的基本概念，重点介绍了逐点比较法、数字积分法和直线函数法插补原理。学习时，应始终贯穿这样的主线：系统控制软件配合系统硬件，合理地组织、管理系统的输入、数据处理、插补和输出信息，由数控装置的位置 I/O 接口和 PLC 控制执行部件，使数控机床有条不紊地加工出零件。

思考题与习题

1. 计算机数控装置一般能实现哪些基本功能？
2. 单 CPU 结构和多 CPU 结构各有何特点？
3. 什么是开放式数控装置？
4. CNC 装置的软件结构特点有哪些？举例说明。
5. CNC 装置的软件有哪几种结构模式？
6. 数控机床的可编程序逻辑控制器（PLC）一般用于控制数控机床的哪些功能？
7. 数控机床用 PLC 可分为哪两类？各有什么特点？
8. 何谓插补？有哪两类插补算法？
9. 试述逐点比较法的四个节拍。
10. 利用逐点比较法插补直线 OE，起点为 O $(0, 0)$，终点为 E $(5, 6)$，试写出插补计算过程并画出插补轨迹。
11. 用所熟悉的计算机语言编写第一象限逐点比较法直线插补程序。
12. 试推导出逐点比较法插补第二象限直线的偏差函数递推公式，并写出插补直线 OE 的计算过程，画出插补轨迹。设直线的起点为 O $(0, 0)$，终点为 E $(-7, 5)$。
13. 利用逐点比较法插补圆弧 PQ，起点为 P $(4, 0)$，终点为 Q $(0, 4)$，以坐标原点为圆心，试写出插补计算过程并画出插补轨迹。

14. 试推导出逐点比较法插补第一象限顺圆弧的偏差函数递推公式，并写出插补圆弧 AB 的计算过程，画出插补轨迹。设轨迹的起点为 A（0，6），终点为 B（6，0），圆心为坐标原点。

15. 圆弧自动过象限如何实现？

16. 试述 DDA 插补的原理。

17. 设有一直线 OA，起点在坐标原点，终点 A 的坐标为（3，5），设寄存器位数为 3，试用 DDA 法插补。写出插补计算过程，画出插补轨迹。

18. 设欲加工第一象限逆圆弧 AE，起点 A（7，0），终点 E（0，7），圆心为坐标原点，设寄存器位数为 4，试用 DDA 法插补。写出插补计算过程，画出插补轨迹。

19. 数据采样插补是如何实现的？

20. B 刀具半径补偿与 C 刀具半径补偿有何区别？

知识拓展

超精密加工技术

当前超精密加工是指被加工零件的尺寸和形状精度高于 $0.1\mu m$，表面粗糙度 Ra 值小于 $0.025\mu m$，以及机床定位精度和重复定位精度高于 $0.01\mu m$ 的加工技术，也称之为亚微米级加工技术，目前正在向纳米级加工技术发展。加工精密度级别见表 4-12。

表 4-12　加工精密度级别

精密度级别	μm	nm
普通加工	10 ~ 100	—
精密加工	3 ~ 10	—
高精密加工	0.1 ~ 3	100 ~ 3000
超精密加工	0.005 ~ 0.1	5 ~ 100

随着航空航天、精密仪器、光学和激光技术的迅速发展，以及人造卫星姿态控制和遥测器件、光刻和硅片加工设备等各种高精度平面、曲面和复杂形状零件的加工需求日益迫切，超精密加工的应用范围日益扩大。它的特点是可以直接加工出具有纳米级表面粗糙度和亚微米级形面精度的表面，借以实现各种优化的、高成像质量的光学系统。近年来，超精密加工从高技术装备制造领域走向消费品生产领域。应用最为广泛的是各种电子产品中的塑料成像镜头，如手机和数码相机镜头、光盘读取镜头、人工晶体等。同时，也用于自由曲面光学镜片的加工。超精密加工技术已成为国防工业现代化武器装备的关键技术，也是衡量一个国家科学技术水平的重要标志。

超精密加工主要包括三个领域。

1）超精密切削加工，如使用金刚石刀具超精密切削各种镜面。它已成功地解决了用于激光核聚变系统和天体望远镜的大型抛物面镜的加工。

2）超精密磨削和研磨加工，如高密度硬磁盘的涂层表面加工和大规模集成电路基片的加工。

3）超精密特种加工，如大规模集成电路芯片上的图形是用电子束、离子束刻蚀的方法加工的，线宽可达 $0.1\mu m$。如用扫描隧道电子显微镜（STM）加工，线宽可达 $2\sim5nm$。

美国是研究超精密加工技术最早的国家，也是迄今处于世界领先水平的国家。在 20 世纪 50 年代末，由于航天等尖端技术发展的需要，美国首先发展了金刚石刀具的超精密切削技术，称为 SPDT（Single Point Diamond Turning）技术，并发展了相应的空气轴承主轴的超精密机床，用于加工激光核聚变反射镜、战术导弹及载人飞船用球面与非球面大型零件等。美国 Union Carbide 公司于 1972 年研制成功了 $R-\theta$ 方式的非球面创成加工机床。这是一台具有位置反馈功能的双坐标数控车床，可实时改变刀座导轨的转角 θ 和半径 R，实现非球面的镜面加工。Moore 公司于 1980 年首先开发出了用三个坐标控制的 M-18AG 非球面加工机床，这种机床可加工直径为 356mm 的各种非球面金属反射镜。

20 世纪 80 年代中后期，美国通过能源部"激光核聚变项目"和陆、海、空三军"先进制造技术开发计划"，对超精密金刚石切削机床的开发研究，投入了巨额资金和大量人力，实现了大型零件的超精密加工。如美国劳伦斯·利弗莫尔国家实验室（LLL 实验室）在 1984 年研制出一台大型光学金刚石车床（Large Optics Diamond Turning Machine，LODTM），至今仍然代表了超精密加工设备的最高水平，如图 4.37 所示。该机床可加工直径为 2.1m、质量为 4500kg 的工件。机床采用高压液体静压导轨，在 $1.07m\times1.12m$ 范围内直线度误差小于 $0.025\mu m$，位移误差不超过 $0.013\mu m$。激光测量系统有单独的花岗岩支架系统，不与机床连接。油喷淋冷却系统可将油温控制在 $(20\pm0.0025)℃$。采用摩擦驱动，运动分辨率达 $0.005\mu m$。单晶金刚石刀具由于其刀尖半径可以小于 $0.1\mu m$，工件加工后的表面粗糙度可达纳米级，最终可实现加工光学零件直径达 1.4m，面形精度为 25nm，表面粗糙度 $Ra\leqslant5nm$。现主要用于加工激光核聚变工程所需的零件、红外线装置用的零件和大型天体反射镜等。非球面反射镜及加工如图 4.38 所示。

图 4.37　大型光学金刚石车削机床（LODTM）

图 4.38　非球面反射镜及加工

　　不久前美国在南卡罗来纳州加工出大麦哲伦望远镜的大型光学反射镜，大麦哲伦望远镜共由七块这种反射镜组成，如图 4.39 所示。每块反射镜直径 8.4m、平均厚度 0.5m，加工约需 1 年时间，加工后抛物面误差在 25nm 以内。目前，大麦哲伦望远镜是多国研究人员共同参与制造的世界上最大的一架光学望远镜，预计在 2020 年左右完工。该望远镜建成后如图 4.40 所示。

图 4.39　反射镜的打磨加工　　　　　　　　图 4.40　大麦哲伦望远镜

　　在超精密加工技术领域，英国克兰菲尔德（Cranfield）技术学院精密工程研究所（简称 CUPE）享有较高声誉，它是当今世界上精密工程的研究中心之一，是英国超精密加工技术水平的独特代表。如 CUPE 生产的 Nanometer（纳米加工中心）既可进行超精密车削，也可进行超精密磨削，加工工件的形状精度可达 $0.1\mu m$，表面粗糙度 Ra 值小于 10nm。

　　日本对超精密加工技术的研究比美、英都晚，但却是当今世界上超精密加工技术发展最快的国家。日本的研究重点不同于美国，前者是以民用品为主，后者则是以发展国防尖端技术为主要目标。所以日本在用于声、光、图像、办公设备中的小型、超小型电子和光学零件的超精密加工技术方面，是更加先进和具有优势的，甚至超过了美国。

　　我国超精密加工技术的研究在 20 世纪 70 年代末有了长足进步，80 年代中期出现了具有世界水平的超精密机床和部件。北京机床研究所是国内进行超精密加工技术研究的主要单位之一，研制出了多种不同类型的超精密机床、部件和相关的高精度测试仪器等，如精度达 $0.025\mu m$ 的精密轴承、超精密铣床、超精密车床等均达到了国际先进水

平。航空航天工业部三零三所在超精密主轴、花岗岩坐标测量机等方面进行了深入研究及产品生产。哈尔滨工业大学在金刚石超精密切削等方面进行了卓有成效的研究。清华大学在集成电路超精密加工设备、微位移工作台等方面进行了深入研究，并有相应产品问世。2013年1月中旬，国防科大精密工程创新团队自主研制的磁流变和离子束两种超精抛光装备，创造了光学零件加工的亚纳米（误差小于1nm）精度，这一成果使我国成为继美国、德国之后第3个掌握高精度光学零件制造加工技术的国家，并成为世界上唯一同时具有磁流变和离子束抛光装备研发能力的国家。

　　超精密加工机床是一项综合性的系统工程，其发展综合利用了基础理论（包括切削机理、悬浮理论等）、关键单元部件技术、相关功能元件技术、刀具技术、计量与测试分析技术、误差处理技术、切削工艺技术、运动控制技术、可重构技术和环境技术等。因此，技术高度集成已成为超精密机床的主要特点。近年来，超精密机床应用了一些新技术。如在机床结构方面，采用多自由度并联机床结构，进一步增大了机床的刚度，改变了传统的龙门式结构在加工负载下容易产生俯仰和偏摆变形的缺点。在主轴和导轨方面，通过控制空气静压或液体静压轴承节流量反馈方法来实现运动的主动控制从而提高轴承的刚度。磁悬浮主轴技术，永磁、电磁和气浮结合的控制方案也一直在研究中。在驱动技术方面，采用气浮丝杠、液体静压丝杠和直线电动机，利用无机械减速系统的无摩擦直接驱动方式。在加工误差建模与补偿技术方面，用变分法精度分析、多体动力学分析等误差建模理论，可以将刀具几何参数、加工工艺条件及机床运动误差三大因素对加工工件的精度影响准确地建立数学模型。在数控系统方面，需要高的控制速度，例如插补周期小于1ms（普通数控为10ms左右），伺服闭环采样周期小于0.1ms等。此外，要实现多轴联动纳米级轮廓控制精度，还有一个不可忽视的问题，即联动轴的同步问题。同步精度的高低直接影响系统的轮廓跟踪精度。目前，在可以实现亚微米级加工的高档多轴联动超精密数控机床研制方面，我国尚未取得突破性进展。至于可实现大型复杂曲面，特别是自由曲面的纳米级超精密加工的五轴联动机床，至今仍是世界上尚未解决的难题。

"两弹一星"功勋科学家：孙家栋

SZD-004

第**5**章

数控机床伺服系统

教学提示

数控机床伺服系统是数控机床的重要组成部分，它的高性能在很大程度上决定了数控机床的高效率、高精度。为此，数控机床对进给伺服系统的伺服电动机、检测装置、位置控制、速度控制等方面都有很高的要求。学习和研究高性能的数控机床伺服系统一直是掌握现代数控技术的关键之一。

教学要求

本章要求学生了解数控机床对进给伺服系统的要求，熟悉数控机床进给驱动电动机和常用检测装置的结构、工作原理及性能特点，熟悉数控机床进给伺服系统的位置控制和速度控制工作原理。重点让学生掌握数控机床进给驱动电动机和常用检测装置的工作原理及性能特点，以便将来更好地应用。

5.1 概述

伺服系统是指以机械位置或角度作为控制对象的自动控制系统。数控机床的伺服系统通常是指各坐标轴的进给伺服系统，它是数控装置和机床机械传动部件间的连接环节，它把数控系统插补运算生成的位置指令，精确地变换为机床移动部件的位移，直接反映了机床坐标轴跟踪运动指令和实际定位的性能。伺服系统的高性能在很大程度上决定了数控机床的高效率、高精度，是数控机床的重要组成部分。它包含了机械传动、电气驱动、检测、自动控制等方面的内容，涉及强电与弱电控制。主轴驱动控制一般只要满足主轴调速及正、反转功能即可，若要求机床有螺纹加工、准停和恒线速加工等功能时，就对主轴提出了相应的位置控制要求。此时，主轴驱动控制称为主轴伺服系统。本章主要讨论进给伺服系统。

数控机床对进给伺服系统的要求有：

1. 高精度

数控机床伺服系统的精度是指机床工作的实际位置复现插补器指令信号的精确程度。在数控加工过程中，对机床的定位精度和轮廓加工精度要求都比较高，一般定位精度要达到 $0.01 \sim 0.001mm$，有的达到 $0.1\mu m$；而轮廓加工与速度控制和联动坐标的协调控制有关，这种协调控制，对速度调节系统的抗负载干扰能力和静动态性能指标都有较高的要求。

2. 稳定性好

伺服系统的稳定性是指系统在突变的指令信号或外界扰动的作用下，能够以最大的速度达到新的或恢复到原有的平衡位置的能力。稳定性是直接影响数控加工精度和表面粗糙度的重要指示。较强的抗干扰能力是获得均匀进给速度的重要保证。

3. 响应速度快，无超调

快速响应是伺服系统动态品质的一项重要指标，它反映了系统对插补指令的跟踪精度。在加工过程中，为了保证轮廓的加工精度，减小表面粗糙度值，要求系统跟踪指令信号的速度要快，过渡时间尽可能短，而且无超调，一般应在 200ms 以内，甚至几十毫秒。

4. 电动机调速范围宽

调速范围是指数控机床要求电机能提供的最高转速和最低转速之比。此最高转速和最低转速一般是指额定负载时的转速。为保证在任何条件下都能获得最佳的切削速度，要求进给系统必须提供较大的调速范围，一般要求调速范围应达到 1:1000，而性能较高的数控系统调速范围应能达到 1:10000，而且是无级调速。

5. 低速大转矩

机床加工的特点是低速时进行重切削，这就要求伺服系统在低速时有较大的输出转矩。

6. 可靠性高

对环境的适应性强，性能稳定，使用寿命长，平均无故障时间间隔长。

5.2 驱动电动机

驱动电动机是数控机床伺服系统的执行元件。用于驱动数控机床各坐标轴进给运动的称为进给电动机，用于驱动机床主运动的称为主轴电动机。开环伺服系统主要采用步进电动机。伺服电动机通常用于闭环或半闭环伺服系统中。伺服电动机又分直流伺服电动机和交流伺服电动机，直流伺服电动机 20 世纪 70 ~ 80 年代中期在数控机床上的应用较多。由于直流伺服电动机的电刷和换向器易磨损，需经常维护；换向器换向时会产生火花，致使电动机的最高转速受到限制；而且直流伺服电动机结构复杂，制造困难，所用钢铁材料消耗大，制造成本高。而伺服交流电动机没有上述缺点，且转子惯量较直流电动机小，使得动态响应更好。此外，交流伺服电动机的容量可比直流伺服电动机大，以达到更高的电压和转速。因此，从 20 世纪 80 年代后期开始，数控机床上大量使用交流伺服电动机。随着直线电动机技术的成熟，采用直线电动机作为进给驱动也已成为目前数控机床发展的趋势。

5.2.1 步进电动机

步进电动机是一种将电脉冲信号转换成机械角位移或线位移的电磁装置。对步进电动机施加一个电脉冲信号时，它就旋转一个固定的角度，通常把它称为一步，每一步所转过的角度称为步距角。步距角的计算公式为

$$\theta_s = \frac{360°}{mz_2k} \tag{5-1}$$

式中　θ_s——步距角；

z_2——转子齿数；

m——定子的相数；

k——拍数与相数的比例系数。如三相三拍时，$k=1$；三相六拍时，$k=2$。

每个步距角对应工作台一个位移值，这个位移值称为脉冲当量，因此，只要控制指令脉冲的数量即可控制工作台移动的位移量。数控机床用步进电动机的步距角一般都很小，如3°/1.5°、1.5°/0.75°、0.72°/0.36°等。步距角越小，它所达到的位置精度越高。步进电动机的转速公式为

$$n = \frac{60f}{mz_2k} \tag{5-2}$$

式中　n——步进电动机转速（r/min）；

f——控制脉冲频率，即每秒输入步进电动机的脉冲数。

由式（5-2）可知，工作台移动的速度由指令脉冲的频率所控制。

1. 步进电动机的工作原理

步进电动机是采用定子与转子间电磁吸合原理工作的，根据磁场建立方式，主要分为反应式和永磁反应式（也称混合式）两类。反应式步进电动机的转子无绕组，由被励磁的定子绕组产生反应力矩实现步进运行；混合式步进电动机的转子用永久磁钢，由励磁和永磁产生的电磁力矩实现步进运行。按输出力矩大小分为伺服式和功率式步进电动机。伺服式只能驱动较小的负载，功率式可以直接驱动较大的负载。

下面以三相反应式步进电动机为例说明步进电动机的工作原理。

假设步进电动机的定子上有六个极，每极上都装有控制绕组，每两个相对的极组成一相。为简化分析，假设转子是四个均匀分布的齿，上面没有绕组。当 A 相绕组通电时，因磁通总是沿着磁组最小的路径闭合，将使转子齿 1、3 和定子极 A、A′ 对齐，如图 5.1a 所示。A 相断电，B 相绕组通电时，转子将在空间逆时针转过 θ_s 角，$\theta_s=30°$，使转子齿 2、4 和定子极 B′、B 对齐，如图 5.1b 所示。如果再使 B 相断电，C 相绕组通电时，转子又将在空间逆时针转过30°角，使转子齿 1、3 和定子极 C′、C 对齐，如图 5.1c 所示。如此循环往复，并按 A→B→C→A→… 的顺序通电，电动机便按逆时针方向转动。电动机的转速直接取决于绕组与电源接通或断开的变化频率。若按 A→C→B→A→… 的顺序通电，则电动机反向转动。电动机绕组与电源的接通或断开，通常是由电子逻辑电路来控制的。

电动机定子绕组每改变一次通电方式，称为一拍。上述通电方式称为三相单三拍，又称三相三拍。"单"是指每次通电时，只有一相绕组通电；"三拍"是指经过三次切换绕组的

通电状态为一个循环。显然，这种通电方式时，三相步进电动机的步距角 $\theta_s = 30°$。

图 5.1　三相反应式步进电动机三相三拍工作原理示意图

a) A 相通电　b) B 相通电　c) C 相通电

三相步进电动机三相六拍通电顺序为 A→AB→B→BC→C→CA→A→…（逆时针转动）或 A→AC→C→CB→B→BA→A→…（顺时针转动）。如图 5.2 所示，三相步进电动机双三拍通电顺序为 AB→BC→CA→AB→…（逆时针转动）或 AC→CB→BA→AC→…（顺时针转动）。实际使用中，单三拍通电方式由于在切换时一相绕组断电，而另一相绕组开始通电，容易造成失步。此外，单一绕组通电吸引转子容易使转子在平衡位置附近产生振荡，运行稳定性较差，所以很少使用，通常使用双三拍通电方式。

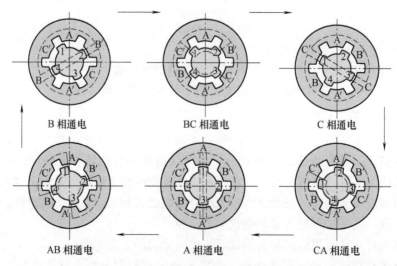

图 5.2　三相反应式步进电动机三相六拍工作原理示意图

实际上步进电动机转子的齿数很多，因为齿数越多步距角越小。为了改善运行性能，定子磁极上也有齿，这些齿的齿距与转子的齿距相同，但各极的齿依次与转子的齿错开齿距的 $1/m$（m 为电动机相数）。这样，每次定子绕组通电状态改变时，转子只转过齿距的 $1/m$（如三相三拍）或 $1/2m$（如三相六拍）即达到新的平衡位置。如图 5.3 所示，它主要包括三大部分：定子铁心、转子铁心和线圈绕组。

2. 步进电动机的特点

1）步进电动机受脉冲的控制，其转子的角位移和转速与输入脉冲的数量和频率成正比，没有累积误差。控制输入的脉冲数就能控制其位移量，改变通电频率可改变其转速。

2）当停止送入脉冲，只要维持控制绕组的电流不变，电动机便停在某一位置上不动，

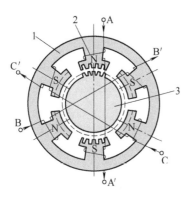

图 5.3　三相反应式步进电动机的结构示意图和外观图
1—定子铁心　2—绕组　3—转子铁心

不需要机械制动。

3）改变通电顺序可改变步进电动机的旋转方向。

4）步进电动机的缺点是效率低，拖动负载的能力不大，脉冲当量（步距角）不能太小，调速范围不大，最高输入脉冲频率一般不超过 18kHz。

3. 步进电动机的主要特性

（1）步距误差　一转内各实际步距角与理论值之间误差的最大值称为步距误差。影响步距误差的主要因素有：转子齿的分度精度、定子磁极与齿的分度精度，铁心叠压及装配精度，气隙的不均匀程度，各相励磁电流的不对称程度等。步进电动机空载且单脉冲输入时，其实际步距角与理论步距角之差称为静态步距误差，一般控制在 $±10' ~ 30'$ 内。

（2）静态矩角特性　当步进电动机不改变通电状态时，转子处于不动状态。若在电动机轴上外加一个负载转矩，步进电动机转子会按一定方向转过一个角度 $θ$，并重新稳定，此时转子所受的电磁转矩 T 称为静态转矩，角度 $θ$ 称为失调角。描述步进电动机稳定时，电磁转矩 T 与失调角 $θ$ 之间关系的曲线称为静态矩角特性或静转矩特性，如图 5.4 所示。

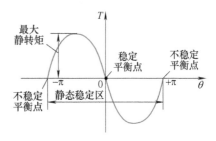

图 5.4　步进电动机的静态矩角特性

（3）起动频率　空载时，步进电动机由静止突然起动不丢步地进入正常运行状态所允许的最高起动频率称为起动频率或突跳频率。起动频率与机械系统的转动惯量有关，随着负载转动惯量的增加，起动频率下降。若同时存在负载转矩，则起动频率会进一步降低。

（4）连续运行频率　步进电动机起动以后其运行速度能跟踪指令脉冲频率连续上升而不丢步的最高工作频率，称为连续运行频率。在实际运用中，连续运行频率比起动频率高得多。通常用自动升降频的方式，即先在低频下起动，然后逐渐升至运行频率。当需要步进电动机停转时，则先将频率逐渐降低至起动频率以下，再停止输入脉冲。

（5）矩频特性　矩频特性是描述步进电动机连续稳定运行时输出的最大转矩与连续运行频率之间的关系曲线。步进电动机的最大输出转矩随连续运行频率的升高而下降，如图 5.5 所示。图 5.5 中，每一频率所对应的转矩称为动态转矩。从图 5.5 中可以看出，随着运行频率的上升，输出转矩下降，承载能力下降。当运行频率超过最高频率时，步进电动机便无法工作。

（6）加减速特性　步进电动机的加减速特性用于描述步进电动机由静止到工作频率或由工作频率到静止的加减速过程中，定子绕组通电状态的频率变化与时间的关系，如图 5.6 所示。为了保证运动部件的平稳和准确定位，在步进电动机起动和停止时应进行加减速控制。如果没有加减速过程或者加减速不当，步进电动机就会出现失步现象。

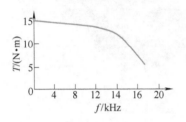

图 5.5　步进电动机的矩频特性

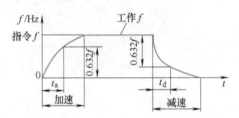

图 5.6　步进电动机的加减速特性

5.2.2　伺服电动机

伺服电动机具有服从控制信号要求而动作的性能，在信号来到之前，转子静止不动；信号来到之后，转子立即转动；当信号消失，转子立即停转。因此有"伺服"性而得名。

伺服电动机分直流伺服电动机和交流伺服电动机。直流伺服电动机又分小惯量直流伺服电动机和大惯量宽调速直流伺服电动机。由于小惯量直流电动机最大限度地减小电枢的转动惯量，所以能获得最快的响应速度，在早期的数控机床上应用得较多。大惯量宽调速直流伺服电动机又称直流力矩电动机。20 世纪 70 ~ 80 年代中期，在数控机床进给驱动中采用的主要就是这种大惯量宽调速直流伺服电动机。交流伺服电动机主要分交流异步伺服电动机（一般用于主轴驱动）和交流同步伺服电动机（一般用于进给驱动）。

1. 永磁直流伺服电动机

大惯量宽调速直流伺服电动机分电励磁和永久磁铁励磁两种，但占主导地位的是永久磁铁励磁（永磁）直流伺服电动机。

（1）永磁直流伺服电动机的基本结构　永磁直流伺服电动机的结构与普通直流电动机基本相同，主要由定子、转子、电刷、换向片与检测元件等组成，如图 5.7 所示。其定子磁极是永久磁铁，转子也称电枢，由硅钢片叠压而成，表面镶有线圈。电刷与电动机外加直流电源相连，换向片与电枢导体相连。

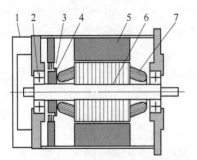

图 5.7　永磁直流伺服电动机结构示意图和外观图

1—检测元件　2—轴承　3—电刷　4—换向片　5—定子　6—转子　7—线圈

（2）永磁直流伺服电动机的工作原理　如图 5.8a 所示，当电枢绕组通以直流电时，在定子磁场作用下产生电动机的电磁转矩，电刷与换向片保证电动机所产生的电磁转矩方向恒定，从而使转子沿固定方向均匀地带动负载连续旋转。只要电枢绕组断电，电动机立即停转，不会出现"自转"现象。

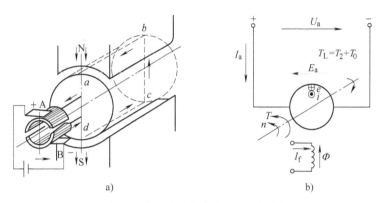

图 5.8　永磁直流伺服电动机原理图

按图 5.8b 所示规定好各量的正方向，电动机在稳态运行下的基本方程式为

$$E_a = C_E n \Phi$$
$$U_a = E_a + I_a R_a$$
$$T = T_L = T_2 + T_0 = C_T \Phi I_a$$
$$\Phi = 常数$$

式中　U_a——电动机端电压；

$\quad\;\; I_a$——电枢电流；

$\quad\;\; R_a$——电枢回路总电阻；

$\quad\;\; n$——电动机转速；

$\quad\;\; E_a$——电枢感应电动势；

$\quad\;\; T$——电磁转矩；

$\quad\;\; T_L$——负载转矩；

$\quad\;\; T_2$——电动机输出转矩；

$\quad\;\; T_0$——电动机本身各种损耗引起的空载转矩；

$\quad\;\; C_T$——转矩常数；

$\quad\;\; C_E$——电动势常数。

电磁转矩平衡方程式 $T = T_L = T_2 + T_0$ 表示在稳态运行时，电动机的电磁转矩和电动机轴上的负载转矩互相平衡。在实际应用中，电动机经常运行在转速变化的情况下，例如电动机的起动、停止，因此必须考虑转速变化时的转矩平衡关系。根据力学中刚体的转动定律，则有

$$T - T_L = J \frac{d\omega}{dt}$$

式中　J——负载和电动机转动部分的转动惯量；

$\quad\;\; \omega$——电动机的角速度。

根据电动机的电压平衡方程式 $U_a = E_a + I_a R_a$，并考虑电枢感应电动势 $E_a = C_E n \Phi$ 和电动机电磁转矩 $T = C_T \Phi I_a$，得

$$n = \frac{U_a}{C_e \Phi} - \frac{R_a}{C_e \Phi} I_a \tag{5-3}$$

或

$$n = \frac{U_a}{C_e \Phi} - \frac{R_a}{C_e C_T \Phi^2} T \tag{5-4}$$

由式（5-3）、式（5-4）可知，当电动机加上一定电源电压 U_a 和磁通 Φ 保持不变时，转速 n 与电动机电磁转矩 T 的关系，即 $n = f(T)$ 曲线是一条向下倾斜的直线，如图 5.9 所示。转速变化的大小用转速调整率 Δn 来表示，即

$$\Delta n = \frac{n_0 - n_N}{n_N} \times 100\% \tag{5-5}$$

式中　　n_0——电动机空载转速；

$\quad\quad\quad n_N$——电动机额定转速。

图 5.9 中的机械特性与纵轴坐标的交点是理想空载转速 n_0'。实际运行时电动机的空载转速 n_0 要比 n_0' 小些。图 5.9 中上翘虚线是当电动机电枢电流较大时，考虑了电枢反应的去磁效应减少气隙主磁通的机械特性。具有这种特性的电动机，运行时不稳定，应设法避免。

永磁直流伺服电动机通过改变电枢电源电压即可得到一族彼此平行的曲线，如图 5.10 所示。由于电动机的工作电压一般以额定电压为上限，故只能在额定电压以下改变电源电压。当电动机负载转矩 T_L 不变，励磁磁通 Φ 不变时，升高电枢电压 U_a，电动机的转速就升高；反之，降低电枢电压 U_a，转速就下降；在 $U_a = 0$ 时，电动机则不转。当电枢电压的极性改变时，电动机的转向就随着改变。因此，永磁直流伺服电动机可以把电枢电压作为控制信号，实现电动机的转速控制。

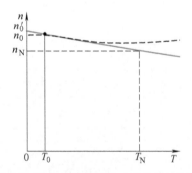

图 5.9　永磁直流伺服电动机的机械特性

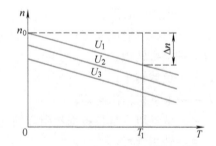

图 5.10　永磁直流伺服电动机的变压特性曲线

2. 永磁交流伺服电动机

永磁交流伺服电动机属于同步交流伺服电动机，具有响应快、控制简单的特点，因而被广泛应用于数控机床。

（1）永磁交流伺服电动机的结构　如图 5.11 和图 5.12 所示，永磁交流伺服电动机主要由三部分组成：定子、转子和检测元件。其中，定子有齿槽，内装三相对称绕组，形状与普通异步电动机的定子相同。但其外圆多呈多边形且无外壳，便于散热，避免电动机发热对机床精度的影响。永磁交流伺服电动机的外观图如图 5.13 所示。

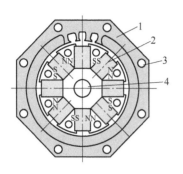

图 5.11 永磁交流伺服电动机横剖面

1—定子 2—永久磁铁

3—轴向通风孔 4—转轴

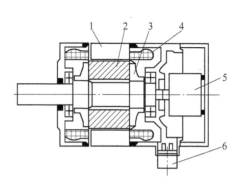

图 5.12 永磁交流伺服电动机纵剖面

1—定子 2—转子 3—压板

4—定子三相绕组 5—脉冲编码器 6—出线盒

转子由多块永久磁铁和转子铁心组成。此结构气隙磁密度较高，极数较多，同一种铁心和相同的磁铁块数可以装成不同的极数，如图 5.14 所示。

图 5.13 永磁交流伺服电动机的外观图

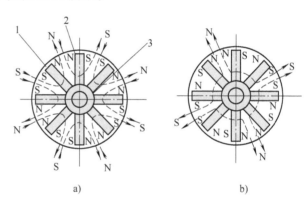

图 5.14 永磁转子（切向式）

a）$2p=8$ b）$2p=4$

1—铁心 2—永久磁铁 3—非磁性套筒

转子结构上，还有一类称为有极靴星形转子，如图 5.15 所示，这种转子可采用矩形磁铁或整体星形磁铁构成。

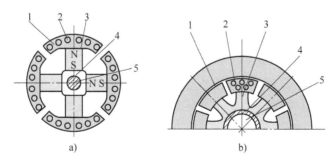

图 5.15 有极靴星形转子

a）矩形磁铁式 b）整体星形磁铁式

1—极靴 2—笼条 3—永久磁铁 4—转子轭 5—转轴

无论何种永磁交流伺服电动机，所用永磁材料的性能对电动机外形尺寸、磁路尺寸和性能指标都有很大影响。随着高磁性永磁材料的应用，永久磁铁长度大大缩短，且对传统的磁路尺寸比例带来大的变革。永久磁铁结构也有着重大的改革，通常结构是永久磁铁装在转子的表面，称为外装永磁电动机，还可将永久磁铁嵌在转子里面，称为内装永磁电动机。后者结构更加牢固，允许在更高转速下运行；有效气隙小，电枢反应容易控制；电动机采用凸极转子结构。

（2）永磁交流伺服电动机的工作原理　如图 5.16 所示，以一个二极永磁转子为例，电枢绕组为三相对称绕组，当通以三相对称电流时，定子的合成磁场为一旋转磁场，图中用一对旋转磁极表示，该旋转磁极以同步转速 n_s 旋转。由于磁极同性相斥，异性相吸，定子旋转磁极与转子的永磁磁极互相吸引，带动转子一起旋转，因此转子也将以同步转速 n_s 与旋转磁场一起旋转。

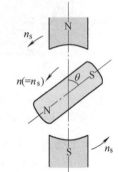

图 5.16　永磁交流伺服
电动机的工作原理

当转子加上负载转矩之后，转子磁极轴线将落后定子磁场轴线一个 θ 角，随着负载增加，θ 角也随之增大，负载减小时，θ 角也减小，只要负载不超过一定限度，转子始终跟着定子的旋转磁场以恒定的同步转速 n_s 旋转。转子速度 n 为

$$n = n_s = \frac{60f}{p} \tag{5-6}$$

式中　f——交流供电电源频率（定子供电频率）（Hz）；

　　　p——定子和转子的磁极对数。

当负载超过一定限度后，转子不再按同步转速 n_s 旋转，甚至可能不转，这就是同步电动机的失步现象，此时负载的极限转矩称为最大同步转矩。

交流伺服电动机的机械特性如图 5.17 所示。在连续工作区，转速和转矩的任何组合都可连续工作；在断续工作区，电动机可间断运行。连续工作区的划分受供给电动机的电流是否为正弦波及工作温度的影响。断续工作区的极限，一般受电动机的供给电压的限制。交流伺服电动机的机械特性比直流伺服电动机更硬，断续工作范围更大，尤其在高速区，这有利于提高电动机的加减速性能。

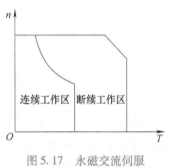

图 5.17　永磁交流伺服
电动机机械特性

5.2.3　直线电动机

直线电动机是一种不需要中间转换装置，而能直接作直线运动的电动机械。科学技术的发展推动了直线电动机的研究和生产，近年来直线电动机的应用越来越广泛。

1. 直线电动机的结构和原理

直线电动机的类别不一样，工作原理也不尽相同。交流异步原理是直线电动机的基本形式。直线电动机的结构示意图和外观图如图 5.18 所示，在一个有槽的矩形初级部件中镶嵌三相绕组（相当于异步电动机的定子），在板状次级部件中镶嵌短路棒（相当于异步电动机的笼型转子）。它的工作原理是将旋转异步电动机的转子和定子之间的电磁作用力从圆周展开为平面。即在三相绕组中通以三相交流电时，根据电磁感应原理，次级部件中镶嵌短路棒形成的短路绕组中就会产生感应电动势及感应电流。根据电磁力定律知道，作为载流导体的短路棒和矩形初级部件中镶嵌的三相绕组之间会受到电磁力的作用，使直线电动机沿着直线导轨移动。

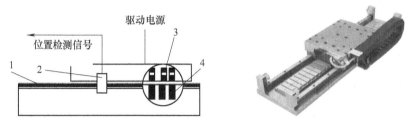

图 5.18　直线电动机的结构示意图和外观图

1—直线位移检测装置　2—测量部件　3—初级绕组　4—次级绕组

直线电动机的驱动力与初级有效面积有关。面积越大，驱动力也越大。因此，在驱动力不够的情况下，可以将两个直线电动机并联或串联工作，或者在移动部件的两侧安装直线电动机。此外直线电动机的最大运动速度在额定驱动力时较高，而在最大驱动力时较低。

2. 直线电动机的特性

1）直线电动机所产生的力直接作用于移动部件，因此省去了滚珠丝杠和螺母等机械传动环节，可以减小传动系统的惯性，提高系统的运动速度、加速度和精度，避免振动的产生。

2）由于动态性能好，可以获得较高的运动精度。

3）如果采用拼装的次级部件，还可以实现很长的直线运动距离。

4）运动功率的传递是非接触的，没有机械磨损。

由于直线电动机常在大电流和低速下运行，必然导致大量发热和效率低下。因此，直线电动机通常必须采用循环强制冷却及隔热措施，才不会导致机床热变形。

5.3　数控机床常用检测装置

5.3.1　概述

在闭环和半闭环伺服系统中，位置控制是指将数控系统插补计算的理论值与实际值的检测值相比较，用两者的差值去控制进给伺服电动机，使工作台或刀架运动到指令位置。实际值的采集，则需要位置检测装置来完成。位置检测和速度检测可以采用各自独立的检测元件，例如速度检测采用测速发电机，位置检测采用光电编码器，也可以共用一个检测元件，例如都用光电编码器。根据位置检测装置安装形式和测量方式的不同，位置检测有直接测量和间接测量、增量式测量和绝对式测量、数字式测量和模拟式测量等方式。

1. 直接测量和间接测量

在数控机床中，位置检测的对象有工作台的直线位移及旋转工作台的角位移，检测装置有直线式和旋转式。典型的直线式测量装置有光栅、磁栅、感应同步器等。旋转式测量装置有光电编码器和旋转变压器等。

若位置检测装置测量的对象就是被测量本身，即直线式测量直线位移，旋转式测量角位移，该测量方式称为直接测量。直接测量组成位置闭环伺服系统，其测量精度由测量元件和安装精度决定，不受传动精度的直接影响。

若位置检测装置测出的数值通过转换才能得到被测量，如用旋转式检测装置测量工作台的线位移，要通过角位移与线位移之间的转换求出工作台的线位移。这种测量方式称为间接测量。间接测量组成位置半闭环伺服系统，其测量精度取决于测量元件和机床传动链两者的精度。因此，为了提高定位精度，常常需要对机床的传动误差进行补偿。间接测量的优点是测量方便可靠，且无长度限制。

2. 增量式测量和绝对式测量

增量式测量只测量位移增量，即工作台每移动一个基本长度单位，检测装置便发出一个检测信号，此信号通常是脉冲形式。增量式检测装置均有零点标志，作为基准点。数控机床采用增量式检测装置时，在每次接通电源后要进行回参考点操作，以保证测量位置的正确。

绝对式测量是指被测的任一点位置都从一个固定零点算起，每一个测点都有一个对应的编码，常以二进制数据形式表示。

3. 数字式测量和模拟式测量

数字式测量是以量化后的数字形式表示被测量。得到的测量信号为脉冲形式，以计数后得到的脉冲个数表示位移。其特点是便于显示、处理；测量精度取决于测量单位，与量程基本无关；抗干扰能力强。

模拟式测量是将被测量用连续的变量来表示，模拟式测量的信号处理电路较复杂，易受干扰，数控机床中常用于小量程测量。

5.3.2 旋转编码器

旋转编码器通常有增量式和绝对式两种类型。它通常安装在被测轴上，随被测轴一起转动，将被测轴的角位移转换成增量脉冲形式或绝对式的代码形式。

1. 增量式旋转编码器

常用的增量式旋转编码器为增量式光电编码器，其结构示意图及外观图如图 5.19 所示。光电编码器由带聚光镜的发光二极管（LED）、光栅板、光电码盘、光敏元件及信号处理电路组成。其中，光电码盘是在一块玻璃圆盘上镀上一层不透光的金属薄膜，然后在上面制成圆周等距的透光和不透光相间的条纹，光栅板上具有和光电码盘相同的透光条纹。光电码盘也可由不锈钢薄片制成。当光电码盘旋转时，光线通过光栅板和光电码盘产生明暗相间的变化，由光敏元件接收，光敏元件将光电信号转换成电脉冲信号。光电编码器的测量精度取决于它所能分辨的最小角度，而这与光电码盘圆周的条纹数有关，即分辨角为

$$\alpha = \frac{360°}{条纹数} \tag{5-7}$$

如条纹数为 1024，由式（5-7）可知，分辨角 $\alpha = \frac{360°}{1024} = 0.352°$。

为判断电动机转向，光电编码器的光栅板上有三组条纹 A 和 $\overline{A}$、B 和 $\overline{B}$ 及 C 和 $\overline{C}$，如图 5.20 所示。A 组和 B 组的条纹彼此错开 1/4 节距，两组条纹相对应的光敏元件所产生的

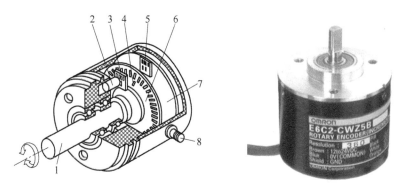

图 5.19　增量式光电编码器结构示意图及外观图

1—转轴　2—发光二极管　3—光栅板　4—零标志　5—光敏元件

6—光电码盘　7—印制电路板　8—电源及信号连接座

信号彼此相差 90°，当光电码盘正转时，A 信号超前 B 信号 90°，当光电码盘反转时 B 信号超前 A 信号 90°。利用这一相位关系即可判断电动机转向。另外，在光电码盘内圈上还有一条透光条纹 C，用以产生每转信号，即光电码盘每转一圈产生一个脉冲，该脉冲称为一转信号或零标志脉冲，作为测量基准。

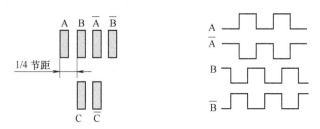

图 5.20　A、B 条纹位置及信号

光电编码器的输出信号 A、$\overline{A}$ 和 B、$\overline{B}$ 及 C、$\overline{C}$ 为差动信号。差动信号大大提高了传输的抗干扰能力。在数控系统中，分辨力是指一个脉冲所代表的基本长度单位。为进一步提高分辨力，常对上述 A、B 信号进行倍频处理。例如，配置 2000 脉冲/转光电编码器的伺服电动机直接驱动 8mm 螺距的滚珠丝杠，经 4 倍频处理后，相当于 8000 脉冲/r 的角度分辨力，对应工作台的直线分辨力由倍频前的 0.004mm 提高到 0.001mm。

2. 绝对式旋转编码器

绝对式旋转编码器可直接将被测角度用数字代码表示出来，且每一个角度位置均有对应的测量代码，因此这种测量方式即使断电，只要再通电就能读出被测轴的角度位置，即具有断电记忆力功能。

下面以接触式码盘和绝对式光电码盘分别介绍绝对式旋转编码器测量原理。

（1）接触式码盘　图 5.21 所示为接触式码盘示意图。图 5.21b 所示为 4 位 BCD（Binary-Coded Decimal）码盘。它是在一个不导电基体上做出许多金属区使其导电，其中涂黑部分为导电区，用 "1" 表示，其他部分为绝缘区，用 "0" 表示。这样，在每一个径向上，都有由 "1" "0" 组成的二进制代码。最里一圈是公用的，它和各码道所有导电部分连在一起，经电刷和电阻接电源正极。除公用圈以外，4 位 BCD 码盘的 4 圈码道上也都装有电刷，

机床数控技术 >>

电刷经电阻接地，电刷布置如图 5.21a 所示。由于码盘与被测轴连在一起，而电刷位置是固定的，当码盘随被测轴一起转动时，电刷和码盘的位置发生相对变化，若电刷接触的是导电区域，则经电刷、码盘、电阻和电源形成回路，该回路中的电阻上有电流流过，为"1"；反之，若电刷接触的是绝缘区域，则形不成回路，电阻上无电流流过，为"0"。由此可根据电刷的位置得到由"1""0"组成的 4 位 BCD 码。通过图 5.21b 可看到电刷位置与输出代码的对应关系。码盘码道的圈数就是二进制的位数，且高位在内，低位在外。由此可以推断出，若是 n 位二进制码盘，就有 n 圈码道，且圆周均为 2^n 等分，即共有 2^n 个二进制码来表示码盘的不同位置，所能分辨的角度为

$$\alpha = \frac{360°}{2^n} \tag{5-8}$$

显然，位数 n 越大，所能分辨的角度越小，测量精度就越大。

图 5.21c 所示为 4 位格雷（Gray）码盘，其特点是任意两个相邻数码间只有一位是变化的，可消除非单值性误差。

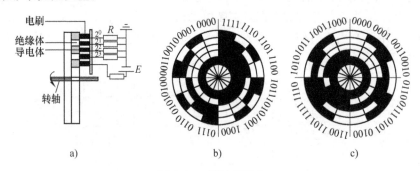

图 5.21　接触式码盘
a）结构简图　b）4 位 BCD 码盘　c）4 位格雷码盘

（2）绝对式光电码盘　绝对式光电码盘与接触式码盘结构相似，只是其中的黑白区域不表示导电区和绝缘区，而是表示透光区和不透光区。其中黑的区域指不透光区，用"0"表示；白的区域指透光区，用"1"表示。如此，在任意角度都有"1""0"组成的二进制代码。另外，在每一码道上都有一组光敏元件，这样，不论码盘转到哪一角度位置，与之对应的各光敏元件受光的输出为"1"，不受光的输出为"0"，由此组成 n 位二进制编码。图 5.22 所示为 8 码道绝对式光电码盘示意图。

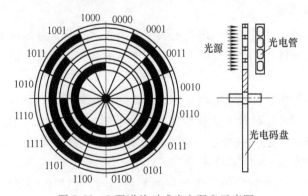

图 5.22　8 码道绝对式光电码盘示意图

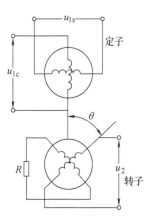

3. 编码器在数控机床中的应用

1）位移测量。在数控机床中编码器和伺服电动机同轴连接或连接在滚珠丝杠末端用于工作台和刀架的直线位移测量。在数控回转工作台中，通过在回转轴末端安装编码器，可直接测量回转工作台的角位移。

由于增量式光电编码器每转过一个分辨角就发出一个脉冲信号，因此，根据脉冲的数量、传动比及滚珠丝杠螺距即可得出移动部件的直线位移量。如某带光电编码器的伺服电动机与滚珠丝杠直连（传动比1:1），光电编码器1024脉冲/r，丝杠螺距8mm，在一转时间内计数1024脉冲，则在该时间段里，工作台移动的距离为8mm/r÷1024脉冲/r×1024脉冲＝8mm。

2）主轴控制。当数控车床主轴安装编码器后，则该主轴具有 C 轴插补功能，可实现主轴旋转与 Z 坐标轴进给的同步控制；恒线速切削控制，即随着刀具的径向进给及切削直径的逐渐减小或增大，通过提高或降低主轴转速，保持切削线速度不变；主轴定向控制等。

3）测速。光电编码器输出脉冲的频率与其转速成正比，因此，光电编码器可代替测速发电机的模拟测速而成为数字测速装置。

4）编码器应用于交流伺服电动机控制中，用于转子位置和速度检测，提供位置反馈和速度反馈信号。

5）零标志脉冲用于回参考点控制。数控机床采用增量式的位置检测装置时，在接通电源后要先作回参考点的操作。返回参考点是否正确与检测装置中的零标志有很大的关系。

5.3.3 旋转变压器

旋转变压器是利用当变压器的一次侧施以交流电压励磁时，其二次侧的输出电压将与转子转角严格保持某种函数关系的一种模拟式角度测量元件，一般用于在精度要求不高的机床上进行角度测量。旋转变压器可单独和滚珠丝杠相连，也可与伺服电动机组成一体。其特点是坚固、耐热和耐冲击，抗振性好。它在结构上与绕线转子异步电动机相似，由定子和转子组成，励磁电压接到定子绕组上，励磁频率通常为400Hz、500Hz、1000Hz及5000Hz。

1. 旋转变压器的工作原理

实际应用的旋转变压器为正、余弦旋转变压器，其定子和转子各有相互垂直的两个绕组。图5.23所示为正、余弦旋转变压器原理图。

其中，定子上的两个绕组分别为正弦绕组和余弦绕组，励磁电压用 u_{1s} 和 u_{1c} 表示，转子绕组中一个绕组为输出电压 u_2，另一个绕组接高阻抗作为补偿；θ 为转子偏转角。定子绕组通入不同的励磁电压，可得到两种工作方式。

（1）相位工作方式 给定子的正、余弦绕组分别通入同幅、同频，但相位差 $\pi/2$ 的交流励磁电压，即

$$u_{1s} = U_m\sin\omega t$$
$$u_{1c} = U_m\sin(\omega t + \pi/2) = U_m\cos\omega t$$

当转子正转时这两个励磁电压在转子绕组中产生了感应电压，经叠加，在转子中的感应

图 5.23　正、余弦旋转
变压器原理图

电压 u_2 为

$$u_2 = kU_\mathrm{m}\cos(\omega t - \theta) \tag{5-9}$$

式中　　U_m——励磁电压幅值；

　　　　k——电磁耦合系数，$k < 1$；

　　　　θ——相位角（转子偏转角）。

同理，当转子反转时，可得

$$u_2 = kU_\mathrm{m}\cos(\omega t + \theta) \tag{5-10}$$

由式（5-9）、式（5-10）可以看出，转子输出电压的相位角和转子的偏转角之间有严格的对应关系，只要检测出转子输出电压的相位角，就可知道转子的偏转角。由于旋转变压器的转子是和被测轴连接在一起的，故被测轴的角位移也就得到了。

（2）幅值工作方式　给定子的正、余弦绕组分别通以同频率、同相位，但幅值不同的交流励磁电压，即

$$u_\mathrm{1s} = U_\mathrm{sm}\sin\omega t$$

$$u_\mathrm{1c} = U_\mathrm{cm}\sin\omega t$$

u_sm、u_cm 分别为励磁电压的幅值，其数值为

$$u_\mathrm{sm} = U_\mathrm{m}\sin\alpha$$

$$u_\mathrm{cm} = U_\mathrm{m}\cos\alpha$$

式中　　α——给定电气转角。

当转子正转时，u_1s、u_1c 经叠加，在转子上的感应电压 u_2 为

$$u_2 = kU_\mathrm{m}\cos(\alpha - \theta)\sin\omega t \tag{5-11}$$

同理，转子反转时，可得

$$u_2 = kU_\mathrm{m}\mathrm{com}(\alpha + \theta)\sin\omega t \tag{5-12}$$

式（5-11）、式（5-12）中，$kU_\mathrm{m}\cos(\alpha - \theta)$、$kU_\mathrm{m}\cos(\alpha + \theta)$ 为感应电压的幅值。

由式（5-11）、式（5-12）可以看出，转子感应电压的幅值随转子的偏转角 θ 而变化，测量出幅值即可求得偏转角 θ，从而获得被测轴的角位移。

2. 旋转变压器的结构

从转子感应电压的输出方式来看，旋转变压器分为有刷和无刷两种类型。在有刷结构中，转子绕组的端点通过电刷和滑环引出。目前数控机床常用的是无刷旋转变压器，其结构示意图及外观图如图 5.24 所示。

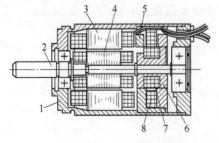

图 5.24　无刷旋转变压器结构示意图及外观图

1—壳体　2—转子轴　3—旋转变压器定子　4—旋转变压器转子

5—变压器定子　6—变压器转子　7—变压器一次绕组　8—变压器二次绕组

无刷旋转变压器由两部分组成：一部分称为分解器，由旋转变压器的定子和转子组成；另一部分称为变压器，用它取代电刷和滑环，其一次绕组与分解器的转子轴固定在一起，与转子轴一起旋转。分解器中的转子输出信号接在变压器的一次绕组上，变压器的二次绕组与分解器中的定子一样固定在旋转变压器的壳体上。工作时，分解器的定子绕组外加励磁电压，转子绕组即耦合出与偏转角相关的感应电压，此信号接在变压器的一次绕组上，经耦合由变压器的二次绕组输出。

无刷旋转变压器一般为多级旋转变压器。所谓多级旋转变压器就是增加定子或转子的磁极对数，使电气转角为机械转角的倍数，用来代替单级旋转变压器，不需要升速齿轮，从而提高了定位精度。另外还可用三个旋转变压器按 1:1、10:1 和 100:1 的比例相互配合串联，组成精、中、粗三级旋转变压器测量装置。若精测的丝杠位移为 10mm，则中测范围为 100mm，粗测为 1000mm。为了使机床工作台按指令值到达规定位置，须用电气转换电路在实际值不断接近指令值的过程中，使旋转变压器从"粗"到"中"再到"精"，最后的位置精度由精旋转变压器来决定。

5.3.4　感应同步器

1. 感应同步器的结构和原理

感应同步器也是一种电磁式位置检测传感器，主要部件由定尺和滑尺组成，它广泛应用于数控机床中。感应同步器需要几伏的电压励磁，励磁电压的频率为 10kHz，输出电压较小，一般为励磁电压的 1/10 到几百分之一。感应同步器的结构形式有圆盘式和直线式两种，圆盘式用来测量转角位移，直线式用来测量直线位移。图 5.25 所示为直线式感应同步器的结构示意图。

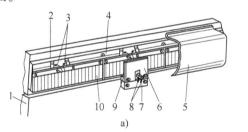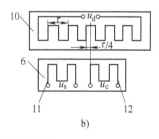

a)　　　　　　　　　　　　　　　　　b)

图 5.25　直线式感应同步器的结构示意图

a）外形及安装形式　b）绕组

1—定部件（床身）　2—运动部件（工作台或刀架）　3—定尺绕组引线　4—定尺座　5—防护罩　6—滑尺
7—滑尺座　8—滑尺绕组引线　9—调整垫　10—定尺　11—正弦励磁绕组　12—余弦励磁绕组

标准的直线式感应同步器定尺长度为 250mm，宽度为 40mm，尺上是单向、均匀、连续的感应绕组；滑尺长 100mm，尺上有两组励磁绕组，一组为正弦励磁绕组，其电压为 u_s，另一组为余弦励磁绕组，其电压为 u_c。感应绕组和励磁绕组节距相同，均为 2mm，用 τ 表示。当正弦励磁绕组与感应绕组对齐时，余弦励磁绕组与感应绕组相差 1/4 节距。也就是滑尺上的两个绕组在空间位置上相差 1/4 节距。在数控机床实际检测中，感应同步器常采用多块定尺连接，相邻定尺间隔通过调整，以使总长度上的累积误差不大于单块定尺的最大偏差。定尺和滑尺分别装在机床床身和移动部件上，两者平行放置，保持 0.2 ~ 0.3mm 的间隙，以保证定尺和滑尺的正常工作。

感应同步器的工作原理与旋转变压器相似。当励磁绕组和感应绕组间发生相对位移时，由于电磁耦合的变化，感应绕组中的感应电压随位移的变化而变化。感应同步器和旋转变压器就是利用这个特点进行测量的。所不同的是，旋转变压器变化的是定子和转子的角位移，而直线式感应同步器变化的是滑尺和定尺的直线位移。

根据励磁绕组中励磁方式的不同，感应同步器也有相位工作方式和幅值工作方式两种。

（1）相位工作方式　给滑尺的正弦励磁绕组和余弦励磁绕组分别通以频率相同、幅值相同，但相位差 π/2 的励磁电压，即

$$u_s = U_m \sin\omega t$$
$$u_c = U_m \sin(\omega t + \pi/2) = U_m \cos\omega t$$

当滑尺移动 X 距离时，定尺绕组中的感应电压为

$$u_d = kU_m \sin(\omega t - \theta) = kU_m \sin\left(\omega t - \frac{2\pi X}{\tau}\right) \tag{5-13}$$

式中　k——电磁耦合系数；

$\quad\quad U_m$——励磁电压幅值；

$\quad\quad \tau$——节距；

$\quad\quad X$——滑尺移动距离；

$\quad\quad \theta$——电气相位角。

从式（5-13）可以看出，定尺的感应电压与滑尺的位移量有严格对应关系。通过测量定尺感应电压的相位，即可测得滑尺的位移量。

（2）幅值工作方式　给滑尺的正弦励磁绕组和余弦励磁绕组分别通以相位相同、频率相同，但幅值不同的励磁电压，即

$$u_s = U_{sm} \sin\omega t$$
$$u_c = U_{cm} \sin\omega t$$

其中，U_{sm}、U_{cm} 幅值分别为

$$U_{sm} = U_m \sin\theta_1$$
$$U_{sm} = U_m \cos\theta_1$$

式中　θ_1——电气给定角。

当滑尺移动时，定尺绕组中的感应电压为

$$u_d = k\,U_m \sin\omega t\,\sin(\theta_1 - \theta) = kU_m \sin\omega t\,\sin\Delta\theta$$

当 $\Delta\theta$ 很小时，定尺绕组中的感应电压可近似表示为

$$u_d = kU_m \sin\omega t\Delta\theta$$

又因为

$$\Delta\theta = \frac{2\pi\Delta X}{\tau}$$

则

$$u_d = kU_m \frac{2\pi\Delta X}{\tau}\sin\omega t \tag{5-14}$$

式中　ΔX——滑尺位移增量。

从式（5-14）可以看出，当位移增量 ΔX 很小时，感应电压的幅值和 ΔX 成正比，因此，可通过测量 u_d 的幅值来测定位移 ΔX 的大小。

2. 感应同步器的特点

1）精度高。因为定尺的节距误差有平均补偿作用，所以尺子本身的精度能做得较高。直线式感应同步器对机床位移的测量是直接测量，不经过任何机械传动装置，测量精度取决于尺子的精度。

感应同步器的灵敏度（或称分辨力）取决于一个周期进行电气细分的程度，灵敏度的提高受电气细分电路中信噪比的限制，但是通过线路的精心设计和采取严密的抗干扰措施，可以把电噪声减到很低，并获得很高的稳定性。

2）测量长度不受限制。当测量长度大于250mm时，可以采用多块定尺接长的方法进行测量。行程为几米到几十米的中型或大型机床中，工作台位移的直线测量大多数采用直线式感应同步器来实现。

3）对环境的适应性较强。因为感应同步器定尺和滑尺的绕组是在基板上用光学腐蚀方法制成的铜箔锯齿形的印制电路绕组，铜箔与基板之间有一层极薄的绝缘层。可在定尺的铜绕组上面涂一层耐蚀的绝缘层，以保护尺面；在滑尺的绕组上面用绝缘粘接剂粘贴一层铝箔，以防静电感应。定尺和滑尺的基板采用与机床床身热胀系数相近的材料，当温度变化时，仍能获得较高的重复精度。

4）维修简单、寿命长。感应同步器的定尺和滑尺互不接触，因此无任何摩擦、磨损，使用寿命长，不怕灰尘、油污及冲击振动。同时由于它是电磁耦合器件，所以不需要光源、光敏元件，不存在元件老化及光学系统故障等问题。

5）工艺性好，成本较低，便于成批生产。

5.3.5 光栅尺

光栅尺（又称光栅）是一种高精度的直线位移传感器，是数控机床闭环控制系统中用得较多的测量装置。光栅尺由光源、聚光镜、标尺光栅（长光栅）、指示光栅（短光栅）和硅光电池等光敏元件组成。光栅尺的结构示意图及外观图如图5.26所示。

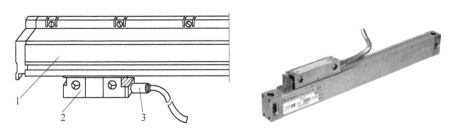

图 5.26　光栅尺的结构示意图及外观图
1—光栅尺　2—扫描头　3—电缆

光栅尺通常为一长一短两块光栅尺配套使用。其中长的一块称为主光栅或标尺光栅，安装在机床移动部件上，要求与行程等长，短的一块称为指示光栅，指示光栅和光源、透镜、光敏元件装在扫描头中，安装在机床固定部件上。

数控机床中用于直线位移检测的光栅尺有透射光栅和反射光栅两大类，如图5.27所示。在玻璃表面上制成透明与不透明间隔相等的线纹，称透射光栅；在金属的镜面上制成全反射与漫反射间隔相等的线纹，称为反射光栅。透射光栅的特点是：光源可以采用垂直入射，光

敏元件可直接接收光信号，因此信号幅度大，扫描头结构简单；光栅的线密度可以做得很高，即每毫米上的线纹数多。常见的透射光栅线密度为 50 条/mm、100 条/mm、200 条/mm。其缺点是：玻璃易破裂，热胀系数与机床金属部件不一致，影响测量精度。反射光栅的特点：标尺光栅的膨胀系数易做到与机床材料一致；安装在机床上所需要的面积小，调整也很方便；易于接长或制成整根标尺光栅；不易碰碎；适用于大位移测量的场所。其缺点是：为了使反射后的莫尔条纹反差较大，每毫米内线纹不宜过多。目前常用的反射光栅线密度为 4 条/mm、10 条/mm、25 条/mm、40 条/mm、50 条/mm。

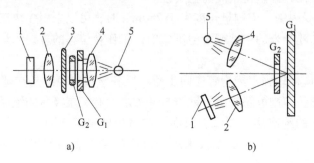

a)   b)

图 5.27 光栅尺的种类

a) 透射光栅 b) 反射光栅

1—光敏元件 2、4—透镜 3—狭缝 5—光源 G_1—标尺光栅 G_2—指示光栅

下面以透射光栅为例介绍光栅尺的特点和工作原理。

光栅尺上相邻两条光栅线纹间的距离称为栅距或节距 ω，线密度是指每毫米长度上的线纹数，用 k 表示，则 $\omega = 1/k$。安装时，要求标尺光栅和指示光栅相互平行，它们之间有 0.05 ～ 0.1mm 的间隙，并且其线纹相互偏斜一个很小的角度 θ，两光栅线纹相交，形成透光和不透光的菱形条纹。在相交处出现的黑色条纹，称为莫尔条纹。莫尔条纹的传播方向与光栅线纹大致垂直。两条莫尔条纹间的距离称为纹距 W。当工作台正向或反向移动一个栅距 ω 时，莫尔条纹向上或向下移动一个纹距，如图 5.28a 所示。莫尔条纹经狭缝和透镜由光电元件接收，产生电信号。因偏斜角度 θ 很小，由图 5.28b 可知

$$W = \frac{\omega}{2\sin\frac{\theta}{2}} \approx \frac{\omega}{\theta} \tag{5-15}$$

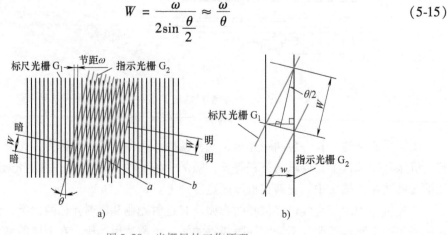

a)   b)

图 5.28 光栅尺的工作原理

a) 莫尔条纹形成原理 b) 莫尔条纹放大原理

光栅尺的莫尔条纹具有以下特点。

1）起放大作用。因为 θ 角度非常小，因此莫尔条纹的纹距 W 要比栅距 ω 大得多，如 $k=100$ 条/mm，则 $\omega=0.01$mm。如果调整 $\theta=0.001$rad，则 $W=10$mm。这样，虽然光栅尺栅距很小，但莫尔条纹却清晰可见，便于测量。

2）莫尔条纹的移动与栅距成比例。当标尺光栅移动时，莫尔条纹就沿着垂直于光栅尺运动的方向移动，并且光栅尺每移动一个栅距 ω，莫尔条纹就准确地移动一个纹距 W，只要测量出莫尔条纹的数目，就可以知道光栅尺移动了多少个栅距，而栅距是制造光栅尺时确定的，因此工作台的移动距离就可以计算出来。如一光栅尺 $k=100$ 条/mm，测得由莫尔条纹产生的脉冲为 1000 个，则安装有该光栅尺的工作台移动了 0.01mm/条 × 1000 条 =10mm。

另外，当标尺光栅随工作台运动方向改变时，莫尔条纹的移动方向也发生改变。标尺光栅右移时，莫尔条纹向上移动；标尺光栅左移时，莫尔条纹向下移动。由此可见，为了判别光栅尺移动的方向，必须沿着莫尔条纹移动的方向安装两组彼此相距 $W/4$ 的光敏元件 A 和 B，使莫尔条纹经光敏元件转换的电信号相位差 90°，光敏元件输出信号采用 A、$\overline{A}$ 和 B、$\overline{B}$ 差动输出，便于传输的抗干扰。差动输出信号经处理后，获得 P_A 和 P_B 信号，P_A、P_B 的超前和滞后经方向判别电路处理得到以高、低电平表示的方向信号，高、低电平信号分别表示光栅尺移动的两个方向，如图 5.29 所示。光栅尺中的光敏元件安排如图 5.30 所示。

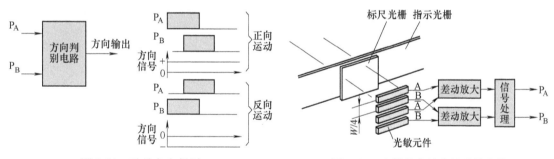

图 5.29 移动方向判别　　图 5.30 光栅尺中的光敏元件安排

光栅尺与光电编码器相同，有增量式和绝对式之分。增量式光栅也设有零标志脉冲，它可以设置在光栅尺的中点，也可以设置一个或多个零标志脉冲。绝对式光栅输出二进制 BCD 码或格雷码。另外，光栅除了光栅尺外还有圆光栅，用于角位移的测量。圆光栅的组成和原理与光栅尺相同。

光栅尺的输出信号有两种：一种是正弦波信号，另一种是方波信号。正弦波输出有电流型和电压型，对正弦波输出信号需经差动放大、整形后得到脉冲信号。为了提高光栅检测装置的精度，可以提高刻线精度和增加刻线密度。但刻线密度达到 200 条/mm 以上的细光栅刻线制造较困难，成本也高。因此通常采用倍频处理来提高光栅的分辨精度，如原光栅线密度为 50 条/mm，经 5 倍频处理后，相当于线密度提高到 250 条/mm。图 5.31 所示为 HEIDENHAIN 光栅电流型输出信号及处理后的信号波形。

5.3.6 磁栅

磁栅是一种计算磁波数目的位置检测元件。它由磁性标尺、磁头和检测电路组成。按其结构分为直线形和圆形磁栅，分别用于直线位移和角位移的检测。其优点是精度高，复制简

单和安装方便，对使用环境的条件要求较低，对周围电磁场的抗干扰能力较强，在油污、粉尘较多的场合下使用有好的稳定性。下面仅介绍磁栅的磁性标尺和磁头。

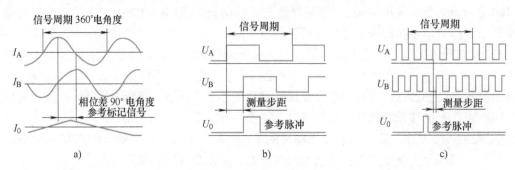

图 5.31 HEIDENHAIN 光栅电流型输出信号及处理后的信号波形

a）正弦测量信号 b）整形后的测量信号 c）5 倍频处理后的测量信号

1. 磁性标尺

磁性标尺通常采用热胀系数与普通钢相同的不导磁材料做基体，在基体上镀上一层 10 ~ 30μm 厚的高导磁性材料，形成均匀磁膜。再用录磁磁头在尺上记录相等节距的周期性磁化信号，作为测量基准，信号可为正弦波、方波等。节距通常有 0.05mm、0.1mm、0.2mm，最后在磁尺表面还要涂上一层 1 ~ 2μm 厚的保护层，以防止磁头与磁尺频繁接触而引起磁膜磨损。磁性标尺按基本形状可分为带状磁尺、线状磁尺和圆形磁尺，如图 5.32 所示。

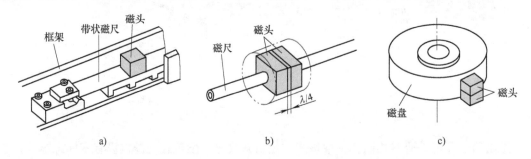

图 5.32 磁性标尺

a）带状磁尺 b）线状磁尺 c）圆形磁尺

带状磁尺的特点是磁尺固定在用低碳钢做成的屏蔽壳体内，并以一定的预紧力绷紧在框架或支架中，框架固定在机床上，使带状磁尺与机床一起胀缩，从而减小温度对测量精度的影响。线状磁尺的特点是磁尺套在磁头中间，与磁头同轴，两者之间保持很小的间隙，由于磁尺包围在磁头中间，对周围电磁起到了屏蔽作用，所以抗干扰能力强，输出信号大。圆形磁尺的特点是磁尺做成圆形磁盘或磁鼓形状，圆形磁尺主要用来检测角位移。

2. 拾磁磁头

拾磁磁头是一种磁电转换器，用来把磁性标尺上的磁化信号检测出来变成电信号送给检测电路。根据数控机床的要求，为了在低速运动和静止时也能进行位置检测，必须采用磁通响应型磁头。磁通响应型磁头是一个带有可饱和铁心的磁性调制器。它由铁心、两个串联的励磁绕组和两个串联的拾磁绕组组成，如图 5.33 所示。

其工作原理是将高频励磁电流通入励磁绕组时，在磁头上产生磁通，当磁头靠近磁性标

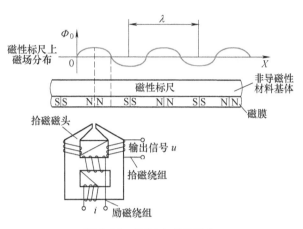

图 5.33　磁通响应型磁头

尺时，磁性标尺上的磁信号产生的磁通通过磁头铁心，并被高频励磁电流产生的磁通调制，从而在拾磁绕组中感应出电压信号输出。其输出电压为

$$U = U_0 \sin 2\omega t \sin \frac{2\pi X}{\lambda} \tag{5-16}$$

式中　U_0——感应电压系数；

　　　λ——磁性标尺上磁化信号节距；

　　　X——磁头在磁性标尺上的位移量；

　　　ω——励磁电流角频率。

为了辨别磁头在磁尺上的移动方向，通常采用了间距为 $(m \pm 1/4) \lambda$ 的两组磁头（其中 m 为任意正整数），如图 5.34 所示。其输出电压为

$$u_1 = U_0 \sin 2\omega t \sin \frac{2\pi X}{\lambda} \tag{5-17}$$

$$u_2 = U_0 \sin 2\omega t \cos \frac{2\pi X}{\lambda} \tag{5-18}$$

u_1 和 u_2 为相位相差90°的两列信号。根据两个磁头输出信号的超前或滞后，可判别磁头的移动方向。

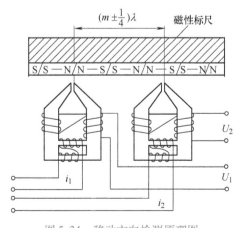

图 5.34　移动方向检测原理图

使用单个磁头的输出信号很小，为了提高输出信号的幅值，同时降低对录制的磁化信号正弦波形和节距误差的要求，在实际使用时常将几个到几十个磁头以一定的方式连接起来，组成多间隙磁头，如图 5.35 所示。多间隙磁头都以相同的间距 $\lambda m/2$ 配置，相邻两磁头的输出绕组反向串联。因此，输出信号为各磁头输出信号的叠加。多间隙磁头具有高精度、高分辨率、输出电压大等优点。

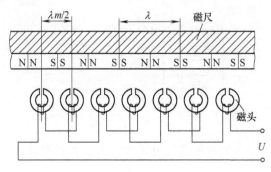

图 5.35　多间隙磁头

5.4　位置控制和速度控制

位置控制和速度控制是数控机床进给伺服系统的重要环节。位置控制根据计算机插补运算得到的位置指令，与位置检测装置反馈来的机床坐标轴的实际位置相比较，形成位置偏差，经变换得到速度给定电压。速度控制单元根据位置控制输出的速度电压信号和速度检测装置反馈的实际转速对伺服电动机进行控制，以驱动机床传动部件。因为速度控制单元是伺服系统中的功率放大部分，所以也称速度控制单元为驱动装置或伺服放大器。

5.4.1　位置控制

从理论上来说，位置控制的类型可以有很多，但目前在数控机床位置进给控制中，为了加工出光滑的零件表面，不允许出现位置超调，采用“比例型”和“比例加前馈型”的位置控制器，可以较容易地达到上述要求。就闭环和半闭环伺服系统而言，位置控制的实质是位置随动控制，其控制原理如图 5.36 所示。

图 5.36 中，位置比较器的作用是实现位置的比较，即 $P_e = P_c - P_f$。位置/速度变换是将位置偏差转换为速度控制信号。实现位置比较的方法有脉冲比较法、相位比较法和幅值比较法。下面仅介绍常用的脉冲比较法。

1. 脉冲比较器的组成

脉冲比较器由可加减的可逆计数器和脉冲分离器组成，如图 5.37 所示。它是将脉冲信号 P_c 与反馈的脉冲信号 P_f 相比较，得到脉冲偏差信号 P_e。能产生脉冲信号的位置检测装置有光栅尺、光电编码器等。P_{c+}、P_{c-}、P_{f+}、P_{f-} 的加减定义见表 5-1。

2. 脉冲比较法的原理

当数控系统要求工作台向一个方向进给时，经插补运算得到一系列进给脉冲作为指令脉

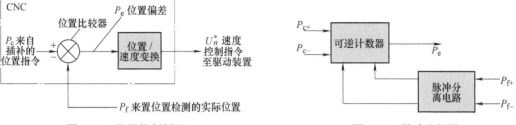

图 5.36 位置控制原理   图 5.37 脉冲比较器

表 5-1 P_{c+}、P_{c-}、P_{f+}、P_{f-} 的加减定义

位置指令	含义	可逆计算器运算	位置反馈	含义	可逆计数器运算
P_{c+}	正向运动指令	+	P_{f+}	正向位置反馈	−
P_{c-}	反向运动指令	−	P_{f-}	反向位置反馈	+

199

冲，其数量代表了工作台的指令进给量，频率代表了工作台的进给速度，方向代表了工作台的进给方向。以增量式光电编码器为例，随着伺服电动机的转动，光电编码器产生序列脉冲输出，脉冲的频率将随着电动机转速的快慢而升降。

现设工作台的初始状态静止，若指令脉冲 $P_c = 0$，这时反馈信号 $P_f = 0$，则偏差信号 $P_e = 0$，则伺服电动机的速度给定值为零，工作台继续保持静止状态。若给定一正向指令脉冲 $P_{c+} = 2$，可逆计数器加 2，在工作台尚未移动之前，反馈信号 $P_{f+} = 0$，可逆计数器输出 $P_e = P_c - P_f = 2$，经位置/速度变换，得到正的速度指令，伺服电动机正转，工作台正向进给。工作台正向运动，即有反馈信号 P_{f+} 产生，当 $P_{f+} = 1$，可逆计数器减 1，此时 $P_e = P_c - P_f = 1 > 0$，伺服电动机仍正转，工作台继续正向进给。当 $P_{f+} = 2$ 时，$P_e = P_c - P_f = 0$，则速度指令为零，伺服电动机停转，工作台停止在位置指令所要求的位置。当指令脉冲为反向 P_{c-} 时，控制过程与正向时相同，只是 $P_e < 0$，工作台反向运动。

5.4.2 速度控制

速度控制也称驱动装置。数控机床中的驱动装置又因驱动电动机的不同而不同。步进电动机的驱动装置有高低压切换、恒流斩波等。直流伺服电动机的驱动装置有脉宽调制（PWM）、晶闸管（SCR）控制。交流伺服电动机的驱动装置有他控变频控制和自控变频控制。

1. 步进电动机驱动装置

由前述可知，步进电动机采用的是脉冲控制方式。只要控制步进电动机指令脉冲的数量即可控制工作台移动的位移量，控制其指令脉冲的频率即可实现工作台移动速度的控制。所以步进电动机驱动装置解决的第一个问题是环形分配，第二个问题是功率放大。

（1）环形分配 环形分配用于控制步进电动机的通电方式，其作用就是将数控装置送来的一串指令脉冲按一定的顺序和分配方式控制各相绕组的通、断电，如图 5.38 所示。

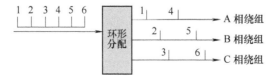

图 5.38 三相三拍制步进电动机的环形分配

实现环形分配的方法有两种：一种是由包括在驱动装置内部的环形分配器实现，称为硬件环形分配；另一种称为软件环形分配，即环形分配由数控装置中的计算机软件来完成，驱动装置没有环形分配器。两种环形分配驱动与数控装置的连接如图 5.39 和图 5.40 所示。

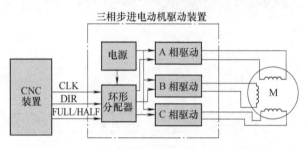

图 5.39　硬件环形分配驱动与数控装置的连接

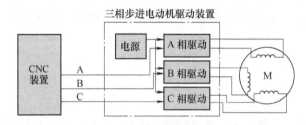

图 5.40　软件环形分配驱动与数控装置的连接

图 5.39 中，数控装置只需根据加工对象的运行轨迹，按插补运算结果发出脉冲 CLK，每个脉冲的上升沿或下降沿到来时，输出就改变一次绕组的通电状态，对应电动机转过一个固定的角度。环形分配器的输入、输出信号一般为 TTL 电平，输出 A、B、C 信号变为高电平则表示相应的绕组通电，低电平则表示相应的绕组失电。DIR 为数控装置所发出的方向信号，其电平的高低对应电动机绕组通电顺序的改变，即控制步进电动机的正、反转。FULL/HALF 用于控制电动机的通电方式，其电平的高低用来控制电动机的整步或半步（对三相步进电动机即为三拍或六拍运行），一般情况下，根据需要将其设定为固定的电平即可。

（2）驱动电路　驱动电路的主要作用是对控制脉冲进行功率放大，以使步进电动机获得足够大的功率驱动负载运行。步进电动机常采用高、低压双电压驱动。

高、低压双电压驱动采用两套电源给电动机绕组供电，一套是高压电源，另一套是低压电源。步进电动机的绕组每次通电时，首先接通高压，维持一段时间，以保证电流以较快的速度上升，然后变为低压供电，维持绕组中的电流为额定值。这种驱动电路由于采用高压驱动，电流增长加快，绕组上脉冲电流的前沿变陡，使电动机的转矩、起动及运行频率都得到提高。又由于额定电流由低压维持，故只需较小的限流电阻，功耗较小。根据高压脉冲的控制方式不同，产生了如高压定时控制、恒流斩波控制、电流前沿控制、平滑斩波控制等各种派生电路。下面以恒流斩波控制为例说明双电压驱动电源的工作原理。

恒流斩波驱动电源也称电流驱动电源。图 5.41 所示为恒流斩波驱动电源电路及波形图。图中高压功率晶体管 V_g 的通断同时受步进脉冲信号 U_{cp} 和运算放大器 N 的控制。在步进脉冲信号 U_{cp} 为高电平时，一路经驱动电路驱动低压晶体管 V_d 导通，另一路通过晶体管 V_1 和反相器 D_1 及驱动电路驱动 V_g 导通，这时绕组由高压电源 U_g 供电。随着绕组电流的增大，

反馈电阻 R_f 上的电压不断升高，当升高到比同相输入电压 U_s 高时，运算放大器 N 输出低电平，V_1 的基极为低电平，V_1 截止，这样，V_g 关断高压，绕组继续由低压 U_d 供电。当绕组电流下降时，U_f 下降，当 $U_f < U_s$ 时，运算放大器 N 又输出高电平使二极管 VD_1 截止，V_1 又导通，再次导通 V_g。这个过程在步进脉冲有效期内不断重复，使电动机绕组中电流波顶的波动呈锯齿形变化，并限制在一定范围内。

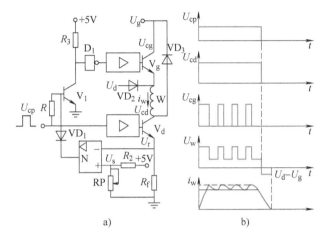

图 5.41　恒流斩波电源电路及波形图

　　调节电位器 RP，可改变运算放大器 N 的翻转电压，即改变绕组中电流的限定值。运算放大器的增益越大，绕组的电流波动越小，电动机运转越平稳，电噪声也越小。

　　这种驱动电源根据随时检测绕组电流值，导通或关断高压功率晶体管，实现高、低压切换。当绕组电流值上升到上限设定值时，高压功率晶体管关断，由低压电源供电，绕组电流值开始下降；当绕组电流值下降到下限设定值时，使高压功率晶体管导通，绕组电流值上升。这样，在一个步进信号周期内，高压功率晶体管多次通断，使绕组电流在上、下限之间波动，接近恒定值，提高了绕组电流的平均值，有效地抑制了电动机输出转矩的降低。但这种驱动电源的运行频率不能太高。因为运行频率太高，电动机绕组的通电周期会缩短，高压功率晶体管开通时绕组电流来不及升到整定值，导致波顶补偿作用不明显。

2. 直流伺服电动机驱动装置

　　直流伺服电动机具有良好的起动、制动和调速性能，可很方便地在较宽范围内实现平滑无级调速，所以在调速性能要求较高的生产设备中常采用直流伺服驱动。直流伺服电动机速度控制的作用是将转速指令信号转换成电枢的电压值，达到速度调节的目的，常采用的调速方法有晶闸管（Semiconductor Control Rectifier，SCR）调速系统和晶体管脉宽调制（Pulse Width Modulation，PWM）调速系统。主轴直流电动机采用 SCR 控制方式，进给用直流伺服电动机通常采用 PWM 控制方式。下面主要介绍 PWM 调速控制系统。

　　所谓 PWM，就是使功率晶体管工作于开关状态，开关频率保持恒定，用改变开关导通时间的方法来调整晶体管的输出，使电动机两端得到宽度随时间变化的电压脉冲。当开关在每一周期内的导通时间随时间发生连续地变化时，电动机电枢得到的电压的平均值也随时间连续地发生变化，而由于内部的续流电路和电枢电感的滤波作用，电枢上的电流连续地改变，从而达到调节电动机转速的目的。与晶闸管相比，PWM 调速控制系统控制电路简单，

不需附加关断电路，开关特性好。在中、小功率直流伺服系统中，PWM 驱动系统已得到了广泛应用。

PWM 的基本原理如图 5.42 所示，若脉冲的周期固定为 T，在一个周期内高电平持续的时间（导通时间）为 T_{on}，高电平持续的时间与脉冲周期的比值称为占空比 λ，则图中直流电动机电压的平均值为

$$U_a = \frac{1}{T}\int_0^T E_a = \frac{T_{on}}{T}E_a = \lambda E \tag{5-19}$$

式中　E_a——电源电压；

　　　λ——占空比，$\lambda = \dfrac{T_{on}}{T}$，$0 < \lambda < 1$。

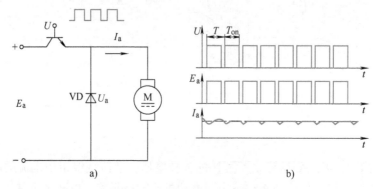

图 5.42　PWM 的基本原理及波形

a）原理图　b）控制电压、电枢电压和电流的波形

当电路中开关功率晶体管关断时，由二极管 VD 续流，电动机可得到连续电流。实际的 PWM 系统先产生微电压脉宽调制信号，再由该脉冲信号去控制功率晶体管的导通与关断。

（1）PWM 系统的组成原理　图 5.43 所示为 PWM 系统的组成原理。该系统由控制部分、功率晶体管放大器和全波整流器三部分组成。控制部分包括速度调节器、电流调节器、固定频率振荡器、三角波发生器、脉宽调制器和基极驱动电路。其中速度调节器和电流调节器与晶闸管调速系统相同，控制方法仍然采用双环控制。不同部分是脉宽调制器、基极驱动电路和功率放大器。

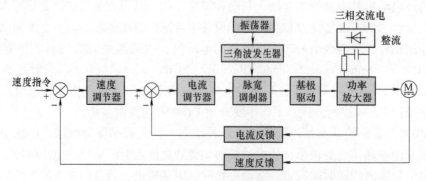

图 5.43　PWM 系统的组成原理

（2）晶体管脉宽调制器　脉宽调制器的作用是将电压量转换成可由控制信号调节的矩

形脉冲，即为功率晶体管的基极提供一个宽度可由速度指令信号调节且与之成比例的脉宽电压。在 PWM 调速系统中，电压量为电流调节器输出的直流电压量，该电压量由系统插补器输出的速度指令转化而来。经过脉宽调制器变为周期固定、脉宽可变的脉冲信号，脉冲宽度的变化随着速度指令而变化。由于脉冲周期不变，脉冲宽度的改变将使脉冲平均电压改变。

脉宽调制器种类很多，但从结构上看，都是由调制信号发生器和比较放大器两部分组成。调制信号发生器有三角波和锯齿波两种。下面以三角波发生器为例，介绍脉宽调制器的原理，其结构如图 5.44 所示，这种结构适合于双极性可逆式开关功率放大器。

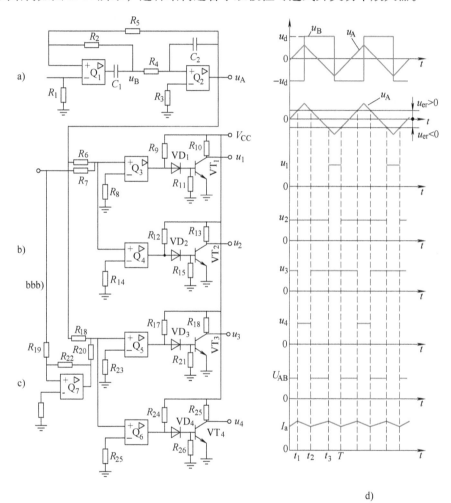

图 5.44　脉宽调制器
a）三角波发生器　b）、c）比较放大器　d）电压波形和电枢的电流波形

图 5.44a 所示为三角波发生器，三角波发生器由二级运算放大器组成。第一级运算放大器 Q_1 是频率确定的自激方波发生器，其输出端输出方波给前一级的积分器 Q_2（由运算放大器 Q_2 构成），形成三角波。它的工作过程如下：设在电源接通瞬间，放大器 Q_1 的输出电压 u_B 为其负电源电压 $-u_d$，被送到 Q_2 的反向输入端。Q_2 组成积分器，输出电压 u_A 按线性比例关系逐渐上升。同时 u_A 又通过 R_5 反馈到 Q_1 的输入端，形成正反馈，与 u_B（通过 R_2 反馈到 Q_1 的输入端）进行比较，当比较结果大于零时，Q_1 立即翻转。由于正反馈的作用，其输

出 u_B 瞬时达到最大值 $+u_d$,即 Q_1 的正电压值。此时,$t = t_1$,$u_A = (R_5/R_2) u_d$。在 $t_1 < t < T$ 时间区间内,由于 Q_2 的输入端为 $+u_d$,所以积分器 Q_2 的输出 u_A 线性下降。当 $t = T$ 时,u_A 与 u_B 的比较结果略小于零,Q_1 再次翻转回原来的状态 $-u_d$,即 $u_B = -u_d$,而 $u_A = - (R_5/R_2) u_d$。如此反复,形成自激振荡,于是 Q_2 的输出端便得到一串的三角波电压信号 u_A。

图 5.44b、c 所示为比较放大电路,这部分电路实现了如图 5.44d 所示的 u_1、u_2、u_3 和 u_4 的电压波形。晶体管 VT_1、VT_2、VT_3 和 VT_4 的基极输入分别与比较器 Q_3、Q_4、Q_5 和 Q_6 的输出相连,输出波形与放大器的输出波形相对应,在系统中起驱动放大的作用。这 4 个比较器输入的比较电压信号都是控制电压 u_{er}(由电流调节器输出)和三角波信号 u_A 的。u_{er} 和 u_A 直接求和信号分别输出给 Q_3 的负输出端和 Q_4 的正输入端。u_{er} 通过 Q_7 求反后和 u_A 直接求和,信号分别输出给 Q_5 的负输出端和 Q_6 的正输入端。这样 Q_3 和 Q_4 的输出电平相反,Q_5 和 Q_6 的输出电平相反。当控制电压 $u_{er} = 0$ 时,各比较器输出的基集驱动信号皆为方波,而 4 个晶体管 VT_1、VT_2、VT_3 和 VT_4 的基极输入信号 u_1、u_2、u_3 和 u_4 也是方波。如图 5.44d 所示,当控制电压 $u_{er} < 0$ 时,u_1 的高电平宽度小于低电平,而 u_2 的高低电平宽度正好与 u_1 相反;u_3 的高电平宽度大于低电平,而 u_4 的高低电平宽度正好与 u_3 相反。同样可以分析出 $u_{er} > 0$ 时情况。可见,改变控制电压 u_{er},即可改变输出电压 u_{AB} 的波形宽度,这就实现了脉宽调制。

3. 交流伺服电动机驱动装置

数控机床交流主轴电动机采用专门设计的三相交流异步电动机或主轴伺服电动机。进给用交流伺服电动机多采用三相交流永磁同步电动机。调速方法常采用变频调速,变频调速系统可以分为他控变频和自控变频两大类。他控变频调速系统是用独立的变频装置给电动机提供变压变频电源。自控变频调速系统是用电动机轴上所带的转子位置检测器来控制变频的装置。

(1)变频器的工作原理 对交流电动机实现变频的装置称为变频器。变频器有很多种分类,大的分类有交 – 交变频器、交 – 直 – 交变频器。数控机床采用的是后者,其组成有整流电路、滤波电路、逆变电路和控制电路。如图 5.45 所示,图中整流器可以是二极管整流,也可以是可控整流。滤波元件是电容的称为电压型变频器,滤波元件是电感的称为电流型变频器。逆变电路可以采用功率晶体管(GTR)、可关断(GTO)晶闸管、功率场效应晶体管(MOSFET)等。

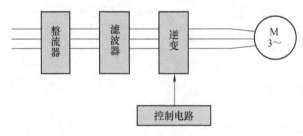

图 5.45　交 – 直 – 交变频器组成

正弦脉宽调制(SPWM)变频器属于交 – 直 – 交静止变频装置,它先将 50Hz 交流电经整流变压器转换成所需电压后,经二极管不可控整流和电容滤波,形成恒定直流电压,再送入常用六个大功率晶体管构成的逆变器主电路,输出三相频率和电压均可调整的等效于正弦波的脉宽调制波(SPWM 波),即可拖动三相异步电动机运转。这种变频器结构简单,电网功率因数接近于 1,且不受逆变器负载大小的影响,系统动态响应快,输出波形好,使电动

机可在近似正弦波的交变电压下运行，脉动转矩小，扩展了调速范围，提高了调速性能，因此在数控机床的交流驱动中得到了广泛应用。

图 5.46 所示为 SPWM 变频器控制电路图。正弦波发生器接收经过电压、电流反馈调节的信号，输出一个具有与输入信号相对应频率与幅值的正弦波信号，此信号为调制信号。三角波发生器输出的三角波信号称为载波信号。调制信号与载波信号相比较，输出的信号作为逆变器功率管的输入信号。

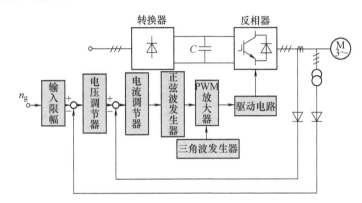

图 5.46　SPWM 变频器控制电路图

下面通过图 5.47 所示最简单的单相桥式逆变电路分析 SPWM 变频器的工作原理。

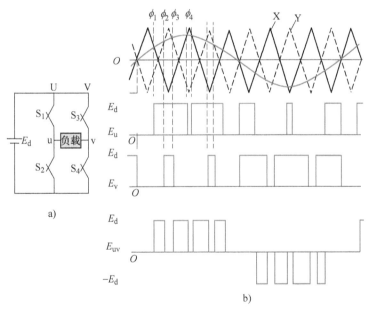

图 5.47　单相桥式逆变电路

a) 变频器结构　b) 正弦波输入的 PWM 输出

设输入信号（调制信号）为 $e_s = E_s \sin(\omega_s t + \theta)$。

X、Y 为两个互为相反的三角波（载波信号），其频率为 ω_b、幅值为 E_b。U 桥在 e_s 与 X 相相交时导通或关断，V 桥在 e_s 与 Y 相交时导通或关断。如相位在 ϕ_1 时 S_1 导通（S_2 关断），ϕ_2 时 S_3 导通（S_4 关断），ϕ_3 时 S_4 导通（S_3 关断），ϕ_4 时 S_2 导通（S_1 关断）。这样，

输出电压 E_{uv} 为三角波和调制信号的函数。输出电压的基波部分可用下式表示

$$E_{uv}(\omega_s t, \omega_b t) = \frac{E_d}{E_b} e_s \tag{5-20}$$

式（5-20）表明：输出电压的基波幅值随调制波的幅值变化而变化，且放大倍数与直流侧电压 E_d 成正比，与三角波振幅 E_b 成反比，输出电压的频率和相位与调制信号的频率和相位相同。所以说当 SPWM 的控制信号为幅值和频率均可调的正弦波，载波信号为三角波，输出的信号是幅值与频率均可调的等幅不等宽的脉冲序列时，其等效于正弦波的脉宽调制波。

（2）通用变频器　通用变频器可与各种不同性质负载的异步电动机配套使用。通用变频器控制正弦波的产生是以恒电压频率比（U/f）保持磁通不变为基础的，再经 SPWM 驱动主电路，产生 U、V、W 三相交流电驱动三相交流异步电动机。图 5.48 所示为通用变频器的组成框图。

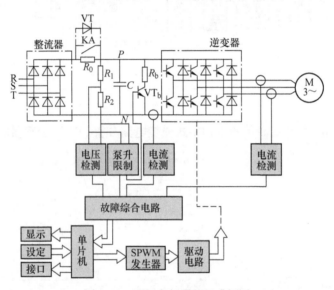

图 5.48　通用变频器的组成框图

为了保证驱动装置能安全可靠的工作，驱动装置具有多种自动保护。在图 5.48 中，R_0 的作用是限制起动时的大电流。合上电源后，R_0 接入，以限制起动电流。经延时，触点 KA 闭合或晶闸管 VT 导通（图中点画线部分），将 R_0 短路，避免造成附加损耗。R_b 为能耗制动电阻，制动时，异步电动机进入发电状态，通过逆变器的续流二极管向电容 C 反向充电，当中间直流电路电压（P、N 点之间电压，通称泵升电压）升高到一定限制值时，通过泵升限制电路使开关器件 VT_b 导通，电容 C 向 R_b 放电，这样将电动机释放的动能消耗在制动电阻 R_b 上。为便于散热，制动电阻常作为附件单独装在变频器外。变频器中的定子电流和直流电路电流检测一方面用于补偿在不同频率下的定子电压，另一方面用于过载保护。

控制电路中的单片机一方面根据设定的数据，经运算输出控制正弦波信号，经 SPWM 后，由驱动电路驱动六个大功率晶体管的基极，产生三相交流电压 U、V、W 驱动三相交流电动机运转，SPWM 的调制和驱动电路可采用前述的 PWM 大规模集成电路和集成化驱动模块；另一方面，单片机通过对各种信号进行处理，在显示器中显示变频器的运行状态，必要时可通过接口将信号取出作进一步处理。在数控机床主轴交流电动机驱动中，广泛采用通用变频器进行驱动，它属于他控变频调速。

（3）永磁同步电动机的自控变频控制　图 5.49 所示为自控变频同步电动机控制框图。它通过电动机轴端上的转子位置检测器 BQ（如霍尔元件、接近开关等）发出的信号来控制逆变器的换流，从而改变同步电动机的供电频率，调速时由外部控制逆变器的直流输入电压。

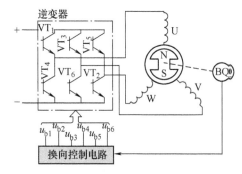

图 5.49　自控变频同步电动机控制框图

自控变频同步电动机在原理上和直流电动机相似，其励磁环节采用永磁转子，三相电枢绕组与 VT₁、VT₂、VT₃、VT₄、VT₅、VT₆ 六个大功率晶体管组成的逆变器相连，逆变电源为直流电压。当三相电枢绕组通有平衡的电流时，将在定子空间产生以同步转速 n_1 旋转的磁场，并带动转子以 n_1 的转速同步旋转。其电枢绕组电流的换向由转子位置控制，取代了直流电动机通过换向器和电刷使电枢绕组电流换向的机械装置。避免了电刷和换向器因接触产生火花的问题，同时可用交流电动机的控制方式，获得直流电动机优良的调速性能。

数控机床进给用三相永磁同步电动机，可采用自控变频的控制方式进行控制。永磁同步电动机利用电动机轴上所带的转子位置检测器，检测转子位置也可以进行矢量变频控制。矢量控制调速系统具有动态特性好、调速范围宽、控制精度高、过载能力强且可承受冲击负载和转速突变等特点。

矢量控制又称磁场定向控制，是由德国 F. Blasche 于 1971 年提出的。交流伺服电动机利用 SPWM 进行矢量变频调速控制，使得交流调速真正获得如同直流调速同样的理想性能。交流电动机矢量控制的基本思想就是利用"等效"的概念，将三相交流电动机输入的电流（矢量）变换为等效的直流电动机中彼此独立的励磁电流和电枢电流（标量），建立起交流电动机的等效数学模型，然后和直流电动机一样，通过对这两个量的反馈控制，实现对电动机的转矩控制；再通过相反的变换，将被控制的等效直流电动机还原为三相交流电动机，那么三相交流电动机的调速性能就完全体现了直流电动机的调速性能。

小　结

数控机床的伺服系统通常是指各坐标轴的进给伺服系统，它是数控系统和机床机械传动部件间的连接环节。伺服系统的高性能在很大程度上决定了数控机床的高效率、高精度，所以说伺服系统是数控机床的重要组成部分。

驱动电动机是数控机床伺服系统的执行元件。开环伺服系统主要采用步进电动机，无反馈检测装置。伺服电动机通常用于带有反馈检测装置的闭环或半闭环伺服系统中，常用的反馈检测装置有光栅、脉冲编码器、感应同步器、旋转变压器及磁栅等。位置控制和速度控制也是数控机床进给伺服系统的重要环节。实现位置控制的常用方法是脉冲比较法。速度控制也称驱动装置。步进电动机的驱动装置有高低压切换、恒流斩波等。直流伺服电动机的驱动装置有脉宽调制（PWM）、晶闸管（SCR）控制。变频调速是交流调速的重要发展方向之一。

思考题与习题

1. 简述数控机床对进给伺服系统的要求。

2. 何谓步进电动机的步距角？步距角的大小与哪些参数有关？

3. 步进电动机的转向和转速是如何控制的？步进电动机的主要特性有哪些？

4. 某数控机床采用三相六拍驱动方式的步进电动机，其转子有 80 个齿，经滚珠丝杠螺母副驱动工作台作直线运动，如图 5.50 所示。丝杠的导程为 7.2mm，齿轮的传动比 $i = z_1/z_2 = 1/5$，工作台移动的最大速度为 25mm/s。求：①步进电动机的步距角；②工作台的脉冲当量和步进电动机的最高工作频率。

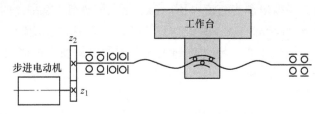

图 5.50　步进电动机驱动进给传动链简图

5. 直流和交流伺服电动机在结构和工作原理上有何不同？各有什么特点？

6. 简要说明直线电动机的工作原理和特点。

7. 何谓绝对式测量和增量式测量、间接测量和直接测量、数字式测量与模拟式测量？

8. 简述光电编码器的辨向原理和编码器在数控机床中的应用。

9. 旋转变压器和感应同步器工作方式有几种？其工作原理是什么？

10. 光栅尺由哪些部件构成？它与数控机床的连接方式如何？其工作原理是什么？

11. 若光栅刻线为 100 线/mm，标尺光栅和指示光栅之间的夹角 $\theta = 0.001$ rad，工作台移动时，测得移动过的莫尔条纹数为 200。求：光栅尺的栅距、莫尔条纹的纹距及其放大倍数、工作台移动的距离。

12. 磁栅由哪些部件组成？方向如何判别？

13. 高、低电压切换驱动电源对提高步进电动机的运行性能有何作用？

14. 简述 PWM 基本原理和脉宽调制器的作用。

15. SPWM 指的是什么？调制信号正弦波与载波信号三角波经 SPWM 后，输出的信号波形是何种形式？

16. 交流伺服电动机的调速原理是什么？实际应用中是如何实现的？

知识拓展

三坐标测量机

当今信息技术已经成为推动科学技术和国民经济高速发展的关键技术。如何用先进的信息技术来提升、改造我国的传统制造业，实现生产力跨越式发展的战略结构调整，是装备制造业面临的一项紧迫任务。著名科学家钱学森先生曾指出："信息技术包括测量技术、计算机技术和通信技术。测量技术是关键和基础。"采用适度先进的信息化数字测量技术和产品来迅速提升装备制造业水平，是当前一个重要的发展方向。测量与加工制造过程融合集成的新动向，值得我们高度重视和密切关注。三坐标测量机是测量和获得尺寸数据的最有效的方法之一，它的出现是计量仪器从古典的手动方式向现代化自动测试技术过渡的一个里程碑。

三坐标测量机（Coordinate Measuring Machine，CMM）即三次元，它是指在一个六面体的空间范围内，能够表现几何形状、长度及圆周分度等测量能力的仪器，又称为三坐标测量仪或三坐标量床。图 5.51 所示为桥式三坐标测量机。三坐标测量机的测量功能包括尺寸精度、定位精度、几何精度及轮廓精度等。其基本原理是将被测零件放入它允许的测量空间范围内，精确地测出被测零件表面的点在空间三个坐标位置的数值，将这些点的坐标数值经过计算机处理，拟合形成测量元素，如圆、球、圆柱、圆锥、曲面等，经过数学计算的方法得出其形状、位置公差及其他几何量数据。它广泛应用于机械制造、电子、汽车和航空航天等工业中。它可以进行零件和部件的尺寸、形状及相互位置的检测，例如箱体、导轨、涡轮和叶片，缸体、凸轮、齿轮、形体等空间型面的测量，此外还可用于划线、定中心孔、光刻集成线路等，并可对连续曲面进行扫描及制备数控机床的加工程序等，如图 5.52 所示。由于它通用性强，测量范围大，精度高，效率高，性能好，能与柔性制造系统相连接，已成为一类大型精密仪器，故有"测量中心"之称。国外著名的生产厂家有德国蔡司（ZEISS）和莱茨（LEITZ），意大利 DEA（Digital Electronic Automation），英国 LK（LK Limited），美国布朗-夏普（Brown & Sharpe）和日本三丰（Mitutoyo）。我国自 20 世纪 70 年代开始引进研制三坐标测量机，目前有了很大的发展，主要生产厂家有北京航空精密机械研究所、青岛海克斯康、雷顿、上海温泽、深圳思瑞和西安爱德华等。

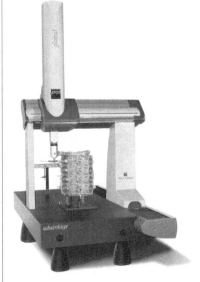

图 5.51　桥式三坐标测量机

图 5.52　三坐标测量机的应用

三坐标测量机在下述方面对三维测量技术有着重要作用。

1）实现了对基本的几何元素的高效率、高精度测量与评定，解决了复杂形状表面轮廓尺寸的测量，例如箱体零件的孔径与孔位、叶片与齿轮、汽车与飞机等的外廓尺寸检测。

2）提高了三维测量的测量精度，目前高精度的坐标测量机的单轴精度，每米长度内可达 $1\mu m$ 以内，三维空间精度可达 $1\sim2\mu m$。

3）由于三坐标测量机可与数控机床和加工中心配套组成生产加工线或柔性制造系统，从而促进了自动生产线的发展。

4）随着三坐标测量机的精度不断提高，自动化程序不断发展，促进了三维测量技术的进步，大大地提高了测量效率。尤其是电子计算机的引入，不但便于数据处理，而且可以完成 CNC 的控制功能，可缩短测量时间达 95% 以上。

5）随着激光扫描技术的不断成熟，同时满足高精度测量（质量检测）和激光扫描（逆向工程）要求的多功能复合型三坐标测量机的发展更好地满足了用户需求，大大降低了用户投入成本，提高了工作效率。

世界上第一台三坐标测量机是英国费伦蒂（Ferranti）公司于 1956 年研制成功的，当时的测量方式是三坐标测量机测头接触工件后，靠脚踏板来记录当前坐标值，然后使用计算器来计算元素间的位置关系。1962 年菲亚特（FIAT）汽车公司质量工程师 Fraorinco Sartorio 先生在意大利都灵市创建了世界上第一家专业制造坐标测量设备的公司 DEA。同时在公司的命名上还富有前瞻性地预见到数字技术的广泛应用，并继而推动坐标测量机在制造业，尤其是汽车、航空航天等大型零部件精密测量方面发挥重要作用。1963 年 10 月，DEA 公司的第一台行程为 2500mm × 1600mm × 600mm 的龙门式测量机 Alpha，出现在米兰的欧洲机床展览会上，如图 5.53 所示，从而开创了坐标测量技术的新领域，并使得几何量、质量控制技术成为工业生产的重要因素。随后几年，DEA 公司先后推出了手动、机动并首先使用气浮导轨技术的三坐标测量机，也相应配备了各种测头和软件，使之成为世界上最大的测量机供应商之一。1964 年，瑞士 SIP 公司开始使用软件来计算两点间的距离，开始了利用软件进行测量数据计算的时代。随后德国 ZEISS 公司使用计算机辅助工件坐标系代替机械对准，从此三坐标测量机具备了对工件基本几何元素尺寸、几何公差的检测功能。随着计算机的飞速发展，测量机技术进入了 CNC 控制机时代，完成了复杂机械零件的测量和空间自由曲线曲面的测量，测量模式增加和完善了自学习功能，改善了人机界面，使用专门测量语言，提高了测量程序的开发效率。

图 5.53　1963 年 DEA 发明的
Alpha 坐标测量机

三坐标测量机按结构分桥式（图 5.51）、龙门式（图 5.54）、悬臂式（图 5.55）和关节式（图 5.56）等；按测量方式分接触式和非接触式测量。三坐标测量机测头是进行测量时最重要的部件之一，其发展水平直接影响坐标测量机的测量精度、工作性能、使用效率和柔性程度。现在行业内使用最多的就是英国雷尼绍（Renishaw）三坐标测头测针，球头直径一般为 0.3 ~ 8.0mm，材料主要使用硬度高、耐磨性强的工业用红宝石。Renishaw 公司总部位于英国伦敦西部的格劳斯特郡，在计量学和拉曼光谱仪器领域居世界领先地位，是目前世界上规模最大的电子测头制造商，生产的测头、测针以其高超的领先科技享誉世界，深受广大用户的欢迎。产品型号有手动测头、自动测头系统和连续扫描测头系统等，如图 5.57 所示。

211

图 5.54　龙门式三坐标测量机

图 5.55　悬臂式三坐标测量机

图 5.56　关节式三坐标测量机

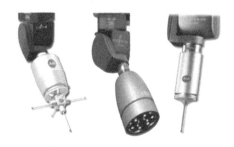

图 5.57　Renishaw 电子测头

经过半个多世纪的发展，三坐标测量机测量技术已成熟，具有精度高、功能完善等优势，在中小尺寸工业零件的几何量检测中占有绝对统治地位。而关节式坐标扫描仪（图 5.58）、三维照相测量系统（图 5.59）、激光跟踪仪（图 5.60）、iGPS（indoor Global Positioning System，室内 GPS）（图 5.61）等便携式坐标测量系统，在大尺寸测量、现场测量等领域应用广泛。

图 5.58　关节式坐标扫描仪

图 5.59　三维照相测量系统

212

图 5.60　激光跟踪仪

接收器　转换器

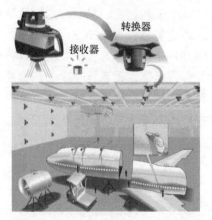

图 5.61　iGPS 动态定位和对接装配模拟图

"两弹一星"功勋科学家：杨嘉墀

SZD-005

"两弹一星"功勋科学家：钱学森

SZD-006

第**6**章

数控机床机械结构

教学提示

　　数控机床的机械结构主要由机床基础件、主传动装置、进给传动装置、自动换刀装置及其他辅助装置等组成。数控机床的各机械部件相互协调，组成一个复杂的机械系统，在数控系统的指令控制下，实现零件切削加工。由于数控机床的控制方式、加工要求和使用特点等，使数控机床与普通机床在机械传动和结构上有着十分显著的变化，在性能方面也提出了新的要求。

教学要求

　　本章要求学生熟悉数控机床主传动系统和进给传动系统等主要部件的原理及结构；了解机床基础件和数控回转工作台、分度工作台等主要辅助装置的结构及特点。重点熟悉数控机床的主轴部件、滚珠丝杠螺母副、驱动电动机与滚珠丝杠传动件、导轨及自动换刀装置的结构、原理与特点。为学生更好地应用与维护数控机床打下良好的基础。

6.1　概述

　　数控机床机械结构是机床的主体部分，虽然也有普通机床所具有的床身、立柱、导轨、工作台、刀架等部件，但为了与数控加工的高加工精度、高速切削和高自动化性能相匹配，数控机床在机械结构性能方面形成了独特的风格。

1. 数控机床机械结构的特点

（1）支承件高刚度化　为了提高数控机床的加工精度和抗振性，数控机床的床身、立

柱等采用静刚度、动刚度、热刚度特性都较好的支承构件。

（2）传动机构简约化　为了简化机械传动结构、缩短传动链，提高传动精度，数控机床多数采用了高性能的无级变速主轴及伺服传动系统。

（3）传动元件精密化　为减小摩擦、消除传动间隙、提高加工效率和获得高加工精度，数控机床更多地采用了高效传动部件，如滚珠丝杠螺母副、滚动导轨、静压导轨等。

（4）辅助操作自动化　为了改善劳动条件和操作性能，提高劳动生产率，数控机床采用了刀具与工件的自动夹紧装置、自动换刀装置、自动排屑装置及自动润滑冷却装置等。

2. 数控机床机械结构的基本要求

根据数控机床的使用场合和结构特点，对机床的机械结构设计应保证以下要求。

（1）提高机床的静、动刚度　机床刚度是机床结构抵抗变形的能力。机床在加工过程中承受多种外力的作用，根据所受载荷的不同，机床的刚度可分为静刚度和动刚度。静刚度是机床在稳定载荷（主轴箱、托板的自重、工件自重等）作用下抵抗变形的能力，它与系统构件的几何参数及材料弹性模量有关；动刚度是机床在交变载荷（如周期变化的切削力、旋转运动的不平衡力、间歇进给不稳定力等）作用下阻止振动的能力，它与系统构件阻尼率有关。

静刚度高是动刚度提高的前提。为提高机床静刚度，主要措施有：机床结构的合理布局、优化构件的截面形状、合理布置肋板和加强局部刚度，以及提高构件的接触刚度等。

如图 6.1a、b 所示，立式加工中心的龙门式结构布局与单立柱式结构布局相比，机床的刚度会得到明显的提高。而且，即使在切削力的作用下，立柱的弯曲和扭曲变形也大为减少。图 6.2a、b 所示为数控车床斜床身和平床身的布局。即使两种床身截面积和转动惯量相同，斜床身不仅能有效地改善受力条件提高机床刚度，而且斜床身可以设计成封闭式截面，然后再经有限元分析优化机床构件的结构静刚度。

a)　　　　　　　　　　　　　　　　　b)

图 6.1　立式加工中心的布局

a）龙门式结构　b）单立柱式结构

合理布置支承件的肋板也可以提高构件的静刚度和动刚度。以交叉布置肋板时，可以得到较好的静刚度和动刚度。图 6.3 所示为龙门式加工中心支承件的肋板布置。机床的导轨和支承件的连接部分，局部刚度很弱，一般用增加肋板或加强连接部分尺寸，以提高其局部刚度。此外，为了提高机床各部件的接触刚度，增加机床的承载能力，采用刮研的方法增加单位面积上的接触点，并在接合面之间施加足够大的预加载荷，以增加接触面积。

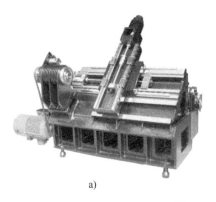

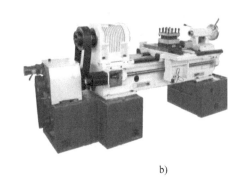

图 6.2　数控车床的布局

a）斜床身结构　b）平床身结构

在保证静刚度的前提下，还必须提高其动刚度。常用的措施主要有：提高系统的静刚度、增加阻尼以及调整构件的自振频率等。试验表明，提高阻尼系数是改善抗振性的有效方法。钢板的焊接结构既可以增加静刚度、减轻结构自重，又可以增加构件本身的阻尼。因此，近年来在数控机床上采用了钢板焊接结构的床身、立柱、横梁和工作台。封砂铸件也有利于振动衰减，对提高抗振性也有较好的效果。

（2）减少机床的热变形　机床的主轴、工作

图 6.3　龙门式加工中心支承件的肋板布置

台、刀架等运动部件，在运动中极易产生热量，还有电动机、液压系统等也会产生大量热量，若这些热量传递给机床的各个部件，引起温升，产生热膨胀，就会改变刀具与工件的正确相对位置，影响加工精度。为了保证机床的加工精度，必须减少机床的热变形，常用的措施主要有控制热源和发热量、加强冷却散热、改进机床布局和结构设计、环境恒温处理和采用热变形补偿装置等。

在机床布局时，为减少内部热源，尽量将电动机、液压系统等置于机床本体之外。另外，加工过程产生的切屑也是一个不可忽视的热源，为了快速排除切屑，机床的床身呈倾斜布局，且设置自动排屑装置，随时将切屑排到机床外。同时，在工作台或导轨上设置隔热防护罩，隔离切屑的热量。对于难以分离出去的热源，可采取散热、冷却等办法来降温，如大流量切削液直接喷射切削部位，可迅速地将炽热切屑带走，使热量排出，如图 6.4 所示。有时为控制温升，采用风冷、油冷或用附加的制冷系统降低温度。图 6.5 所示为数控车床主轴箱安装了两个冷却风管进行循环散热。

图 6.1a 所示为立式加工中心的龙门式结构，采用双立柱热对称结构代替图 6.1b 所示单立柱结构，由于左右对称，受热后，主轴轴线除产生垂直方向的平移以外，其他方向变形量很小，而垂直方向的轴线移动可以用垂直坐标移动的修正量来补偿。

数控车间内一般装有空调或其他温度调节装置，并配有车间门帘，保持环境温度的稳定。恒温的精度一般严格控制在 ±1℃，精密级的精度则为 ±0.5℃。此外，精密机床还不得受到阳光的直接照射，以免引起不均匀的热变形。

图 6.4　切削液直接喷射冷却装置

图 6.5　主轴箱循环风散热装置

采用热变形补偿装置，就是可以通过预测热变形规律，控制热变形值或进行实时补偿。

（3）减少运动间的摩擦和消除传动间隙　数控机床的运动精度和定位精度不仅受机床零部件的加工精度、装配精度、刚度及热变形的影响，而且与运动件的摩擦特性有关。执行件的摩擦阻力主要来自导轨和丝杠，数控机床通常采用塑料滑动导轨、滚动导轨或静压导轨来减少摩擦副之间的摩擦力，避免低速爬行。用滚珠丝杠螺母副代替滑动丝杠螺母副也能明显减少摩擦阻力，而且滚珠丝杠螺母副可以很容易消除传动间隙，保证进给系统的传动精度。

（4）提高机床的寿命和精度保持性　为了提高机床的寿命和精度保持性，在设计时应充分考虑数控机床零部件的耐磨性，尤其是机床导轨、进给传动丝杠以及主轴部件等影响加工精度的主要零件的耐磨性。在使用过程中，应保证数控机床各运动部件间的润滑良好。

（5）减少辅助时间和改善操作性能　在数控机床的单件加工中，辅助时间（非切屑时间）占有较大的比例。要进一步提高机床的生产率，就必须采取措施最大限度地压缩辅助时间。目前已经有很多数控机床采用了多主轴、多刀架，以及带刀库的自动换刀装置等，以减少换刀时间。对于产生切屑量较多的数控机床，床身机构必须有利于排屑。

（6）安全防护和宜人的造型　数控机床切削速度高，一般都有大流量与高压力的切削液用于冷却和冲屑；机床的运动部件也采用自动润滑装置，为了防止切屑与切削液飞溅，将机床设计成全封闭结构，只在工作区留有可以自动开闭的安全门窗，用于观察和装卸工件。

数控机床是一种机电一体化的自动化加工设备。其造型要体现机电一体化的特点。内部布局要合理、紧凑、便于维修，外观造型要美观宜人。

6.2　数控机床的主传动系统

数控机床主传动系统是指驱动主轴运动的系统。主轴是数控机床上带动刀具或工件旋转，产生切削运动的运动轴，它是数控机床上消耗功率最大的运动轴。针对不同的机床类型和加工工艺特点，数控机床对其主传动系统提出了一些特定要求，具体如下：

（1）调速功能　为了适应各种切削工艺的要求，主轴必须能实现无级变速，并具有一定的调速范围，以保证加工时选用合理的切削用量，获得最佳切削效率、加工精度和表面质量。

（2）功率要求　要求主轴具有足够的驱动功率或输出转矩，能在整个变速范围内提供切削加工所需的功率和转矩，特别是满足机床强力切削加工时的要求。

（3）精度要求 主要指主轴的回转精度。同时，要求主轴要有足够的刚度、抗振性及较好的热稳定性。

（4）动态响应性能 要求主轴升降速时间短，调速时运转平稳。对需同时能实现正反转切削的机床，则还要求换向时可进行自动加减速控制。

6.2.1 主传动方式

现代数控机床的主传动系统广泛采用交流调速电动机或直流调速电动机作为驱动元件，随着电动机性能的日趋完善，能方便地实现宽范围的无级变速，且传动链短，传动件少，变速的可靠性高。数控机床的主传动方式如图 6.6 所示。

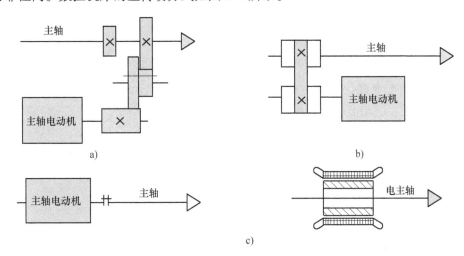

图 6.6 数控机床的主传动方式

a）齿轮变速方式 b）带传动方式 c）主轴电动机直接驱动方式

1. 齿轮变速方式

如图 6.6a 所示，主轴电动机经过两级齿轮变速，使主轴获得低速和高速两种转速系列，这种分段无级变速，确保低速时的大转矩，满足机床对转矩特性的要求，是大中型数控机床采用较多的一种配置方式。

2. 带传动方式

如图 6.6b 所示，主轴电动机经带传动传递给主轴，带传动主要采用 V 带或同步带传动，可以避免齿轮传动时引起的振动与噪声，且其结构简单、安装调试方便，应用广泛。但由于承载能力所限，只能适用于较低转矩特性要求的中、小型数控机床上。

3. 主轴电动机直接驱动方式

如图 6.6c 所示，电动机轴与主轴用联轴器同轴连接。这种方式大大简化了主轴结构，有效地提高了主轴刚度。但主轴输出转矩小，电动机的发热对主轴精度影响较大。近年来高速加工中心应用较多的是电主轴。

电主轴电动机主要由陶瓷球轴承 1 和 5、密封圈 2、带绕组的定子 3、空心轴转子 4、冷却装置 6 和 8、旋转变压器 7 等组成，其结构示意图及外观图如图 6.7 所示。空心轴转子既

是电动机的转子，也是主轴，中间的空心用于装夹刀具或工件；带绕组的定子和其他电动机相似。轴承采用陶瓷球轴承，也有的采用磁悬浮轴承等。

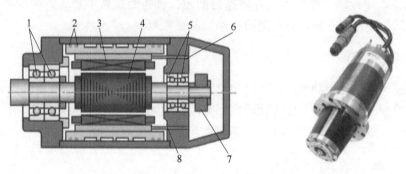

图6.7　电主轴的结构示意图及外观图

1、5—陶瓷球轴承　2—密封圈　3—定子　4—转子　6、8—冷却装置　7—旋转变压器

电主轴的出现大大简化了主运动系统结构，实现了所谓的"零传动"，它具有结构紧凑、质量小、惯性小、动态特性好等优点，并可改善机床的动平衡，避免振动和噪声，在超高速切削机床上得到了广泛的应用。由于电主轴的工作转速极高，对其结构设计、制造和控制提出了严格的要求，并带来了一系列技术难题，如主轴的散热、动平衡、支承、润滑及其控制等。

6.2.2　数控机床的主轴部件

数控机床的主轴部件是数控机床的重要组成部分之一，包括主轴的支承和安装在主轴上的传动零件等。它的回转精度影响工件的加工精度，它的功率大小与回转速度影响加工效率，它的自动变速、准停和换刀影响机床的自动化程度。因此，要求主轴部件具有良好的回转精度、结构刚度、抗振性、热稳定性及部件的耐磨性和精度的保持性。对于自动换刀的数控机床，为了实现刀具的自动装卸和夹持，还必须有刀具的自动夹紧装置、主轴准停装置和切屑清除装置等结构。

1. 主轴部件的支承与润滑

根据主轴部件的工作精度、刚度、温升和结构的复杂程度，合理配置轴承，可以提高主传动系统的精度。目前数控机床主轴滚动轴承的配置主要有图6.8所示的四种形式。

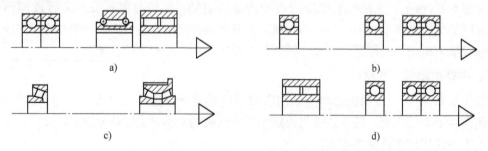

图6.8　主轴的常见支承配置形式

1）前支承采用双列圆柱滚子轴承和60°角接触双列球轴承组合，后支承采用成对安装

的角接触球轴承，如图 6.8a 所示。这种配置形式使主轴的综合刚度大幅度提高，可以满足强力切削的要求，因此普遍应用于各类数控机床主轴中。

2）前轴承采用高精度的双列角接触球轴承，后轴承采用单列（或双列）角接触球轴承，如图 6.8b 所示。这种配置形式具有良好的高速性能，但它承载能力小，因而适用于高速、轻载和精密的数控机床主轴。在加工中心的主轴中，为了提高承载能力，有时应用 3 个或 4 个角接触球轴承组合的前支承，并用隔套实现预紧。

3）前后轴承采用双列和单列圆锥轴承，如图 6.8c 所示。这种配置形式轴承径向和轴向刚度高，能承受重载荷，尤其能承受较强的动载荷，安装与调整性好。但这种配置限制了主轴的最高转速和精度，适用于中等精度，低速与重载的主轴部件。

4）前轴承采用双列角接触球轴承，后轴承采用双列圆柱滚子轴承，如图 6.8d 所示。这种配置形式具有良好的高速性能和承载能力，适用于高速、较重载荷的主轴部件。

为了尽可能减少主轴部件温升热变形对机床工作精度的影响，通常利用润滑油的循环系统把主轴部件的热量带走，使主轴部件与箱体保持恒定的温度。在某些数控镗、铣床上采用专用的制冷装置。近年来，某些数控机床的主轴轴承采用高级油脂，用封入方式进行润滑，每加一次油脂可以使用 7 ~ 10 年，简化了结构，降低了成本且维护保养简单。

2. 常用卡盘结构

为了减少装夹工件的辅助时间，数控车床广泛采用液压（或气压）动力自定心卡盘和弹簧夹头等，如图 6.9 所示。卡盘是机床上夹紧工件的常用机械装置。从卡盘卡爪数量分，有两爪卡盘、三爪卡盘、四爪卡盘、六爪卡盘和特殊卡盘；从卡盘卡爪驱动方式分，有手动卡盘、气动卡盘、液压卡盘、电动卡盘和机械卡盘；从卡盘结构方面分，有中空型卡盘和中实型卡盘，如图 6.9a、b 所示。中空型卡盘，就是卡盘的中间为通孔，相搭配的液压缸也是中空的，棒料可以从卡盘前端一直穿到主轴尾部，也可用送料机从主轴尾部一端送料，直到卡盘。而中实型卡盘和配套的液压缸中间不能穿过工件，这种卡盘大多用来加工盘类工件或用顶尖定位的轴类件。安装在卡盘上的卡爪又分软爪和硬爪，软爪是未热处理或调质的比较软的卡爪，它与工件是面接触且没有夹痕，当精度低时很容易修复，而硬爪相反，普通机床上用的基本上都是硬爪。图 6.10 所示为数控车床上常用的液压驱动自定心卡盘结构，它主要由固定在主轴后端的液压缸 5 和固定在主轴前端的中实卡盘 3 两部分组成，改变液压缸左、右腔的通油状态，活塞杆 4 带动卡盘内的驱动爪 1 驱动卡爪 2，夹紧或松开工件，并通过行程开关 6 和 7 发出相应信号，其夹紧力的大小通过调整液压系统的压力进行控制。具有结构紧凑、动作灵敏、能够实现较大夹紧力的特点。

a)   b)   c)

图 6.9　数控车床工件夹紧装置

a）中空型自定心卡盘　b）中实型自定心卡盘　c）弹簧夹头

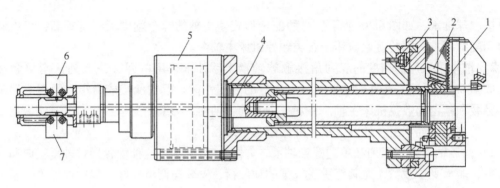

图 6.10 液压驱动自定心卡盘结构

1—驱动爪 2—卡爪 3—中实卡盘 4—活塞杆 5—液压缸 6、7—行程开关

3. 主轴准停装置

在加工中心上，为了实现自动换刀，使机械手准确地将刀具装入主轴孔中，刀具的键槽必须与主轴的键位在周向对准；在镗孔退刀时，还要求刀具向刀尖径向的反方向移动一段距离后才能退出，以免划伤工件，这也需要主轴具有周向定位功能；另外，在通过前壁小孔镗内壁的同轴大孔，或进行反倒角等加工时，也要求主轴实现准停，以便穿过刀具和退刀。

目前，主轴准停装置很多，主要分为机械式和电气式两种。机械准停装置准确可靠，但结构较复杂。现代数控机床一般采用电气式主轴准停装置，只要数控系统发出指令信号，主轴就可以准确地定向。图 6.11 所示为加工中心主轴电气准停装置。在主轴上安装有一个永久磁铁 4 与主

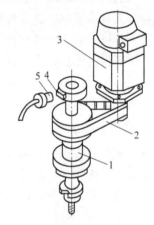

图 6.11 加工中心主轴准停装置

1—主轴 2—同步带 3—主轴电动机
4—永久磁铁 5—磁传感器

轴一起旋转，在距离永久磁铁 4 旋转轨迹外 1～2mm 处，固定一个磁传感器 5，当主轴需要停转换刀时，数控装置发出主轴停转指令，主轴电动机 3 立即降速，使主轴以很低的转速回转，当永久磁铁 4 对准磁传感器 5 时，磁传感器发出准停信号，此信号经放大后，由定向电路使电动机准确地停止在规定的周向位置上。这种准停装置机械结构简单，永久磁铁 4 与磁传感器 5 之间没有接触摩擦，准停的定位精度可达 ±1°，而且定向时间短，可靠性较高。

4. 主轴部件的结构

（1）数控车床主轴部件的结构 数控车床的主传动系统一般采用交流无级调速电动机，通过带传动，带动主轴旋转。图 6.12 所示为数控车床主轴外观图。图 6.13 所示为数控车床主轴部件的典型结构图。主轴电动机通过带轮 15 把运动传给主轴 7。主轴有前后两个支承，前支承由一个圆锥孔双列圆柱滚子轴承 11 和一对角接触球轴承 10 组成，轴承 11 用来承受径向载荷，两个角接触球轴承一个大口向右，另一个大口向左，用来承受双向的轴向载荷和径向载荷。前支承轴向间隙用螺母 8 来调整，螺钉 12 用来防止螺母 8 松动。主轴的后支承为圆锥孔双列圆柱滚子轴承

图 6.12 数控车床主轴外观图

14，轴承间隙由螺母 1 和 6 来调整。螺钉 17 和 13 防止螺母 1 和 6 回松。主轴的支承形式为前端定位，主轴受热膨胀向后伸长。前后支承所用圆锥孔双列圆柱滚子轴承的支承刚性好，允许的极限转速高。前支承中的角接触球轴承能承受较大的轴向载荷，且允许的极限转速高。主轴所采用的支承结构适宜低速大载荷的需要。主轴的运动经过同步带轮 16 和 3 以及同步带 2 带动脉冲编码器 4，使其与主轴同速运转。脉冲编码器用螺钉 5 固定在主轴箱体 9 上。

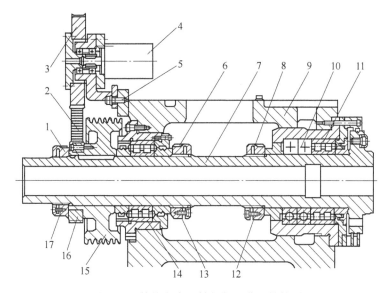

图 6.13　数控车床主轴部件的典型结构图

1、6、8—螺母　2—同步带　3、16—同步带轮　4—脉冲编码器

5、12、13、17—螺钉　7—主轴　9—箱体　10—角接触球轴承　11、14—圆柱滚子轴承　15—带轮

（2）加工中心主轴部件结构及刀具自动夹紧装置　在加工中心上，为了实现夹持刀具的刀柄在主轴上的自动装卸，除了要保证刀柄在主轴上正确定位之外，还必须设计自动夹紧装置。

图 6.14 所示为加工中心主轴部件结构图。刀柄 1 采用 7∶24 的大锥度锥柄，既有利于定心，也为松夹带来了方便。端面键 13 用于刀具定位和传动转矩。夹紧刀具时，液压缸 7 上腔接通回油，碟形弹簧 5 和弹簧 11 推动液压缸活塞 6 上移，处于图示位置，拉杆 4 在碟形弹簧 5 的作用下向上移动。由于此时装在拉杆 4 前段径向孔中的四个钢球 12 进入主轴 3 下端孔中直径较小的 d_1 处，被迫径向收拢而卡进拉钉 2 的环形凹槽内，因而刀杆被拉杆拉紧，依靠摩擦力使刀柄紧固在主轴上。需要松开刀柄时，压力油通入液压缸 7 上腔，液压缸活塞 6 推动拉杆 4 向下移动，同时碟形弹簧 5 被压紧。拉杆 4 的下移使钢球 12 位于主轴孔中直径较大的 d_2 处，钢球就不再约束拉钉的头部，紧接着拉杆前端内孔的台阶端面碰到拉钉，把刀柄 1 向下顶松。此时行程开关 10 发出信号，换刀机械手随即将夹持刀具的刀柄取下。与此同时，压缩空气管接头 9 经活塞和拉杆的中心通孔吹入主轴装夹刀柄孔端，把切屑或脏物清除干净，以保证刀柄的装夹精度。机械手把夹持刀具的刀柄装上主轴后，液压缸 7 接通回油，碟形弹簧又拉紧刀柄，刀柄拉紧后，行程开关 8 发出信号。

自动清除主轴孔内的灰尘和切屑也是换刀过程中的一个重要问题。如果主轴锥孔中落入切屑、灰尘等，在拉紧刀杆时，主轴锥孔表面和刀杆的锥柄就会被划伤，甚至会使刀杆发生

222

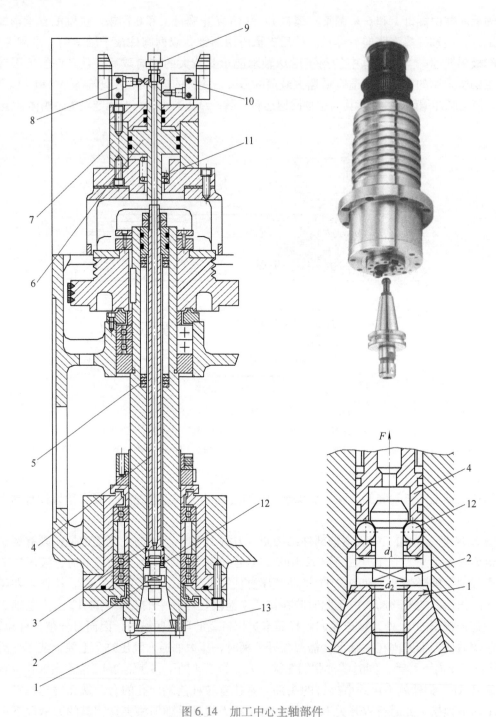

图 6.14　加工中心主轴部件

1—刀柄　2—拉钉　3—主轴　4—拉杆　5—碟形弹簧　6—液压缸活塞　7—液压缸
8、10—行程开关　9—压缩空气管接头　11—弹簧　12—钢球　13—端面键

偏斜，破坏刀杆的正确定位，影响零件的加工精度。为了保持主轴锥孔的清洁，常采用的方法是使用压缩空气吹屑。在图 6.14 中，当主轴部件处于松开刀柄状态时，主轴上端的液压缸与拉杆是紧密接触的，此时，压缩空气通过液压缸活塞 6 和拉杆 4 中间的通孔，由压缩空

气管接头 9 喷出，以吹掉主轴下端锥孔上的灰尘、切屑等污物，保证主轴下端锥孔的清洁。

6.3 数控机床的进给传动系统

进给系统机械传动结构是进给伺服系统的主要组成部分，主要由传动机构、运动变换机构、导向机构和执行件等组成，它是实现成形加工运动所需的运动及动力的执行机构。被加工工件的最终位置精度和轮廓精度都与进给运动的传动精度、灵敏度和稳定性有关。

6.3.1 数控机床进给传动系统要求

为确保进给系统的传动精度和工作稳定性，在设计机械传动装置时，应注意以下要求。

1. 提高传动精度和刚度

数控机床进给传动装置的传动精度和定位精度对零件的加工精度起着关键性的作用，是数控机床的特征指标。为此，首先要保证各个传动件的加工精度，尤其是提高滚珠丝杠螺母副（直线进给系统）、蜗杆副（圆周进给系统）的传动精度。另外，在进给传动链中加入减速齿轮传动副，也可以减小脉冲当量，提高传动精度；对滚珠丝杠螺母副和轴承支承进行预紧，消除齿轮、蜗轮蜗杆等传动件间的间隙等措施来提高进给精度和刚度。

2. 减少各运动零件的惯量

传动件的惯量对进给系统的起动和制动特性都有影响，尤其是高速运转的零件，其惯量的影响更大。在满足传动强度和刚度的前提下，尽可能减小执行部件的质量，减小旋转零件的直径和质量，以减少运动件的惯量。

3. 减少运动件的摩擦阻力

机械传动结构的摩擦阻力，主要来自丝杠螺母副和导轨。在数控机床进给系统中，为了减小摩擦阻力，消除低速进给爬行现象，提高整个伺服进给系统稳定性，广泛采用滚珠丝杠和滚动导轨以及塑料导轨和静压导轨等。

4. 响应速度快

快速响应是伺服系统的动态性能，反映了系统的跟踪精度。它是指工件在加工过程中，工作台在规定的速度范围内灵敏而精确地跟踪指令，且不出现丢步现象。它的大小不仅影响机床的加工效率，而且影响加工精度。设计中应使机床工作台及传动机构的刚度、间隙、摩擦以及转动惯量尽可能达到最佳值，以提高伺服进给系统的快速响应性。

5. 稳定性好、寿命长

稳定性是伺服进给系统能正常工作的基本条件，系统的稳定性包括在低速进给时不产生爬行、在交变载荷下不发生共振。稳定性与系统的惯性、刚性、阻尼及增益等多个因素有关。进给系统的寿命是指数控机床保持传动精度和定位精度的时间。设计机床时，应合理选择各传动件的材料、热处理方法及加工工艺，并采用适宜的润滑方式和防护措施，以延长寿命。

6. 使用维护方便

数控机床属于高精度自动控制机床，因而进给系统的结构设计应便于维护和保养，最大

限度地减小维修工作量，以提高机床的利用率。

6.3.2 丝杠螺母副

丝杠螺母副是机床上常用的运动变换机构，按丝杠与螺母的摩擦性质不同将常用的丝杠螺母运动副分为：①滑动丝杠螺母副。丝杠与螺母间的摩擦是滑动摩擦，牙型为梯形，结构简单，制造方便，但是其定位精度和传动效率低，易产生爬行现象。它主要用于普通机床传动等；②滚珠丝杠副，数控机床应用最广泛的一种。下面将详细介绍这种滚珠丝杠副的结构特点、原理和应用。③静压丝杠螺母副。如图6.15所示，丝杠与螺母间不是直接接触，而是有一层高压液体膜相隔，所以不存在反向间隙和因摩擦导致爬行现象，因此可以长期保持传动精度。而且油膜还具有均化作用，使丝杠在较长的行程上可以达到纳米级的定位精度。其牙型与滑动丝杠相同，只是牙型高于同规格标准梯形螺纹，目的在于获得良好油封及提高承载能力。但是调整比较麻烦，而且需要一套液压系统，工艺复杂，成本较高。它主要用于高精度数控机床、重型机床等。

图6.15 静压丝杠螺母副

1. 滚珠丝杠的结构组成

滚珠丝杠由丝杠、螺母、滚珠和滚珠返回装置四部分组成。按照滚珠的循环方式，滚珠丝杠螺母副分内循环方式和外循环方式两大类。

内循环方式指在循环过程中滚珠始终保持和丝杠接触，如图6.16所示。在螺母4的侧面孔内装有接通相邻滚道的反向器2，利用反向器引导滚珠3越过丝杠1的螺纹顶部进入相邻滚道，形成一个循环回路，称为一列。每个循环回路内所含滚珠导程数称为圈数。内循环滚珠丝杠副的每个螺母有2列、3列、4列等几种，每列只有一圈。这种方式螺母结构紧凑，定位可靠，刚性好，不易磨损，返回滚道短，不易产生滚珠堵塞，摩擦损失小。缺点是结构复杂、制造较困难。

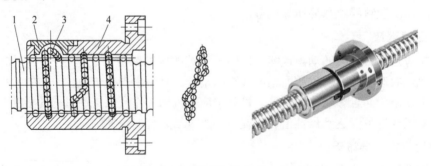

图6.16 滚珠丝杠内循环方式

1—丝杠 2—反向器 3—滚珠 4—螺母

外循环方式在循环过程中有时滚珠与丝杠脱离接触，如图6.17所示。插管5两端插入与螺纹滚道相切的两个孔内，弯管两端部引导滚珠4进入弯管，形成一个循环回路，再用压板1和螺钉将弯管固定。外循环每个螺母有一列滚珠，每列有1.5圈、2.5圈和3.5圈等几种。其特点是螺母径向尺寸较大，且因用弯管端部作挡珠器，故刚性差、易磨损，噪声较大，但是制造工艺简单，应用较广泛。

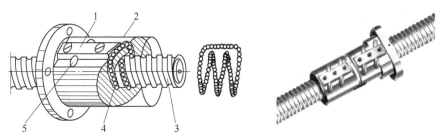

图 6.17　滚珠丝杠外循环方式

1—压板　2—螺母　3—丝杠　4—滚珠　5—插管

2. 滚珠丝杠螺母副的特点

（1）传动效率高　滚珠丝杠副传动的效率 η 高达 92% ~ 98%，是普通滑动丝杠副的 2 ~ 4 倍。因此，功率消耗只相当于普通滑动丝杠副的 1/4 ~ 1/2。

（2）定位精度高　滚珠丝杠副发热率低、温升小以及在安装过程中对丝杠采取预拉伸并预紧消除轴向间隙等措施，使滚珠丝杠副具有高的轴向刚度、定位精度和重复定位精度。

（3）灵敏度高　由于滚珠与丝杠和螺母之间的摩擦是滚动摩擦，静摩擦阻力及动静摩擦阻力差值小，配以滚动导轨，驱动力矩比普通滑动丝杠副减少 2/3 以上，运行极其灵敏，在高速时不颤动，低速时无爬行。

（4）使用寿命长　由于滚珠丝杠副的磨损小，同时对滚道形状的准确性、表面硬度、材料的选择等方面又加以严格控制，因此滚珠丝杠副的精度保持性好，使用寿命长。

（5）无自锁能力　滚珠丝杠副具有传动的可逆性，无自锁能力，所以对垂直使用的滚珠丝杠，由于重力的作用，当传动切断时不能立即停止运动，应增加自锁装置。

（6）制造成本高　滚珠丝杠副制造工艺复杂，制造成本较高。

3. 滚珠丝杠副的选用

滚珠丝杠副的选用应根据机床的载荷和加工要求，参照 GB/T 17587.1—1998、GB/T 17587.2—1998 和 GB/T 17587.3—1998 合理选用，并进行相关内容的校核。选择的内容包括滚珠丝杠副类型、公差等级、公称直径、公称导程、公称行程、支承和预紧方式等。滚珠丝杠的校核主要包括扭转刚度、临界转速和疲劳寿命等（详见有关手册）。

（1）类型　滚珠丝杠副分为定位型（P）和传动型（T）两种。其中 P 型是用于精确定位且能够根据旋转角度和导程间接测量轴向行程的滚珠丝杠副，这种滚珠丝杠副是无间隙的（或称预紧滚珠丝杠副）；T 型是用于传递动力的滚珠丝杠副。

（2）公差等级　根据使用范围和要求，滚珠丝杠副分 7 个标准公差等级，即公差等级 1、2、3、4、5、7、10。公差等级 1 的精度和性能最高，依次递减。

（3）公称直径 d_0　滚珠与滚珠螺母体及滚珠丝杠位于理论接触点时滚珠球心包络的圆柱直径。标准公称直径系列：6、8、10、12、16、20、25、32、40、50、63、80、100、125、160、200mm。

（4）公称导程 P_{h0}　滚珠螺母相对滚珠丝杠旋转 2π 弧度时的行程称为导程 P_h，用于尺寸标识的导程值（无公差）为公称导程 P_{h0}。标准公称导程系列：1、2、2.5、3、4、5、6、8、10、12、16、20、25、32、40mm。优先系列：2.5、5、10、20、40mm。

（5）公称行程 l_0　公称导程与旋转圈数的乘积。

4. 滚珠丝杠的支承结构

数控机床的进给系统要获得较高传动刚度，除了加强滚珠丝杠副本身的刚度外，滚珠丝杠的正确安装及支承也是不可忽视的。滚珠丝杠在机床上的支承形式如图 6.18 所示。

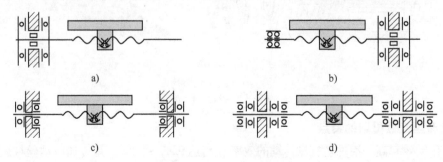

图 6.18　滚珠丝杠在机床上的支承形式

（1）一端推力轴承（图 6.18a）　这种安装方式适用于短丝杠，它的承载能力小，轴向刚度低。一般用于数控机床的调节环节或升降台式数控铣床的垂直方向。

（2）一端推力轴承，另一端深沟球轴承（图 6.18b）　此种方式用于丝杠较长的情况，当热变形造成丝杠伸长时，其一端固定，另一端能作微量的轴向浮动。

（3）两端装推力轴承（图 6.18c）　把推力轴承装在滚珠丝杠的两端，并施加预紧拉力，产生预拉伸，可以提高轴向刚度，其轴向刚度为一端固定的 4 倍左右，但这种安装方式对丝杠的热变形较为敏感。

（4）两端推力轴承及深沟球轴承（图 6.18d）　它的两端均采用双重支承并施加预紧，使丝杠具有较大的刚度，这种方式还可使丝杠的温度变形转化为推力轴承的预紧力。但设计时要求提高推力轴承的承载能力和支承刚度。

5. 滚珠丝杠的制动

滚珠丝杠副的传动效率高但不能自锁，在垂直传动或高速大惯量场合时，需要设置制动装置。常见的制动方式是电气方式，即采用电磁制动器，且这种制动器就装在电动机内部。图 6.19 所示为 FANUC 公司伺服电动机带制动器的示意图。机床工作时，在制动器电磁线圈 4 电磁力的作用下，使外齿轮 5 与内齿轮 6 脱开，弹簧受压缩，当停机或停电时，电磁铁失电，在弹簧恢复力作用下，齿轮 5、6 啮合，内齿轮 6 与电动机端盖为一体，故与电动机轴连接的丝杠得到制动，这种电磁制动器装在电动机壳内，与电动机形成一体化的结构。

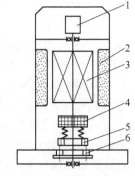

图 6.19　伺服电动机带制动器的示意图

1—编码器　2—永久磁铁
3—电动机转子　4—电磁线圈
5—外齿轮　6—内齿轮

6. 滚珠丝杠螺母副的轴向间隙消除和预紧

滚珠丝杠副对轴向间隙有严格的要求，以保证反向时的运动精度。所谓轴向间隙是指丝杠和螺母无相对转动时，丝杠和螺母之间最大轴向窜动。它除了结构本身的游隙之外，还包括在施加轴向载荷之后弹性变形所造成的窜动。因此要把轴向间隙完全消除比较困难，通常采用双螺母预紧的方法，把弹性变形控制在最小的限度内。目前常用的双螺母预紧结构形式有以下三种。

（1）双螺母预紧　图 6.20 所示为利用双螺母来调整间隙实现预紧的结构，左螺母 1 和右螺母 7 以平键 2 与外套 3 相连，其中右螺母 7 的外伸端没有凸缘并制有外螺纹。用调整圆螺母 5 通过垫片 4、外套 3 可使左右两螺母 1 和 7 相对于丝杠 8 作轴向移动,在消除间隙后,用锁紧圆螺母 6 将调整圆螺母 5 锁紧。这种调整方法具有结构紧凑、调整方便等优点,故应用广泛,但调整位移量不易精确控制。

(2) 修磨垫片预紧　如图 6.21 所示,通过修磨垫片 3 的厚度,使滚珠丝杠左右螺母 1、4 产生轴向位移,实现预紧。这种方式结构简单、刚性好,调整间隙时需卸下调整垫片修磨,为了装卸方便,最好将调整垫片做成半环结构。

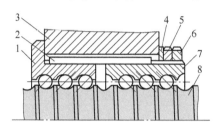

图 6.20　双螺母预紧式滚珠丝杠副结构
1—左螺母　2—平键　3—外套　4—垫片　5—调整圆螺母
6—锁紧圆螺母　7—右螺母　8—丝杠

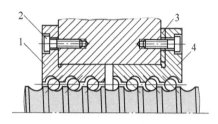

图 6.21　修磨垫片式滚珠丝杠副预紧结构
1—左螺母　2—锁紧螺钉　3—调整垫片　4—右螺母

(3) 齿差调隙式预紧　图 6.22 所示为齿差调隙式滚珠丝杠副预紧结构。在左右螺母 1、2 的端部做成外齿轮,齿数分别为 z_1、z_2,而且 z_1 和 z_2 相差一个齿。两个齿轮分别与两端相应的内齿圈 3、4 相啮合。内齿圈紧固在螺母座上,预紧时脱开两个内齿圈,使两个螺母同向转动相同的齿数,然后再合上内齿圈,两螺母的轴向相对位置发生变化从而实现间隙的调整和施加预紧力。当两齿轮沿同一方向各转过一个齿时其轴向位移量 s 为

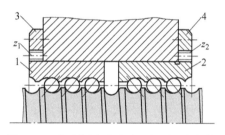

图 6.22　齿差调隙式滚珠丝杠副预紧结构
1—左螺母　2—右螺母　3、4—内齿圈

$$s = \left(\frac{1}{z_1} - \frac{1}{z_2}\right)P_{\mathrm{h}} \tag{6-1}$$

式中　s——左右螺母相对轴向位移量(mm);
　　　P_{h}——丝杠导程(mm)。

如当 $z_1 = 99$,$z_2 = 100$,$P_{\mathrm{h}} = 10\mathrm{mm}$,则 $s \approx 0.001\mathrm{mm}$。

这种方法使两个螺母相对轴向位移最小可达 $1\mu\mathrm{m}$,其调整精度高,调整准确可靠,但结构复杂。

6.3.3　驱动电动机与滚珠丝杠的传动方式

驱动电动机与滚珠丝杠传动方式有联轴器传动、齿轮传动和同步带传动等。

1. 联轴器传动

图 6.23 所示为无键弹性环联轴器的结构,它是数控机床进给系统中常用的联轴器,传动轴 1、2 分别插入轴套 5 的两端。轴套和传动轴之间装入成对(一对或数对)布置的弹性环 4,其内外锥面互相贴合,经压盖 3 轴向压紧,使内、外锥形环互相楔紧,从而将传动轴

与轴套连成一体，依靠摩擦传递转矩。弹性环联接的优点是定心好，承载能力高，无应力集中源，拆装方便，又有密封和保护作用。无键弹性环联轴器根据传递功率和轴径选取。

图 6.24 所示为套筒联轴器，它们通过套筒将传动轴直接刚性连接，这种结构简单、尺寸小、转动惯量小，但要求传动轴之间同轴度精度高。图 6.24a 所示是采用销 2、4 连接传动轴，一般用于负载较小的传动。图 6.24b 所示是使用十字滑块 8 连接传动轴，其接头槽口通过配研消除间隙，这种结构可以消除传动轴间的同轴度误差的影响，在精密传动中应用较多。

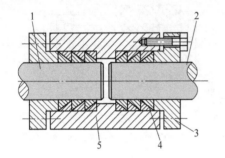

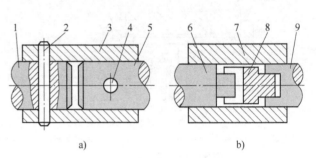

a)　　　　　　　　　b)

图 6.23　无键弹性环联轴器的结构　　　　　　图 6.24　套筒联轴器

1、2—传动轴　3—压盖　4—弹性环　5—轴套　　　1、5、6、9—传动轴　2、4—销　3、7—套筒　8—十字滑块

2. 齿轮传动

进给系统采用齿轮传动的目的：①将高转速低转矩的伺服电动机的输出改变为低转速大转矩，获得更大的驱动力；②降低滚珠丝杠螺母副、工作台等进给部件的转动惯量在系统中所占的比例，提高进给系统的快速性；③在开环系统中可归算所需的脉冲当量。齿轮传动设计时考虑的主要问题是速比和传动级数的确定，以及齿轮间隙的消除等。

（1）速比的确定

1）开环系统。在步进电动机驱动的开环系统中，如图 6.25 所示，步进电动机至丝杠间设有齿轮传动，其速比决定于系统的脉冲当量、步距角及丝杠导程，其运动平衡方程式为

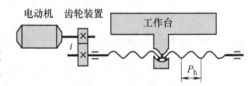

图 6.25　开环系统丝杠传动

$$\frac{1}{m}iP_h = \delta$$

所以速比 i 计算式为

$$i = \frac{m\delta}{P_h} = \frac{360°\delta}{\theta_s P_h} \tag{6-2}$$

式中　m——步进电动机每转所需脉冲数 $\left(m = \dfrac{360°}{\theta_s}\right)$；

θ_s——步进电动机步距角（°/脉冲）；

δ——脉冲当量（mm/脉冲）；

P_h——滚珠丝杠的导程（mm）。

2）闭环系统。对于闭环系统，执行件的位置决定于反馈检测装置，与运动速度无直接关系，其速比主要是由驱动电动机的额定转速或转矩与机床要求的进给速度或负载转矩决定的，所以可对它进行适当的调整。电动机至丝杠间的速比运动平衡方程式为

$$niP_{\mathrm{h}} = v$$

则
$$i = \frac{v}{nP_{\mathrm{h}}} \tag{6-3}$$

式中　n——伺服电动机的转速（r/min），$n = \dfrac{60f}{m}$；

$\quad\quad f$——脉冲频率；

$\quad\quad v$——工作台的移动速度（mm/min），$v = 60f\delta$。

（2）各级速比的确定　在驱动电动机至丝杠的总降速比一定的情况下，若传动级数及各级速比选择不当，将会增加折算到电动机轴上的总惯量，从而增大电动机的时间常数，并增大要求的驱动转矩。因此应按最小惯量的要求来选择齿轮传动级数及各级降速比，使其具有良好的动态性能。

图 6.26 所示为机械传动装置中的两对齿轮降速后，将运动传到丝杠的示意图。第一对齿轮的降速比为 i_1，第二对齿轮的降速比为 i_2，其中 i_1 及 i_2 均大于 1。假定小齿轮 A、C 直径相同，大齿轮 B、D 为实心齿轮。这两对齿轮折算到电动机轴的总惯量为

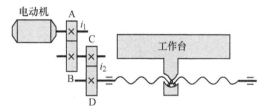

图 6.26　两对齿轮降速传动

$$J = J_{\mathrm{A}} + \frac{J_{\mathrm{B}}}{i_1^2} + \frac{J_{\mathrm{C}}}{i_1^2} + \frac{J_{\mathrm{D}}}{i_1^2 i_2^2} = J_{\mathrm{A}} + \frac{J_{\mathrm{A}} i_1^4}{i_1^2} + \frac{J_{\mathrm{A}}}{i_1^2} + \frac{J_{\mathrm{A}} i_2^4}{i_1^2 i_2^2}$$

$$= J_{\mathrm{A}}\left(1 + i_1^2 + \frac{1}{i_1^2} + \frac{i^2}{i_1^4}\right)$$

式中　i——总降速比，$i = i_1 i_2$。（注意：此处总降速比 i 是前述速比 i 的倒数）

令 $\dfrac{\partial J}{\partial i_1} = 0$，可得最小惯量的条件为

$$i_1^6 - i_1^2 - 2i^2 = 0$$

将 $i = i_1 i_2$ 代入，得两对齿轮间满足最小惯量要求的降速比关系式为

$$i_2 = \sqrt{\frac{i_1^4 - 1}{2}} \approx \frac{i_1^2}{\sqrt{2}} \qquad (i_1^4 \geqslant 1) \tag{6-4}$$

若为三级齿轮传动，则可按上述方法求得三级齿轮传动比为

$$i_2 = i_1^2 / \sqrt{2}, \quad i_3 = i_2^2 / \sqrt{2}, \quad i = i_1 i_2 i_3$$

（3）传动齿轮间隙的消除　由于数控机床进给系统的传动齿轮副存在间隙，在开环系统中会造成进给运动的位移值滞后于指令值；反向时，会出现反向死区，影响加工精度；在闭环系统中，由于有反馈作用，滞后量虽然可得到补偿，但反向时会造成伺服系统产生振荡而不稳定。为了提高数控机床伺服系统的性能，可采用下列方法减少或消除齿轮间隙。

1）刚性调整法。刚性调整法是指在调整后，暂时消除了齿轮间隙，但之后产生的齿侧间隙不能自动补偿的调整方法。因此，在调整时，齿轮的周节公差及齿厚要严格控制，否则传动的灵活性会受到影响。常见的方法有偏心轴套调整法、轴向垫片调整法。这些调整方法结构比较简单，且有较好的传动刚度。

图 6.27 所示为偏心轴套式调整间隙结构。齿轮 3、5 相互啮合，齿轮 3 装在电动机 2 输

出轴上，电动机则安装在偏心轴套 4 上，偏心轴套 4 装在减速箱 1 的座孔内。通过调整偏心轴套 4 的转角，可以调整齿轮 3、5 之间的中心距，以消除齿轮传动副在正转和反转时的齿侧间隙。图 6.28 所示为用轴向垫片调整间隙的结构，一对啮合的圆柱齿轮，它们的分度圆直径沿着齿厚方向制成一个较小的锥度，只要改变垫片 3 的厚度就能使齿轮 2 沿轴向移动，改变其与齿轮 1 的轴向相对位置，从而消除了齿侧间隙。装配时垫片 3 的厚度应使齿轮 1、2 之间齿侧间隙既小，又运转灵活。

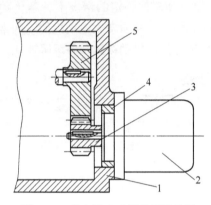

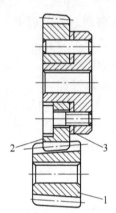

图 6.27　偏心轴套式调整间隙机构

图 6.28　轴向垫片调整间隙结构

1—减速箱　2—电动机　3、5—齿轮　4—偏心轴套

1、2—齿轮　3—垫片

　　2）柔性调整法。柔性调整法是指调整后，消除了齿轮间隙，而且随后产生的齿侧间隙仍可自动补偿的调整方法。一般是将其中一个齿轮做成宽齿轮，另一个由两片薄齿轮组成，采取措施是使一个薄齿轮的左齿侧和另一薄齿轮的右齿侧分别紧贴在宽齿轮齿槽的左右两侧，以此来消除齿侧间隙，反向时也不会出现死区。但这种结构较复杂，轴向尺寸大，传动刚度低，同时，传动平稳性也较差。这里介绍直齿圆柱齿轮的周向拉簧调整法和斜齿圆柱齿轮的轴向压簧调整法。

　　图 6.29 所示为直齿圆柱齿轮的周向拉簧调整法。两个齿数相同的薄齿轮 1、2 与另一个宽齿轮相啮合，齿轮 1 空套在齿轮 2 上，可以相对转动。齿轮 2 的端面均布四个螺孔，装上凸耳 8，凸耳 8 穿过齿轮 1 端面上的四个通孔，在凸耳 8 安上调节螺钉 7；齿轮 1 的端面也均布四个螺孔，装上凸耳 3；弹簧 4 分别钩在调节螺钉 7 和凸耳 3 上。旋转螺母 5 和 6 调整弹簧 4 的拉力，使薄齿轮错位，即两薄齿轮的左、右齿面分别与宽齿轮齿槽的右、左两面贴紧，消除了齿侧间隙。如果齿轮磨损后，在弹簧拉力下，产生的间隙仍会自动消除。

　　图 6.30 所示为斜齿圆柱齿轮的轴向压簧调整法。两个薄片斜齿轮 1、2 用键 4 滑套在轴 6 上，两个薄片斜齿轮间隔开一小段距离，用螺母 5 来调节压力弹簧 3 的轴向压力，使齿轮 1、2 的左、右齿面分别与斜齿轮 7 齿槽的左右侧面贴紧，从而消除了齿侧间隙。如果齿轮磨损后，在弹簧压力作用下，间隙仍会自动消除。

3. 同步带传动

　　同步带传动是利用同步带的齿形与带轮的轮齿依次啮合来传递运动和动力的，因而兼有带传动、齿轮传动及链传动的优点，且无相对滑动，传动精度高，同步带无需特别张紧，故作用在轴和轴承上的载荷小，传动效率也高（$\eta = 98\% \sim 99.5\%$），现已在数控机床上被广泛应用。此外，由于同步带的强度高、厚度小、质量小，可用于高速传动（最高线速度可达到80m/s）。在数控机床进给系统中最常用的同步带结构如图 6.31 所示，其工作面有梯形齿和圆弧齿两种，其中梯形齿同步带最为常用。

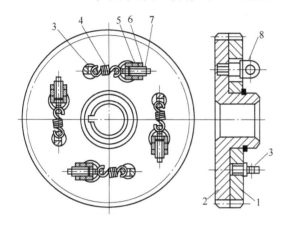

图 6.29 直齿圆柱齿轮的周向拉簧调整法
1、2—齿轮 3、8—凸耳 4—弹簧
5、6—旋转螺母 7—调节螺钉

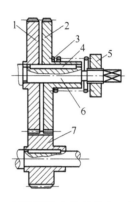

图 6.30 斜齿圆柱齿轮的轴向压簧调整法
1、2—齿轮 3—压力弹簧 4—键
5—螺母 6—轴 7—斜齿轮

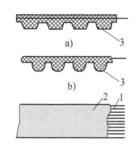

图 6.31 同步带结构
a）梯形齿 b）圆弧齿
1—强力层 2—带背 3—带齿

6.3.4 数控机床的导轨

导轨质量对机床的刚度、加工精度和使用寿命具有很大的影响，作为机床进给系统的重要环节，数控机床的导轨比普通机床的导轨要求更高。现代数控机床采用的导轨主要有塑料滑动导轨、滚动导轨和静压导轨。

1. 对导轨的基本要求

（1）导向精度高 导向精度主要指运动部件沿导轨运动时的直线度或圆度。影响导向精度的主要因素有导轨的几何精度、接触精度、结构形式、刚度、热变形及静压导轨油膜厚度和油膜刚度。

（2）足够的刚度 导轨刚度是指导轨在动静载荷下抵抗变形的能力。导轨要有足够的刚度，保证在静载荷作用下不产生过大的变形，从而保证各部件间的相对位置和导向精度。

（3）良好的摩擦特性 导轨的长期运行会引起导轨面的不均匀磨损，破坏导轨的导向

精度，从而影响机床的加工精度。导轨的磨损形式主要有：硬粒磨损、胶合与热焊、疲劳和压溃等几种形式。

（4）低速运动的平稳性　在低速运动时，动导轨易产生爬行现象，也就是说机床动导轨在运动中出现时走时停或者时快时慢的现象。导轨爬行会降低工件加工精度，故要求导轨低速运动平稳，不产生爬行。

（5）良好的抗振性　抗振性主要是指抵抗受迫振动和自激振动的能力。要求导轨要有适当的粘滞阻尼特性，以防止导轨在高速起动、制动过程中发生不稳定现象。

（6）结构工艺性好　在满足设计要求的前提下，导轨应尽量做到制造、维修、保养方便，成本低廉等。

2. 塑料滑动导轨

塑料滑动导轨具有摩擦系数小，动、静摩擦系数差值小；具有良好的阻尼性，减振性好；具有自润滑作用，耐磨性好；结构简单、维修方便、成本低等特点。塑料滑动导轨粘结在导轨副的运动导轨（上导轨）上，与之相配的金属导轨采用铸铁或镶钢淬硬材料。塑料滑动导轨分为注塑导轨和贴塑导轨。

（1）贴塑导轨　如图6.32所示，在动导轨基体3的滑动面上贴一层抗磨的塑料软带1，与之相配的导轨滑动面经淬火和磨削加工。软带以聚四氟乙烯为基体，加入青铜粉、二硫化钼和石墨填充剂混合制成。塑料软带可切成任意大小和形状，用粘结剂2粘结在导轨基面上。由于这类导轨用粘结方法，故称为贴塑导轨。

塑料软带使用工艺简单。首先将导轨粘结面加工至 $Ra3.2 \sim Ra1.6$，为了对软带起定位作用，导轨粘结面应加工成 $0.5 \sim 1.0mm$ 深、比软带宽 $1.5mm$ 的凹槽，用汽油或丙酮清洗粘结面后，用粘结剂粘结，加压固化 $1 \sim 2h$ 后，再合拢到配对的固定导轨或专用夹具上，施加一定压力，并在室温下固化 $24h$，取下后清除多余粘结剂，即可开油槽和精加工。

（2）注塑导轨　如图6.33所示，导轨注塑或抗氧化涂层的材料以环氧树脂和二硫化钼为基体，加入增塑剂，混合成液状或膏状为一组分，固化剂为另一组分的双组分材料，称为环氧树脂耐磨涂料。这种材料注塑层附着力强，具有良好的可加工性，可经过车、铣、刨、磨和刮削加工，也有良好的摩擦特性和耐磨性，而且固化时体积不收缩，尺寸稳定。注塑导轨适用于重型机床和不能用塑料软带的复杂配合型面。

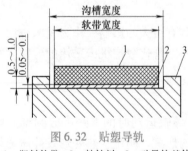

图6.32　贴塑导轨
1—塑料软带　2—粘结剂　3—动导轨基体

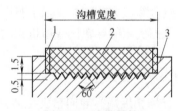

图6.33　注塑导轨
1—胶条　2—耐磨涂料　3—动导轨基体

首先，将动导轨基体3的表面粗刨或粗铣成锯齿形，以保证有良好的粘附力。然后，把固定导轨面（或模具）用溶剂清洗后涂上一薄层硅油或专用脱模剂，以防与耐磨涂层粘结。放置胶条1后，将环氧树脂耐磨涂料2抹于导轨面上，然后叠合在固定导轨面（或模具）

进行固化。叠合前可放置形成油槽、油腔用的模板，固化 24h 后，即可将两导轨分离。涂层硬化三天后进行加工。涂层厚度一般为 1.5 ~ 2.5mm。

3. 滚动导轨

滚动导轨具有摩擦系数小（$\mu = 0.0025 ~ 0.005$），动、静摩擦系数差别小，起动阻力小，且能微量地准确移动，低速运动平稳，无爬行现象，因而运动灵活，定位精度高，寿命长。通过预紧可以提高刚度和抗振性，能承受较大的冲击和振动，是数控机床进给系统应用比较理想的导轨，常用的滚动导轨有滚动导轨块和直线滚动导轨两种。

（1）滚动导轨块　如图 6.34 所示，滚动导轨块是一种圆柱滚动体作循环运动的标准结构件。导轨块的数目与导轨的长度和负载的大小有关，与之相配的导轨多用镶钢淬火导轨。当运动部件移动时，滚柱 3 在支承部件的导轨面与本体 6 之间滚动，同时又绕本体 6 循环滚动，滚柱 3 与运动部件的导轨面不接触，因而该导轨面不需淬硬磨光。滚动导轨块的特点是刚度高，承载能力大，便于拆装，它的行程取决于支承件导轨平面的长度。其缺点是导轨制造成本高，抗振性能欠佳。

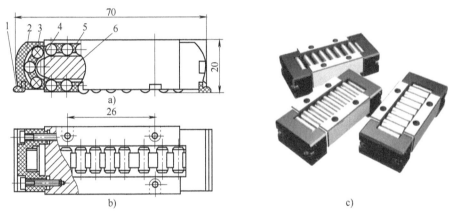

图 6.34　滚动导轨块的结构
1—防护板　2—端盖　3—滚柱　4—导向片　5—保持器　6—本体

（2）直线滚动导轨　直线滚动导轨的外形和结构分别如图 6.35 和图 6.36 所示，主要由导轨体 1、滑块 7、滚珠 4、保持器 3、端盖 6 等组成。由于它将支承导轨和运动导轨组合在一起，作为独立的标准导轨副部件由专门的生产厂家制造，故又称单元式直线滚动导轨。在使用时，导轨体固定在不运动的部件上，滑块固定在运动部件上。当滑块沿导轨体运动时，滚珠在导轨体和滑

图 6.35　直线滚动导轨的外形

块之间的圆弧直槽内滚动，并通过端盖内的暗道从工作负载区到非工作负载区，然后再滚回到工作负载区，不断循环，从而把导轨体和滑块之间的滑动变成了滚珠的滚动。

4. 静压导轨

液体静压导轨是将具有一定压力的油液，经节流器输送到导轨面上的油腔中，油膜将上下导轨表面隔开，实现液体摩擦。这种导轨的摩擦系数小（一般为 0.001 ~ 0.005）、效率

高，能长期保持导轨的导向精度；油膜有良好的吸振性，低速下不易产生爬行，所以在机床上应用广泛。其缺点是结构复杂，且需备置一套专门的供油系统，制造成本较高。

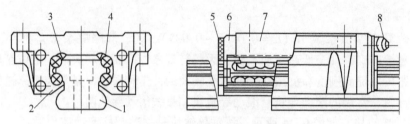

图 6.36 直线滚动导轨的结构

1—导轨体 2—侧面密封垫 3—保持器 4—滚珠 5—端部密封垫
6—端盖 7—滑块 8—润滑油杯

按承载方式的不同，静压导轨可分为开式和闭式两种。图 6.37a 所示为开式静压导轨的工作原理图。液压泵 2 起动后，压力油油压 p_s 经节流器调节至 p_r（油腔压力）进入导轨油腔，并通过导轨间隙向外流出回油箱 8。油腔压力形成浮力将运动部件 6 浮起，形成一定的导轨间隙 h_0。当载荷增大时，运动部件下沉，导轨间隙减小，液阻增加，流量减小，从而油经过节流器时的压力损失减小，油腔压力 p_r 增大，直至与载荷 W 平衡。开式静压导轨只能承受垂直方向的负载，不能承受颠覆力矩。图 6.37b 所示为闭式静压导轨的工作原理图，导轨各个方向上都开有油腔，所以，它能承受较大的颠覆力矩，导轨刚度也较大。

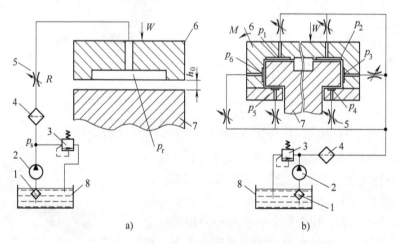

a)   b)

图 6.37 静压导轨的工作原理图

a) 开式静压导轨 b) 闭式静压导轨

1、4—过滤器 2—液压泵 3—溢流阀 5—节流器 6—运动部件 7—固定部件 8—油箱

6.4 自动换刀装置

自动换刀装置应当满足换刀时间短、刀具重复定位精度高、刀具储存量足够、刀库面积小以及安全可靠等基本要求。自动换刀装置的主要类型、特点及适用范围见表 6-1。

表 6-1　自动换刀装置的主要类型、特点及适用范围

类　　型		特　　点	适用范围
转塔刀架	回转刀架	顺序换刀，换刀时间短，结构简单，容纳刀具少	数控车床、车削中心
	转塔头	顺序换刀，换刀时间短，刀具主轴都集中在转塔头上，结构紧凑，但刚性较差，刀具主轴数受限	数控钻床、镗床、铣床
刀库式	刀库与主轴之间直接换刀	换刀运动集中，运动部件少。但刀库运动多，布局不灵活，适应性差	适用于立式、卧式加工中心。具体要根据工艺范围和机床特点，确定刀库容量和自动换刀类型
	机械手配合刀库换刀	刀库只有选刀运动，机械手进行换刀运动，比刀库作换刀运动惯性小，速度快	
	机械手、运输车配合刀库换刀	换刀运动分散，由多个部件实现，运动部件多，但布局灵活，适应性好	
带刀库的转塔头		弥补转塔刀架换刀数量不足的缺点，换刀时间短	扩大工艺范围的数控机床

6.4.1　数控车床自动回转刀架

　　数控车床的回转刀架是一种最简单的自动换刀装置，分为立式和卧式两种。立式回转刀架的回转轴与机床主轴成垂直布置，有四工位、六工位两种形式，结构比较简单，简易型数控车床多采用这种刀架，如图 6.38a 所示；卧式回转刀架的回转轴与机床主轴平行，有六工位、八工位、十二工位等，应用广泛，是数控车床常用的刀架，如图 6.38b 所示。

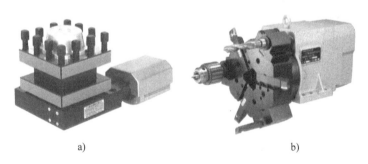

a)　　　　　　　　　　　　　　　　b)

图 6.38　数控车床自动回转刀架
a）立式回转刀架　b）卧式回转刀架

　　图 6.39 所示为立式自动回转刀架的结构。其换刀动作是：当数控装置发出换刀指令后，电动机 22 正转，并经联轴套 16、轴 17，由滑键（或花键）带动蜗杆 18、蜗轮 2、轴 1、轴套 10 转动。轴套 10 的外圆上有两处凸起，可在套筒 9 内孔中的螺旋槽内滑动，从而举起与套筒 9 相连的刀架 8 及上端齿盘 6，使上端齿盘 6 与下端齿盘 5 分开，完成刀架抬起动作。刀架抬起后，轴套 10 仍在继续转动，同时带动刀架 8 转过 90°或 180°或 270°或 360°，并由微动开关 19 发出信号给数控装置。具体转过的度数由数控装置的控制信号确定，刀架上的刀具位置一般采用编码盘来确定。刀架转位后，由微动开关发出的信号使电动机 22 反转，销 13 使刀架 8 定位而不随轴套 10 回转，于是刀架 8 向下移动。上、下端齿盘 6、5 合拢压紧。蜗杆 18 继续转动产生轴向位移，压缩弹簧 21，套筒 20 的外圆曲面压下微动开关 19 使

电动机 22 停止旋转，从而完成一次转位。

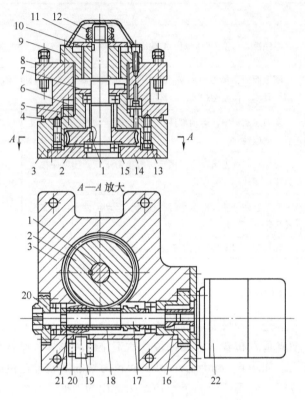

图 6.39　立式自动回转刀架的结构

1、17—轴　2—蜗轮　3—刀座　4—密封圈　5、6—齿盘　7—压盖　8—刀架　9、20—套筒
10—轴套　11—垫圈　12—螺母　13—销　14—底盘　15—轴承　16—联轴套
18—蜗杆　19—微动开关　21—压缩弹簧　22—电动机

图 6.40 所示为卧式自动回转刀架的结构。电动机 11 带有制动器，系统发出换刀指令后，首先松开电动机制动器，电动机通过齿轮 10、9、8 带动蜗杆 7、蜗轮 5 旋转。由于蜗轮 5 与轴 6 之间采用螺纹联接，因此，通过蜗轮 5 的旋转带动轴 6 左移，使左鼠牙盘 2 脱开，刀架完成松开动作。在轴 6 上开有两个对称槽，内装两个滑块 4，当鼠牙盘脱开后，电动机继续带动蜗轮旋转，一旦蜗轮转到一定角度时，与蜗轮固定的圆盘 14 上的凸块便碰到滑块 4，蜗轮便通过 14 上的凸块带动滑块，连同轴 6、刀盘一起进行旋转，刀架进行转位，到达要求的位置后，驱动电动机 11 反转，这时圆盘 14 上的凸块便与滑块 4 脱离，不再带动轴 6 转动，蜗轮通过螺纹带动轴 6 右移，左鼠牙盘 2 与右鼠牙盘 3 啮合定位，完成刀架定位动作。刀架定位完成后，电动机制动器制动，维持电动机轴上的反转力矩，以保持鼠牙盘之间有一定的夹紧力。同时轴 6 右端的端部 13 压下微动开关 12，发出转动结束信号，电动机断电，换刀动作结束。

6.4.2　加工中心自动换刀装置

加工中心带有自动换刀装置及刀库，可使工件在一次装夹过程中完成钻、扩、铰、镗、攻螺纹、铣削等多工序的加工，工序高度集中。

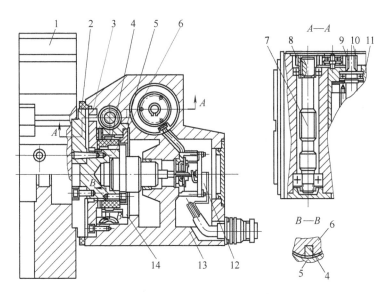

图 6.40　卧式自动回转刀架的结构

1—刀架　2—左鼠牙盘　3—右鼠牙盘　4—滑块　5—蜗轮　6—轴　7—蜗杆　8、9、10—齿轮

11—电动机　12—微动开关　13—端部　14—圆盘

1. 刀库的种类

刀库的作用是储备一定数量的刀具，通过机械手或其他换刀方式实现与主轴上刀具的交换。根据刀库存放刀具的数目和取刀方式，刀库可设计成不同的形式。

（1）盘式刀库　其存刀量一般是 16~30 把，采取任意选刀方式，刀库中刀具的存放方向一般与主轴上的装刀方向垂直，需配机械手进行换刀，如图 6.41a 所示。盘式刀库通常用于中小型立式加工中心。

（2）链式刀库　链式刀库是较常使用的形式之一，这种刀库容量大，存刀量一般是 30~120 把，甚至更多，刀座固定在链节上，当链条较长时，可以增加支承链轮数目，使链条折叠回绕，提高空间利用率。它是由链条将要换的刀具传到指定位置，由机械手将刀具装到主轴上，如图 6.41b 所示。

（3）斗笠式刀库　其存刀量一般是 16~24 把，刀库中刀具的存放方向一般与主轴上的装刀方向一致，属于无机械手换刀方式，如图 6.41c 所示。在换刀时整个刀库向主轴移动，当主轴上的刀具进入刀库的卡槽时，主轴向上移动脱离刀具，这时刀库转动。当要换的刀具对正主轴正下方时主轴下移，使刀具进入主轴锥孔内，夹紧刀具后，刀库退回原来的位置。

刀库中常用的选刀方式有顺序选刀和任意选刀两种。顺序选刀是将所需刀具按照工艺要求依次插入刀库中，加工时按顺序调刀，工艺改变时必须重新调整刀具顺序。其优点是刀库的驱动和控制简单。它适用于加工品种少、批量较大的数控机床。目前在加工中心上大量使用任意选刀方式。这种方式能将刀具号和刀库中的刀套位置对应地记忆在系统的 PLC 中，无论刀具放在哪个刀套内，刀具信息都始终记存在 PLC 内。刀库上装有位置检测装置，可获得每个刀套的位置信息。这样刀具就可以任意取出并送回。刀库上还设有机械原点，使每次选刀时就近选取。因此这种选刀方式具有方便灵活、稳定性和可靠性高等特点。

a)

b)

238

c)

图 6.41　加工中心刀库
a）盘式刀库　b）链式刀库　c）斗笠式刀库

2. 换刀方式

数控机床的自动换刀装置中，实现刀库与机床主轴之间传递和装卸刀具的装置称为刀具交换装置。刀具的交换方式很多，一般分无机械手换刀和机械手换刀两大类。

无机械手的换刀系统一般是把刀库放在机床主轴可以运动到的位置，或整个刀库（或某一刀位）移动到主轴箱可以到达的位置，同时，刀库中刀具的存放方向一般与主轴上的装刀方向一致。换刀时，由主轴运动到换刀位置，利用主轴直接取走或放回刀具。无机械手换刀结构相对简单，但换刀动作麻烦，时间长，且刀库的容量相对少。斗笠式刀库就是采用无机械手换刀的。

在加工中心中采用机械手进行刀具交换的方式应用最为广泛，这是因为机械手换刀装置所需的换刀时间短，换刀动作灵活，如图6.42所示。图6.43所示为换刀机械手的结构。这种机械手为单臂双爪结构，手臂上有两个夹爪5，一个夹爪执行从主轴上取下用过的刀具并送回刀库，另一个夹爪则执行从刀库取出新刀具并送到主轴上的工作。机械手能够完成抓刀、拔刀、回转、插刀以及返回等全部动作。其拔刀、插刀动作一般靠液压缸驱动来完成，手臂6的回转运动通过活塞推动齿条齿轮来实现。手臂的回转角度通过控制活塞的行程来保证。为了防止刀具掉落，机械手的夹爪都带有自锁机构。

图 6.42　机械手换刀装置

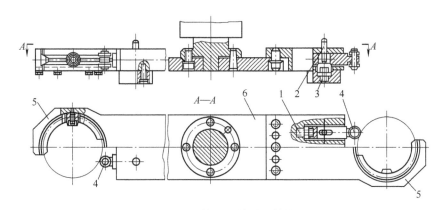

图 6.43　换刀机械手的结构

1、3—弹簧　2—锁紧销　4—活动销　5—夹爪　6—手臂

6.5　数控机床的主要辅助装置

为了扩大机床的工艺范围，数控机床除了具有直线进给功能外，还应具有绕 X、Y、Z 轴圆周进给或分度的功能。通常数控机床的圆周进给运动由回转工作台来完成。

常用的回转工作台有数控回转工作台和数控分度工作台。数控回转工作台除了用来进行各种圆弧加工或与直线进给联动进行曲面加工外，还可实现精确的自动分度工作，如图 6.44 所示。数控分度工作台的功能是将工件转位换面，完成分度运动，和自动换刀装置配合使用，实现工件一次安装能完成几个面的多种工序，如图 6.45 所示。

图 6.44　数控回转工作台

图 6.45　数控分度工作台

6.5.1　数控回转工作台

数控回转工作台是数控铣床、数控镗床、加工中心等数控机床不可缺少的重要部件，其外形和数控分度工作台十分相似，但其内部结构却具有数控进给驱动机构的许多特点。数控回转工作台分为开环和闭环两种。

1. 开环数控回转工作台

开环数控回转工作台是由步进电动机来驱动的，其结构如图 6.46 所示。步进电动机 3，经过齿轮 2、齿轮 6、蜗杆 4 和蜗轮 15 实现圆周进给运动。齿轮 2 和齿轮 6 的啮合间

隙是靠调整偏心环1来消除的。齿轮6与蜗杆4用花键联接，其间隙应尽量小，以减小对分度定位精度的影响。蜗杆4为双导程蜗杆，用以消除蜗杆、蜗轮啮合间隙。蜗轮15下部的内、外两面装有夹紧瓦18和19，数控回转工作台的底座21上固定的支座24内均布有6个液压缸14，当液压缸的上腔进压力油时，柱塞16下移，并通过钢球17推动夹紧瓦18和19，将蜗轮夹紧，从而将数控转台夹紧。当不需要夹紧时，只要卸掉液压缸14上腔的压力油，弹簧20即可将钢球17抬起，蜗轮被放松。作为数控回转工作台时，不需要夹紧，功率步进电动机将按指令脉冲的要求来确定数控回转工作台的回转方向、回转速度和回转角度。

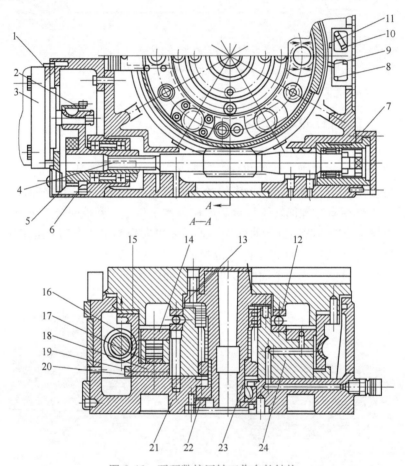

图 6.46　开环数控回转工作台的结构

1—偏心环　2、6—齿轮　3—电动机　4—蜗杆　5—垫圈　7—调整环　8、10—微动开关　9、11—挡块
12、13—轴承　14—液压缸　15—蜗轮　16—柱塞　17—钢球　18、19—夹紧瓦　20—弹簧
21—底座　22—圆锥滚子轴承　23—调整套　24—支座

2. 闭环数控回转工作台

闭环数控回转工作台的结构与开环数控回转工作台大致相同，其区别在于：闭环数控回转工作台有转动角度的测量元件（圆光栅或感应同步器），所测量的结果经反馈与指令值进行比较，按闭环原理进行工作，使回转工作台分度精度更高。

图 6.47 所示为闭环数控回转工作台的结构。伺服电动机15通过减速齿轮14、16及蜗

杆12、蜗轮13带动工作台1回转，工作台的转角位置用圆光栅9测量。测量结果发出反馈信号与数控装置发出的指令信号进行比较，若有偏差经，放大后控制伺服电动机，朝消除偏差方向转动，使工作台精确定位。当工作台静止时，必须处于锁紧状态。台面的锁紧用均布的八个小液压缸5来完成，当控制系统发出夹紧指令时，液压缸5上腔进压力油，活塞6下移，通过钢球8推开夹紧瓦3及4，从而把蜗轮13夹紧。当工作台回转时，控制系统发出指令，液压缸5上腔的压力油流回油箱，在弹簧7的作用下，钢球8抬起，夹紧瓦松开，不再夹紧蜗轮13。然后按数控系统的指令，由伺服电动机15通过传动装置实现工作台的分度转位、定位、夹紧或连续回转运动。

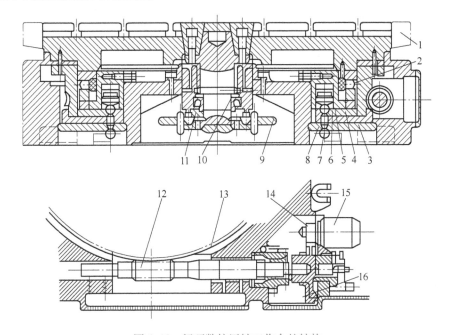

图6.47　闭环数控回转工作台的结构

1—工作台　2—镶钢滚柱导轨　3、4—夹紧瓦　5—液压缸　6—活塞　7—弹簧　8—钢球　9—圆光栅
10、11—轴承　12—蜗杆　13—蜗轮　14、16—齿轮　15—伺服电动机

数控回转工作台的中心回转轴采用圆锥滚子轴承11及双列向心短圆柱滚子轴承10，并预紧消除其径向和轴向间隙，以提高工作台的刚度和回转精度。工作台支承在镶钢滚柱导轨2上，运动平稳而且耐磨。

6.5.2　数控分度工作台

数控分度工作台的分度、转位和定位工作，是按照控制系统的指令自动进行的，通常分度运动只限于某些规定的角度（45°、60°、90°、180°等），但实现工作台转位的机构都很难达到分度精度的要求，所以要有专门的定位元件来保证。常用的定位元件有插销定位、反靠定位、齿盘定位和钢球定位等几种。

图6.48所示为采用齿盘定位的数控卧式镗铣床分度工作台的结构。齿盘定位的分度工作台能达到很高的分度定位精度，一般为±3″，最高可达±0.4″；能承受很大的外载，定位刚度高，精度保持性好，实际上，由于齿盘啮合脱开相当于两齿盘对研过程，随着齿盘使用

时间的延续，其定位精度还有不断提高的趋势。

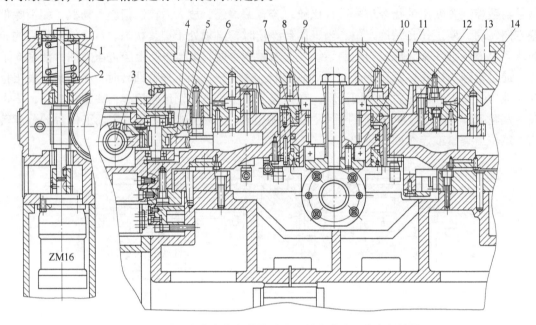

图 6.48　采用齿盘定位的数控卧式镗铣床分度工作台的结构
1—弹簧　2、10、11—轴承　3—蜗杆　4—蜗轮　5、6—齿轮　7—管道
8—活塞　9—工作台　12—升降液压缸　13、14—齿盘

分度转位动作包括以下三个步骤：

（1）工作台抬起　当需要分度时，控制系统发出分度指令，压力油通过管道进入工作台 9 中央的升降液压缸 12 的下腔，于是活塞 8 向上移动，通过推力球轴承 10 和 11 带动工作台 9 向上抬起，使上、下齿盘 13、14 相互脱离，液压缸上腔的油则经管道排出，完成分度前的准备工作。

（2）回转分度　当工作台 9 向上抬起时，通过推杆和微动开关发出信号，压力油从管道进入 ZM16 液压马达使其转动。通过蜗轮蜗杆副 3、4 和齿轮副 5、6 带动工作台 9 进行分度回转运动。工作台分度回转角度的大小由指令给出，共有八个等分，即为 45°的整数倍。当工作台的回转角度接近所要分度的角度时，减速挡块使微动开关动作，发出减速信号，工作台停止转动之前其转速已显著降低，为准确定位创造条件。当工作台的回转角度达到所要求的角度时，准停挡块压动微动开关，发出信号，进入液压马达的压力油被堵住，液压马达停止转动，工作台完成准停动作。

（3）工作台下降定位夹紧　工作台完成准停动作的同时，压力油从管道进入升降液压缸 12 上腔，推动活塞 8 带动工作台下降，于是上下齿盘又重新啮合，完成定位夹紧。在分度工作台下降的同时，推杆使另一微动开关动作，发出分度运动完成的信号。分度工作台的传动蜗轮蜗杆副 3、4 具有自锁性，即运动不能从蜗轮 4 传至蜗杆 3。但当工作台下降时，上下齿盘重新啮合时，齿盘带动齿轮 5 时，蜗轮会产生微小转动。如果蜗轮蜗杆锁住不动，则上下齿盘下降时就难以啮合并准确定位。为此，将蜗轮轴设计成浮动结构，即其轴向用上下两个推力球轴承 2 抵在一个螺旋弹簧 1 上面。这样，工作台作微小回转时，蜗轮带动蜗杆压缩弹簧 1 作微量的轴向移动。

小　结

　　机械结构是数控机床的主体部分，与普通机床相比，数控机床在机械传动和结构上有着显著的不同特点，在性能方面也提出了新的要求，主要集中在支承件高刚度化、传动机构简约化、传动元件精密化和辅助操作自动化等。主传动系统是驱动主轴运动的系统，其核心部分是主轴部件，因此，要求主轴部件具有良好的回转精度、结构刚度、抗振性、热稳定性及部件的耐磨性和精度的保持性。电主轴是一种具有代表性的先进技术之一，应用越来越广泛。对于加工中心，为了实现刀具的自动装卸和夹持，还必须有刀具的自动夹紧装置、主轴准停装置和切屑清除装置等结构。进给传动系统主要由传动机构、运动变换机构、导向机构和执行件等组成，它是实现成形加工运动所需的运动及动力的执行机构。传动部件的刚度、精度、惯性和传动间隙及摩擦阻力直接影响了数控机床的定位精度和轮廓加工的精度。采用滚珠丝杠副、静压丝杠螺母副、同步带、直线导轨副、静压导轨和塑料导轨等高效执行部件，可有效地提高进给传动系统的运动精度。自动换刀装置和数控回转工作台及分度工作台等主要辅助装置是实现自动化加工、多工序的高度集中加工的重要装置。本章主要介绍了这些部件的工作原理和结构特点。

思考题与习题

1. 数控机床的机械结构有哪些特点和基本要求？

2. 为什么要提高数控机床的静刚度？主要措施有哪些？

3. 减少机床热变形的常用措施主要有哪些？

4. 简述机床的寿命和精度保持性的区别。

5. 数控机床对主传动系统有哪些要求？主传动方式有哪几种？各有何特点？

6. 什么是电主轴？电主轴有什么特点？

7. 数控机床主轴的支承形式主要有哪几种？各适用于何种场所？

8. 加工中心主轴为何需要"准停"？如何实现"准停"？

9. 加工中心主轴内孔吹屑装置的作用是什么？

10. 数控机床对进给系统有哪些要求？

11. 常用的丝杠螺母运动副有哪几种？各有何特点？

12. 内、外循环方式滚珠丝杠螺母副在结构上有何不同？

13. 简述滚珠丝杠螺母副轴向间隙调整及预紧的基本原理。常用哪几种结构形式？

14. 滚珠丝杠螺母副有哪些特点？

15. 进给传动系统采用齿轮传动的目的是什么？齿轮间隙的消除方法有哪些？

16. 数控机床对导轨的基本要求有哪些？

17. 塑料导轨、滚动导轨、静压导轨各有何特点？

18. 加工中心刀库主要有哪几种形式？其任意选刀方式的原理是什么？

19. 加工中心中常见的换刀方式分为哪两大类？各有什么特点？

20. 数控机床回转工作台和分度工作台有什么不同？各适用于什么场合？

CAD/CAM 技术

CAD/CAM 技术是先进制造技术的重要组成部分，它的发展和应用使传统的产品设计、制造内容和工作方式等都发生了根本性的变化。CAD/CAM 技术已成为衡量一个国家科技现代化和工业现代化水平的重要标志之一。

计算机辅助设计（Computer Aided Design，CAD）是指工程技术人员以计算机为工具，运用自身的知识和经验，对产品或工程进行方案构思、总体设计、工程分析、图形编辑和技术文档整理等设计活动的总称，如图 6.49 所示。计算机辅助制造（Computer Aided Manufacturing，CAM）是指计算机在制造领域有关应用的统称，通常指数控程序的编制，包括刀具路线的规划、刀位文件的生成、刀具轨迹仿真以及后置处理和 NC 代码生成等，如图 6.50 所示。

图 6.49 产品 CAD 设计

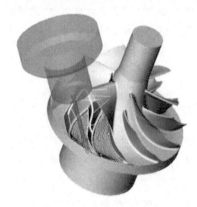

图 6.50 零件 CAM 模拟加工

1962 年，美国麻省理工学院（MIT）林肯实验室的 Ivan E. Sutherland 研制出世界上第一台利用光笔的交互式图形系统画板，并发表了一篇题为 "Sketchpad：一个人机交互通信的图形系统" 的博士论文，他在论文中首次使用了 "Computer Graphics" 计算机图形学这个术语，证明了交互计算机图形学是一个可行的、有用的研究领域，从而确定了计算机图形学作为一个崭新的科学分支的独立地位。美国 Lockheed（洛克希德）公司组成 100 人专门研究小组，于 1972 年完成了一个用于飞机设计的交互式图像处理系统 CAD/CAM，它能绘制工程图、分析计算，并能产生数控加工代码，这可能是世界上最早的 CAD/CAM 系统了。

1982 年 11 月划时代的 CAD 产品诞生，由美国欧特克（Autodesk）公司研制的 AutoCAD V（Version）1.0 正式发行，尽管容量仅为 360KB，没有菜单，命令需要输入，其执行方式类似 DOS 命令，但是二维 CAD 开始进入了普及阶段；1986 年 11 月 AutoCAD V2.6 出版，新增 3D 功能，AutoCAD 已成为美国高校的必修课；1988 年 2 月 AutoCAD R（Release）9.0 出版，出现了状态行下拉式菜单，至此，AutoCAD 开始在国外加密销售。1988 年 10 月 AutoCAD R10.0 出版，Autodesk 公司已成为千人企业；1996 年 AutoCAD 售出第 150 万套，成为世界二维 CAD 领域当之无愧的 "无冕之王"；1997 年 4

月 Autodesk 推出了划时代的 AutoCAD R14.0 版本，该版本是第一个完全符合 Windows 98 系统的 CAD 软件。很多人就是从 AutoCAD R14.0 开始了计算机辅助设计生涯。1999 年 1 月 AutoCAD 2000 出版，以后几乎每隔一年软件升级一次。

1991 年国务委员宋健提出"甩图版"的口号正式拉开了我国 CAD 研发、普及应用的序幕，一大批国产 CAD 软件厂商开始崭露头角。国产 CAD 厂商从一开始就分成了两大阵营，以高华 CAD、CAXA 电子图板、大恒 CAD、开目 CAD 为代表的完全自主知识产权的 CAD 和以天河 THCAD、XTCAD、Inter CAD 为代表的以 AutoCAD 为平台的增值开发 CAD。CAXA 电子图板和开目 CAD 可看成是那个时代我国自主产权 CAD 奋斗的缩影。进入到 21 世纪，以中望、浩辰为代表的新一代自主知识产权的 CAD 开始跃上舞台。这种以 IntelliCAD 为内核（核心算法）的二维 CAD，在帮助企业解决版权困扰的同时，宣称能够完全兼容 DWG 格式。在他们之后，又有包括开目尧创、炜衡在内的众多国产 CAD 选择在 IntelliCAD 平台上开发自主产权的 CAD 软件。

1968 年，日本冲野教郎教授第一个将实体概念引入三维几何造型并主持研发了 TIPS 系统。1972 年美国罗切斯特（Rochester）大学沃尔克（Voelcker）教授开始研制 PADL 系统。1979 年起沃尔克进一步联合美国工业界力量，在国家科学基金委的支持下开发了 PADL-2.0 系统，于 1982 年推出试用版。1979 年，SDRC（Structural Dynamics Research Corporation）公司发布了世界上第一个完全基于实体造型技术的大型 CAD/CAM/CAE 软件——I-DEAS，SDRC 也因引导了三维 CAD 的实体革命而声名鹊起。1973 年，三维 CAD 领域的传奇人物 Ian Braid 从剑桥大学毕业，于 1974 年创办了 Shape Data 公司，用 Fortran 语言开发出第一代实体造型商品系统 Romulus，并从 1978 年起推向市场，从此，影响至今的 Parasolid 内核诞生。一直到现在，很多美国的 CAD 领域的专家学者都认为，Parasolid 是美国为全世界 CAD 领域发展做出的最重要的贡献。1986 年美国的 Spatial Technology 公司与 Ian Braid 达成合作意向，于 1989 年 12 月推出了 ACIS1.0 版，这就是现在为我们所熟知的 ACIS 内核。ACIS 就是 Ian Braid 的同窗 Alan Grayer，导师 Charles Lang，以及 Ian Braid 本人加上 Solid 的字首。目前，采用 Parasolid 内核的软件主要有 UG、SolidEdge 和 SolidWorks。采用 ACIS 内核的软件主要是 Autodesk 公司 MDT、Inventer 和达索旗下的 CATIA。采用这两种内核的三维 CAD 软件占到世界三维 CAD 软件市场份额 90% 以上。三维 CAD 的核心算法从群雄割据的混乱状态，变成了 Parasolid 和 ACIS 两强相争。

关于 Pro/Engineer 软件。在 1974 年，时年 37 岁的苏联人 Samuel Geisberg 来到美国，并进入到为波音提供三维技术的 CV（Computer Vision）公司工作。1985 年，在风险投资商的支持下，他率领自己的研究小组离开 CV 公司，成立了参数技术公司（Parametric Technology Corporation，PTC）。2 年后，PTC 推出了他们的全参数化的三维造型软件 Pro/Engineer。全参数化三维建模思想改变了过去实体造型软件没有尺寸参数驱动的历史，更加符合设计人员的构思习惯，一推出便引起了全世界的广泛关注，如今的三维 CAD 软件无不采用了基于特征、全尺寸约束、全数据相关、尺寸驱动设计的建模思想。如果说，I-DEAS 发起了三维 CAD 的实体革命，那么 Pro/Engineer 则发起了三维 CAD 的特征参数革命。

下面简单介绍国内常用的几种 CAD/CAM 软件。

1. Pro/Engineer 软件

Pro/Engineer 软件是美国 PTC 公司的产品，1988 年一面世，就以其先进的参数化设计、基于特征设计的实体造型而深受用户的欢迎。它的整个系统建立在统一的数据库上，具有完整而统一的模型，能将整个设计至生产过程集成在一起，具有零件设计、产品装配、模具开发（图 6.51）、数控加工、造型设计等多种功能，广泛用于电子、机械、模具、工业设计和玩具等民用行业。在最近十几年，它已成为三维设计领域里最富有魅力的系统。

2. Unigraphics（UG）软件

UG 软件是美国麦道（MD）公司的产品，适用于航空航天器、汽车、通用机械以及模具等的设计、分析及制造工程。采用基于特征的实体造型，具有尺

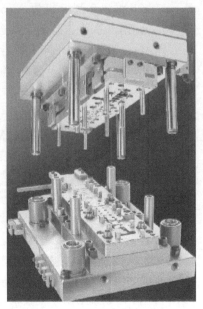

图 6.51　模具 CAD 设计

寸驱动编辑功能和统一的数据库，实现了 CAD、CAE、CAM 之间无数据交换的自由切换。它的最大特点是具有很强的数控加工能力，可以进行 $2 \sim 2.5$ 轴、$3 \sim 5$ 轴联动的复杂曲面加工和镗铣。2007 年西门子公司以 35 亿美元的价格收购了 UG 公司。

3. CATIA 软件

CATIA 软件是法国 Dassault 飞机公司开发的产品。它具有强大的曲面造型功能，在所有的 CAD 三维软件中位居前列，广泛应用于国内的航空航天企业、研究所，以逐步取代 UG 成为复杂型面设计的首选。另外还具有较强的编程能力，可满足复杂零件的数控加工要求。目前一些领域采取 CATIA 设计建模、UG 编程加工，两者结合，搭配使用。法制幻影系列战斗机、美国波音 737、777 飞机的开发设计均采用该软件。

4. EUCLID 软件

EUCLID 软件是法国 MATRA 公司的产品，它是由法国国家科学研究中心为英法联合研制的协和号超音速客机而开发的软件。该软件具有统一的面向对象的分布式数据库，在三维实体、复杂曲面、二维图形及有限元分析模型间不需作任何数据的转换工作。主要用户有法国 MATRA 公司、雷诺汽车公司、YEMA 公司，德国奔驰和大众奥迪汽车公司，美国通用动力公司，日本 Nissan 汽车公司，瑞士 OMEGA 手表公司等。

5. I-DEAS 软件

I-DEAS 是美国 SDRC 公司自 1993 年推出的新一代机械设计软件，也是 SDRC 公司在 CAD/CAE/CAM 领域的旗舰产品，并以其高度一体化、功能强大、易学易用等特点著称。其最大的突破在于 VGX 技术的面市，极大地改进了交互操作的直观性和可靠性。由于 SDRC 公司早期是以工程与结构分析为主逐步发展起来的，所以工程分析是该软件的特长。

6. Cimatron 软件

Cimatron 软件是以色列 Cimatron 公司的 CAD/CAM 产品，作为全球排名第六的 CAD/CAM 软件商，在国际上的模具制造业备受欢迎，国内模具制造行业也在广泛使用。Cimatron 的特色内容主要包括：型腔模设计、电极设计、五金模设计、2.5～5 轴 NC 编程等。

7. Master CAM 软件

Master CAM 是美国 CNC 公司开发的 CAD/CAM 软件，具有较强的曲面粗加工及曲面精加工的功能，曲面精加工有多种选择方式，可以满足复杂零件的曲面加工要求，同时具备多轴加工功能。由于价格低廉，性能优越，成为国内民用行业 NC 编程的首选。

8. DelCAM 软件

DelCAM 软件的研发起源于世界著名学府剑桥大学，其模块主要包括产品与模具设计、产品及模具加工、逆向工程、艺术设计与雕刻加工、质量检测等。1991 年引入国内，在国内应用越来越广泛，特别是其逆向工程和高速加工模块很受国内机械行业的青睐。

9. SolidWorks 软件

SolidWorks 软件是由美国 SolidWorks 公司于 1995 年研制开发的。它采用自顶向下的设计方法，可动态模拟装配过程；采用基于特征的实体建模，同时具有中英文两种界面可供选择。由于其基于 Windows 平台，而且价格合理，在我国机械 CAD 领域具有广阔的市场。

10. Sinovation 软件

Sinovation 是我国华天软件公司自主版权的 CAD/CAM 软件。2008 年与中创软件和日本 UEL 公司三方签署 CAD/CAM 合作协议，2010 年又与航天科技集团的神舟软件重组后，成为国内工业软件研发的最强联合体。具有先进的导航设计、产品参数化设计、冲压模具与注塑模具设计和 CAM 加工等功能，软件中的导航设计可谓独树一帜。

11. CAXA 软件

CAXA 是我国在"甩图板"运动时期第一批国产 CAD 软件。它依托北航的科研实力研制开发，是我国第一款完全自主研发的 CAD/CAM 产品。它主要包括二维 CAD、三维 CAD、工艺 CAPP 和制造 CAM 等模块。CAXA 在北方的制造业企业中，是非常有影响力的，特别是其二维设计非常适合国内设计标准和习惯，应用相当广泛。

"两弹一星"功勋科学家：屠守锷
SZD-007

"两弹一星"功勋科学家：雷震海天
SZD-008

附　　录

常用刀具的切削参数

附录 1　硬质合金车刀粗车外圆及端面的进给量

工件材料	车刀刀杆尺寸 $B \times H$/mm×mm	工件直径 d/mm	背吃刀量 a_p/mm				
			≤3	>3~5	>5~8	>8~12	>12
			进给量 f/mm·r^{-1}				
碳素结构钢、合金结构钢、耐热钢	16×25	20	0.3~0.4	—	—	—	—
		40	0.4~0.5	0.3~0.4	—	—	—
		60	0.5~0.7	0.4~0.6	0.3~0.5	—	—
		100	0.6~0.9	0.5~0.6	0.5~0.6	0.4~0.5	—
		400	0.8~1.2	0.7~1.0	0.6~0.8	0.5~0.6	—
	20×30 25×25	20	0.3~0.4	—	—	—	—
		40	0.4~0.5	0.3~0.4	—	—	—
		60	0.5~0.7	0.5~0.7	0.4~0.6	—	—
		100	0.8~1.0	0.7~0.9	0.5~0.7	0.4~0.7	—
		400	1.2~1.4	1.0~1.2	0.8~1.0	0.6~0.9	0.4~0.6
铸铁铜合金	16×25	40	0.4~0.5	—	—	—	—
		60	0.5~0.8	0.5~0.8	0.4~0.6	—	—
		100	0.8~1.2	0.7~1.0	0.6~0.8	0.5~0.7	—
		400	1.0~1.4	1.0~1.2	0.8~1.0	0.6~0.8	—
	20×30 25×25	40	0.4~0.5	—	—	—	—
		60	0.5~0.9	0.5~0.8	0.4~0.7	—	—
		100	0.9~1.3	0.8~1.2	0.7~1.0	0.5~0.8	—
		400	1.2~1.8	1.2~1.6	1.0~1.3	0.9~1.1	0.7~0.9

注：1. 加工断续表面及有冲击的工件时，表内进给量应乘系数 $k = 0.75 \sim 0.85$。

　　2. 在无外皮加工时，表内进给量应乘系数 $k = 1.1$。

　　3. 加工耐热钢及其合金时，进给量不大于 1mm/r。

　　4. 加工淬硬钢时，进给量应减小。当钢的硬度为 44~56HRC 时，应乘系数 $k = 0.8$；当钢的硬度为 57~62HRC 时，应乘系数 $k = 0.5$。

附录2　按表面粗糙度选择进给量的参考值

工 件 材 料	表面粗糙度 $Ra/\mu m$	切削速度范围 $v/m \cdot min^{-1}$	刀尖圆弧半径 r_ε/mm		
			0.5	1.0	2.0
			进给量 $f/mm \cdot r^{-1}$		
铸铁、青铜铝合金	>5~10	不限	0.25~0.40	0.40~0.50	0.50~0.60
	>2.5~5		0.15~0.25	0.25~0.40	0.40~0.60
	>1.25~2.5		0.10~0.15	0.15~0.20	0.20~0.35
碳钢及合金钢	>5~10	<50	0.30~0.50	0.45~0.60	0.55~0.70
		>50	0.40~0.55	0.55~0.65	0.60~0.70
	>2.5~5	<50	0.18~0.25	0.25~0.30	0.30~0.40
		>50	0.25~0.30	0.30~0.35	0.30~0.50
	>1.25~2.5	<50	0.10	0.11~0.15	0.15~0.22
		50~100	0.11~0.16	0.16~0.25	0.25~0.35
		>100	>100	0.16~0.20	0.25~0.35

注：$r_\varepsilon = 0.5mm$，用于12mm×12mm以下刀杆，$r_\varepsilon = 1mm$，用于30mm×30mm以下刀杆，$r_\varepsilon = 2mm$，用于30mm×45mm以下刀杆。

附录3　攻螺纹切削用量

加工材料	铸铁	钢及其合金	铝及其合金
$v/m \cdot min^{-1}$	2.5~5	1.5~5	5~15

附录4　高速钢钻头加工铸铁的切削用量

材料硬度 切削用量 钻头直径/mm	160~200HBS		200~400HBS		300~400HBS	
	$v/(m \cdot min^{-1})$	$f/(mm \cdot r^{-1})$	$v/(m \cdot min^{-1})$	$f/(mm \cdot r^{-1})$	$v/(m \cdot min^{-1})$	$f/(mm \cdot r^{-1})$
1~6	16~24	0.07~0.12	10~18	0.05~0.1	5~12	0.03~0.08
6~12	16~24	0.12~0.2	10~18	0.1~0.18	5~12	0.08~0.15
12~22	16~24	0.2~0.4	10~18	0.18~0.25	5~12	0.15~0.2
22~50	16~24	0.4~0.8	10~18	0.25~0.4	5~12	0.2~0.3

注：采用硬质合金钻头加工铸铁时取 $v = 20~30m/min$。

附录5　高速钢钻头加工钢件的切削用量

材料强度 切削用量 钻头直径/mm	$\sigma_b = 520~700MPa$ （35、45钢）		$\sigma_b = 700~900MPa$ （15Cr、20Cr）		$\sigma_b = 1000~1100MPa$ （合金钢）	
	$v/(m \cdot min^{-1})$	$f/(mm \cdot r^{-1})$	$v/(m \cdot min^{-1})$	$f/(mm \cdot r^{-1})$	$v/(m \cdot min^{-1})$	$f/(mm \cdot r^{-1})$
1~6	8~25	0.05~0.1	12~30	0.05~0.1	8~15	0.03~0.08
6~12	8~25	0.1~0.2	12~30	0.1~0.2	8~15	0.08~0.15
12~22	8~25	0.2~0.3	12~30	0.2~0.3	8~15	0.15~0.25
22~50	8~25	0.3~0.45	12~30	0.3~0.45	8~15	0.25~0.35

附录6　高速钢铰刀铰孔的切削用量

工件材料 切削用量 钻头直径/mm	铸　铁		钢及其合金		铝铜及其合金	
	$v/(\mathrm{m}\cdot\mathrm{min}^{-1})$	$f/(\mathrm{mm}\cdot\mathrm{r}^{-1})$	$v/(\mathrm{m}\cdot\mathrm{min}^{-1})$	$f/(\mathrm{mm}\cdot\mathrm{r}^{-1})$	$v/(\mathrm{m}\cdot\mathrm{min}^{-1})$	$f/(\mathrm{mm}\cdot\mathrm{r}^{-1})$
6 ~ 10	2 ~ 6	0.3 ~ 0.5	1.2 ~ 5	0.3 ~ 0.4	8 ~ 12	0.3 ~ 0.5
10 ~ 15	2 ~ 6	0.5 ~ 1	1.2 ~ 5	0.4 ~ 0.5	8 ~ 12	0.5 ~ 1
15 ~ 25	2 ~ 6	0.8 ~ 1.5	1.2 ~ 5	0.5 ~ 0.6	8 ~ 12	0.8 ~ 1.5
25 ~ 40	2 ~ 6	0.8 ~ 1.5	1.2 ~ 5	0.4 ~ 0.6	8 ~ 12	0.8 ~ 1.5
40 ~ 60	2 ~ 6	1.2 ~ 1.8	1.2 ~ 5	0.5 ~ 0.6	8 ~ 12	1.5 ~ 2

注：采用硬质合金铰刀铰铸铁时取 $v = 8 \sim 10\mathrm{m/min}$，铰铝时取 $v = 12 \sim 15\mathrm{m/min}$。

附录7　高速钢硬质合金镗刀镗孔切削用量

工件材料 切削用量 工　序	铸　铁		钢及其合金		铝铜及其合金	
	$v/(\mathrm{m}\cdot\mathrm{min}^{-1})$	$f/(\mathrm{mm}\cdot\mathrm{r}^{-1})$	$v/(\mathrm{m}\cdot\mathrm{min}^{-1})$	$f/(\mathrm{mm}\cdot\mathrm{r}^{-1})$	$v/(\mathrm{m}\cdot\mathrm{min}^{-1})$	$f/(\mathrm{mm}\cdot\mathrm{r}^{-1})$
粗　镗	20 ~ 25 35 ~ 50	0.4 ~ 1.5	15 ~ 30 50 ~ 70	0.35 ~ 0.7	100 ~ 150 100 ~ 250	0.5 ~ 1.5
半精镗	20 ~ 35 50 ~ 70	0.15 ~ 0.45	15 ~ 50 95 ~ 135	0.15 ~ 0.45	100 ~ 200	0.2 ~ 0.5
精　镗	70 ~ 90	D1 级 < 0.08 D 级 0.12 ~ 0.15	100 ~ 135	0.12 ~ 0.15	150 ~ 400	0.06 ~ 0.1

注：当采用高精度的镗刀镗孔时，由于余量较小，直径余量不大于0.2mm，切削速度可提高一些，铸铁件为100 ~ 150m/min，钢件为150 ~ 250m/min，铝合金为200 ~ 400m/min，巴氏合金为250 ~ 500m/min。进给量可在0.03 ~ 0.1mm/r范围内。

附录8　铣刀每齿进给量 f_z

工件材料	每齿进给量 $f_z/\mathrm{mm}\cdot\mathrm{z}^{-1}$			
	粗　铣		精　铣	
	高速钢铣刀	硬质合金铣刀	高速钢铣刀	硬质合金铣刀
钢	0.10 ~ 0.15	0.10 ~ 0.25	0.02 ~ 0.05	0.10 ~ 0.15
铸　铁	0.12 ~ 0.20	0.15 ~ 0.30		

附录9　硬质合金外圆车刀切削速度的参考数值

工件材料	热处理状态	$a_p = 0.3 \sim 2\mathrm{mm}$ $f = 0.08 \sim 0.3\mathrm{mm/r}$ $v/(\mathrm{m}\cdot\mathrm{min}^{-1})$	$a_p = 2 \sim 6\mathrm{mm}$ $f = 0.3 \sim 0.6\mathrm{mm/r}$ $v/(\mathrm{m}\cdot\mathrm{min}^{-1})$	$a_p = 6 \sim 10\mathrm{mm}$ $f = 0.6 \sim 1\mathrm{mm/r}$ $v/(\mathrm{m}\cdot\mathrm{min}^{-1})$
低碳钢 易切钢	热轧	140 ~ 180	100 ~ 120	70 ~ 90
中碳钢	热轧	130 ~ 160	90 ~ 110	60 ~ 80
	调质	100 ~ 130	70 ~ 90	50 ~ 70
合金结构钢	热轧	100 ~ 130	70 ~ 90	50 ~ 70
	调质	80 ~ 110	50 ~ 70	40 ~ 60

（续）

| 工件材料 | 热处理状态 | $a_p = 0.3 \sim 2mm$ | $a_p = 2 \sim 6mm$ | $a_p = 6 \sim 10mm$ |
| | | $f = 0.08 \sim 0.3mm/r$ | $f = 0.3 \sim 0.6mm/r$ | $f = 0.6 \sim 1mm/r$ |
		$v/(m \cdot min^{-1})$	$v/(m \cdot min^{-1})$	$v/(m \cdot min^{-1})$
工具钢	退火	$90 \sim 120$	$60 \sim 80$	$50 \sim 70$
灰铸铁	HBS < 190	$90 \sim 120$	$60 \sim 80$	$50 \sim 70$
	HBS = 190 ~ 225	$80 \sim 110$	$50 \sim 70$	$40 \sim 60$
高锰钢 $w_{Mn} = 13\%$			$10 \sim 20$	
铜及铜合金		$200 \sim 250$	$120 \sim 180$	$90 \sim 120$
铝及铝合金		$300 \sim 600$	$200 \sim 400$	$150 \sim 200$
铸铝合金 $w_{si} = 13\%$		$100 \sim 180$	$80 \sim 150$	$60 \sim 100$

注：切削钢及铸铁时刀具耐用度约为60min。

附录10　陶瓷刀具常用切削用量推荐值

工件材料与工序		刀片牌号	切削速度 $v/m \cdot min^{-1}$	进给量 $f/mm \cdot r^{-1}$	背吃刀量 a_p/mm
冷硬铸铁（HS≤80）	粗车	FD01	$20 \sim 55$	$0.5 \sim 1$	$0.5 \sim 5$
	精车	FD04	$35 \sim 75$	$0.1 \sim 0.5$	$0.1 \sim 0.5$
冷硬铸铁（HS = 80 ~ 90）	半精车	FD01、FD04	$10 \sim 25$	$0.2 \sim 0.1$	$0.2 \sim 3$
调质钢（HRC30 ~ 40）	粗车	FD04	$130 \sim 150$	$0.1 \sim 0.45$	≤3
	精车	FD22	$140 \sim 200$	$0.05 \sim 0.2$	≤0.8
淬硬钢（HRC60 ~ 65）	粗车	FD04	$20 \sim 40$	$0.1 \sim 0.25$	≤2
	精车	FD22	$35 \sim 80$	$0.05 \sim 0.2$	≤0.8
各类铸铁（HB≤300）	粗车	FD05	$150 \sim 250$	≤3	≤6.5
	精车	FD05	$35 \sim 80$	$0.05 \sim 1.2$	$0.1 \sim 1$
镍基合金（硬镍喷涂层）	车削	FD04、FD01	$50 \sim 100$	$0.1 \sim 0.45$	$0.2 \sim 2$
灰铁 HT20 ~ HT40（HB≤300）	精铣	FD05	1000	$0.12 \sim 0.15$	$0.8 \sim 1.0$

附录11　BN600（住友 CBN）切削用量推荐值

工件材料	切削速度 $v_c/m \cdot min^{-1}$	进给量 $f/mm \cdot r^{-1}$	背吃刀量 a_p/mm
冷硬铸铁（HS≥60）	$40 \sim 120$	$0.1 \sim 0.5$	$0.2 \sim 3.0$
高合金铸铁（HS≥60）	$40 \sim 120$	$0.1 \sim 0.5$	$0.2 \sim 3.0$
高速钢（HS≥70）	$50 \sim 100$	$0.1 \sim 0.4$	$0.1 \sim 2.0$
耐热合金	$120 \sim 180$	$0.05 \sim 0.2$	$0.1 \sim 1.0$

附录12　FLD、FJR 刀具切削用量推荐值

刀具材质	适用范围	切削速度 $v/m \cdot min^{-1}$	进给量 $f/mm \cdot r^{-1}$	背吃刀量 a_p/mm
FLD（PCBN）	各种淬硬钢（HRC50 ~ 67）	$50 \sim 150$	$0.05 \sim 0.12$	0.2
	普通灰铸铁（HB200 左右）	500	$0.1 \sim 0.5$	0.5
	高硬度铸铁（HRC50 ~ 64）	$50 \sim 100$	$0.1 \sim 0.3$	0.5

（续）

刀具材质	适用范围	切削速度 $v/\text{m} \cdot \text{min}^{-1}$	进给量 $f/\text{mm} \cdot \text{r}^{-1}$	背吃刀量 a_{p}/mm
FLD （PCBN）	粉末冶金零件	80 ~ 150	0.03 ~ 0.2	1.0
	热喷涂焊零件	50 ~ 120	0.1 ~ 0.3	0.5
	其他零件（如硬质合金 HRA = 80 ~ 88）	5 ~ 40	0.05 ~ 0.2	0.3
FJR （PCD）	各种铝合金	100 ~ 1000	0.1 ~ 0.3	0.3
	各种铜合金	200 ~ 500	0.08 ~ 0.2	0.3
	木工材料	3000	0.04	12.0
	硬质非金属材料（如陶瓷、玻璃钢等）	10 ~ 90	0.1 ~ 0.3	0.5

"两弹一星"功勋科学家：彭桓武

SZD-009

"两弹一星"功勋科学家：王淦昌

SZD-010

参 考 文 献

［1］杜国臣. 机床数控技术［M］. 2 版. 北京：北京大学出版社，2010.
［2］杜国臣. 数控机床编程［M］. 2 版. 北京：机械工业出版社，2010.
［3］王爱玲. 数控编程技术［M］. 北京：机械工业出版社，2006.
［4］袁锋. 全国数控大赛试题精选［M］. 北京：机械工业出版社，2005.
［5］金福吉. 数控大赛试题·答案·点评［M］. 北京：机械工业出版社，2006.
［6］王永章. 数控技术［M］. 北京：高等教育出版社，2007.
［7］王春海. 数字化加工技术［M］. 北京：化学工业出版社，2003.
［8］华茂发. 数控机床加工工艺［M］. 北京：机械工业出版社，2011.
［9］张超英. 数控机床加工工艺［M］. 北京：机械工业出版社，2010.
［10］龚仲华. 数控技术［M］. 北京：机械工业出版社，2010.
［11］李郝林. 机床数控技术［M］. 北京：机械工业出版社，2007.
［12］张导成. 三维 CAD/CAM—Master CAM 应用［M］. 北京：机械工业出版社，2011.
［13］郑堤. 数控机床与编程［M］. 2 版. 北京：机械工业出版社，2010.
［14］晏初宏. 数控机床［M］. 北京：机械工业出版社，2010.
［15］许祥泰. 数控加工编程实用技术［M］. 北京：机械工业出版社，2004.
［16］杨伟群. 数控工艺员培训教程［M］. 北京：清华大学出版社，2006.
［17］罗学科. 数控机床编程与操作实训［M］. 北京：化学工业出版社，2005.
［18］李宏胜. 机床数控技术及应用［M］. 北京：机械工业出版社，2008.
［19］陈蔚芳. 机床数控技术及应用［M］. 北京：科学出版社，2008.
［20］廖效果. 数字控制机床［M］. 武汉：华中科技大学出版社，2009.